本书由国际毛皮协会资助
中国畜产品流通协会组织编写

By China Animal-Product Marketing Association (CAMA)
under the auspices of International Fur Federation (IFF)

中国皮草工艺

主编·黄向群
副主编·宋湲 蔡凌霄

中国纺织出版社

内 容 提 要

本书介绍了皮革发展简史、皮革材料、皮革材料的生产、皮革制作工艺、皮革设计、皮革工业制板、皮革材料拓展应用和皮革品牌与营销。作者深入皮革产业一线，通过搜集大量的第一手资料，研究、汇总、整理成书。本书具有一定的广度、深度和专业性，对于认知皮革、了解皮革加工制造全过程，掌握皮革设计发展趋势，熟悉皮革品牌基本运作等，有重要的意义。适合广大从事皮革行业的专业人士使用、研究，并提供给皮革爱好者欣赏、阅读。

图书在版编目（CIP）数据

中国皮革工艺 / 黄向群主编. —北京：中国纺织出版社，2015.9

ISBN 978-7-5180-1917-5

Ⅰ.①中… Ⅱ.①黄… Ⅲ. ①皮革制品-生产工艺-中国 Ⅳ.①TS941.776

中国版本图书馆CIP数据核字（2015）第198590号

策划编辑：金 昊　　责任编辑：杨 勇　　责任校对：陈 红

中国纺织出版社出版发行
地址：北京市朝阳区百子湾东里A407号楼　邮政编码：100124
销售电话：010—67004422　传真：010—87155801
http: //www.c-textilep. com
E-mail: faxing@c-textilep. com
中国纺织出版社天猫旗舰店
官方微博http://weibo.com/2119887771
北京市雅迪彩色印刷有限公司印刷　各地新华书店经销
2015年9月第1 版第1次印刷
开本:889×1194　1/16　印张:12
字数:268千字　定价:68.00元

主　编：黄向群

副主编：宋　湲　蔡凌霄

编　者：范　丽　匡才远　张海晨　张　华　秦　芳

叶　聪　姚震宇　蔡晓军　蔡雷民

—序—

— Order —

服饰是人类文明的产物，每一件服饰都不同程度地反映出这件服饰所处的时代特征，是当时的科技水平、地理特征、风土人情、宗教信仰的缩影，也是民族、文化和个性的指标。服饰发展的历史与人类文明发展的历史密切相关。

中华民族是一个有着五千多年悠久历史和文化底蕴的民族，源远流长而又历史厚重。中国是世界所公认的工艺大国，所有出土的伟世的人工制作的文物、古建筑和古代工程，都是传统技艺的产物，只此一端，可见工艺技术在中华文明的发展历程中曾起过何等重大的作用。

中国传统皮草加工及其发展也同样源远流长，内蕴深厚，中国传统的制裘工艺早在距今三千多年的商朝末期就形成了，是中国皮草文化的缩影和精髓。在提倡“民族的就是世界的”理念的今天，中国皮草传统工艺也越来越多的被皮草业者运用在了自己的作品中。蕴涵中国皮草传统工艺元素的现代皮草服装设计制作工艺是历史的承接、创新的发展。

经历时代的变迁，中国传统皮草加工工艺已成为中国传统皮毛文化的一部分，是中国各民族在漫长的历史中互相渗透和融合而成的。而且，随着中华民族与世界其他民族接触机会的增多，中国的传统皮草加工及皮毛服饰也大量融入了世界其他民族的优秀因素，进而逐渐演化成了独具特色的以汉民族为主体、多民族风格和谐并存的服饰体系。从原始社会、商周、春秋战国、秦汉、魏晋南北朝、隋唐、宋辽夏金元、明清到近现代，中国传统皮草加工工艺及皮毛服饰都以其特色鲜明为中国乃至世界所瞩目。据史料记载，皮革工业发展至明代已相当成熟了，在《天工开物》中就明确记载了硝面鞣毛皮法。

皮草加工开创了裘皮业的历史先河，既是人类物质文明的产物，又与精神文明的发展息息相关。从上古时期的兽皮御寒，发展到近、现代的既有实用价值，又有审美价值的皮草加工工艺及皮毛服饰制作，经历了漫长而曲折的发展过程。此外，中国也培养了一大批能工巧匠，也培养了大批学徒，中国现有数十万毛毛匠大军，小到十七八岁，年长者甚至高达八十多岁。中国的皮草加工工艺无论是在生活实用方面，还是从艺术审美的角度来说，现都已经达到相当高的艺术水准，其造型独特新颖，技艺高超精湛，花色丰富多彩，品种推陈出新，产品质量优秀，工艺水平炉火纯青。

传统文化是中华民族自身创造的独特而悠久的文化，对中国皮草业者来说，不应将自己国家传统文化遗忘而去寻求外来文化，而是应将自己国家的民族文化与自己的工艺设计紧密联系在一起，要以本民族的文化为出发点，将本民族的传统文化发扬光大作为最终目标。中国畜产品流通协会，座位国家级行业组织，自然要肩负起传播并发扬中国皮草工艺文化的使命。所以 “如何将传统的工艺与现代皮草融合”已经成为中国皮草工艺所面临的问题之一。

现代皮草服饰的设计、制作要求皮草业者具备艺术家的灵感、工程师的头脑、工艺师的技巧，而每件优秀的皮草服饰作品也都蕴含着精湛的工艺、美好的创意和先进的理念。在当前科技飞速发展的时代，新材料、新工艺、新技术等不断涌现，将给人们带来崭新的服饰境界，也促使服饰设计的观念不断向更新、更高、更美、更先进的领域迈进。

“工艺的内涵就是传统文化”，　中国皮草服装的设计、制作工艺是建立在传统文化基础上的，不能离开文化的支撑。中国皮草工艺应用是需要不断创新的，如果我们只是固守前人的遗产而不去改变、发展、创新的话，那么我们的优秀文化也是会过时的，前人保留下来的东西并不是创立之后就不作任何变动的，也是经过历史的洪流一点点地完善而来的。

创新是对传统文化和艺术的扬弃，我们绝对不能因为创新，就“前无古人后无来者”，对传统的东西全盘否定。创新，站在实践理论的角度去理解，它联系着过去、现代和未来，所以说，传统是创新的前提，创新是未来的基础。创新是对传统的批判、继承和发展。

如何创新？还要从皮草服饰的传统工艺着手研究，我们要抓住传统元素的灵魂、内在的含义，让传统工艺文化精神真正融入“世界性”皮草服装流行的设计中。当今皮草业者所要探索和追求的就是让民族精神融于世界精神，让古代精神融于未来精神，把东西方不同的哲学与美学观念下所表现的不同的神气与韵味互补地强化。

随着现代化程度的提高和生活水平的提高，皮草制品将有更大的拓展空间，从而凸显现代价值和在维护文化多样性、保持民族特质方面的重大作用。本书在宣传保护和振兴中国毛皮方面具有一定的意义，对于提高中国皮毛产业在国内外的知名度及地位，推动中国皮毛产业的全方位发展必将起到积极的作用。

编者

2015年7月

目录

CONTENTS

第一章 皮草发展简史

A BRIEF HISTORY OF THEDEVELOPMENT OF FUR

皮草是人类应用历史最久远的一种服用材料，在漫长的服饰文化发展过程中，其经历了以蔽体保暖为目标的实用阶段；以区别等级为目的的标识阶段；以展现财富为宗旨的炫示阶段；以追逐时尚为方向的审美阶段。在服用材料不断丰富的今天，皮草仍然以其独特的视觉魅力、奢华的气质和优越的服用性能而独树一帜。

第一节　皮草的起源

THE ORIGIN OF FUR

皮草是人类最早使用的服用材料之一，这一点得到人类学家、考古学家和服饰界的一致认同。由于早期人类能够获取的用于披裹身体的块面状材料，非毛皮莫属，这就解释了为什么生活在不同地域有着不同信仰的不同种族，出于御寒护体、伪装狩猎、图腾崇拜、彰显身份、装饰炫耀等各种不同目的，而普遍选择动物毛皮作为最早的服饰材料的原因。虽然早期人类的皮草服饰实物因其保存问题，很难考证其起源的具体时间、初期形式等。即便如此，专家们还是能够找到一些相关线索作为早期人类服用毛皮服饰的间接证据。

法国古人类学家德鲁雷(H · Delumley)，在距今40万年的法国地中海南岸的阿玛他地（Terra.Amata）遗址，发现了一把骨锥。这把骨锥被认为是用来刺穿兽皮，以便动物的筋或条状植物纤维可以穿过并对兽皮进行连缀组合的工具，因此，服饰史界认为锥子是人类制衣的最早工具。

如图1–1–1所示，12万年前的尼安德特人和距今3.5万年的克罗马农人的生活遗迹中，均发现了石质刮刀，见图1–1–2，其作用是用来刮去动物毛皮上残留脂肪，以便使毛皮不易腐烂且服用性能更佳。北京周口店山顶洞人和山西峙峪人遗址中，也都发现了骨针，证明在纺织品被发明之前的5~10万年前，我们的祖先已将穿针引线技术应用于毛皮服饰的缝制中。

法国图卢兹（Toulouse）洞穴壁画、西班牙东部崖壁画等都表现了史前人类穿着毛皮服饰的形象。

古埃及金字塔里出现过身穿豹皮服饰的荷鲁斯神，见图1–1–3。两河流域苏美尔人曾经的基本服饰是绵羊皮制成的科纳克裙（kaunakes），见图1–1–4。

目前被认为最早的毛皮服装实物是于1929年在西伯利亚塔施提克（Tashtyk）的古墓中发现的一件小孩服装，由羊皮制成，毛面朝里，并有狼皮和貂皮镶边，距今已有两千多年的历史，目前存放于圣彼得堡的博物馆中。而早于此件衣服的毛皮服饰品实物则另有发现，如新疆楼兰罗布泊孔雀河墓地出土的束蹻（一种毛皮鞋），有着牛皮靴底，靴面，靴靿则为毛皮朝里的猞猁皮。据测定，该鞋距今已有约3800年，见图1–1–5。1992年在新疆鄯善县苏贝希墓地也发现了距今约2500年的连裤皮靴。材质上属于当今流行的羊“皮毛一体”，且毛皮朝里，皮板向外，见图1–1–6。

图1-1-1 尼安德特博物馆所重建的男性尼安德特人
作者 Okologix，来自维基共享资源

图1-1-2 刮刀克鲁马努-集“Louis Lartet”
作者 Didier Descouens，来自维基共享资源

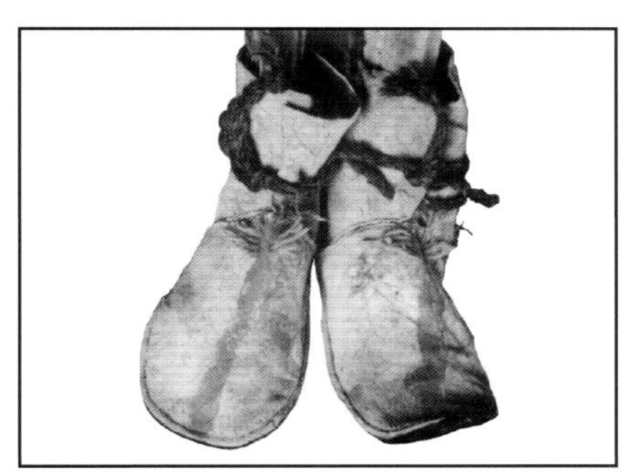

图1-1-5 新疆孔雀河墓地出土的束蹓
选自《中国设计全集》，张秋平等著 现藏新疆维吾尔自治区文物考古研究所

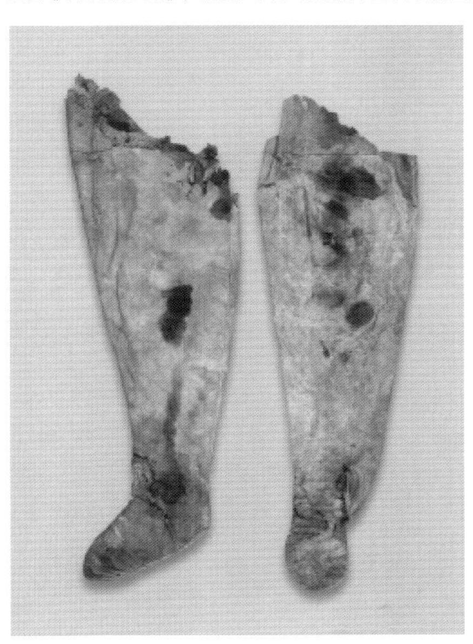

图1-1-6 新疆苏贝希墓葬出土的连裤皮靴
选自《中国设计全集》，张秋平等著 现藏新疆维吾尔自治区博物馆

图1-1-3 身穿豹皮的荷鲁斯神

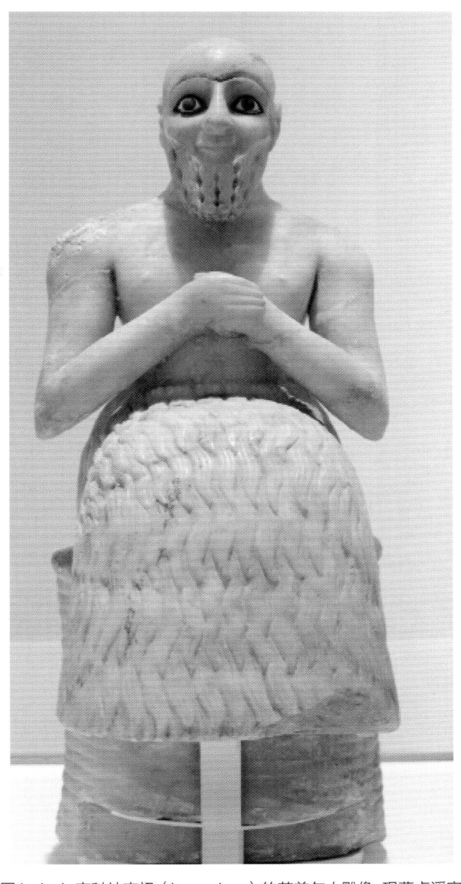

图1-1-4 穿科纳克裙（kaunakes）的苏美尔人雕像 现藏卢浮宫
作者Marie-Lan Nguyen，来自维基共享资源

第二节 西方皮草的发展简史

THE DEVELOPMENT HISTORY OF WESTERM FUR

一、历史最悠久的衣料

无论是在东方还是西方，动物毛皮都是人类最古老的服用材料。出于御寒护体的生理需求或图腾崇拜等心理方面的原因，随着骨锥、石刮刀、骨针等工具的发明应用，以及一定程度的对毛皮的鞣制处理，从北欧到北非的早期文明都出现过服用毛皮的现象，对毛皮的利用能力也不断得到提高。

距今6000到10000年前，比较先进的地区开始掌握麻纺织技术，由此，麻织品打破了毛皮衣料一统天下的局面。后随着丝织、毛纺、棉纺技术的不断发展，毛皮服饰的服用比例不断下降。各民族的文明进程有先后差别，当某些地区和民族普遍服用纺织品材料的时候，毛皮服饰一定意义上成为未开化民族或游牧民族的象征，受到一定程度的歧视。但即便如此，无论是古埃及、古希腊人，还是古罗马人都有服用毛皮的现象。

就古埃及人居住地的地理环境而言，是没有利用毛皮材质实现保暖目标的需求的。然而，古埃及的金字塔里却保留了法老和祭司们穿用毛皮的形象，见图1-2-1。古埃及人对于毛皮的使用很有选择性，如他们推崇狮皮、豹皮，而摒弃羊皮。这是因为他们认为狮子、豹子等猛兽所具有的威力会附着在它们的毛皮上，而传递给毛皮的穿着者。同时，古埃及人还认为凶猛强悍的野兽具备王的气质，因此统治阶级穿用狮皮、豹皮服饰，并特别保留它们的尾巴，以象征王权。这种现象在后来很多非洲部落酋长身上也可以得到证实。

图1-2-1 古埃及第四王朝，穿豹皮长裙的公主
摄影：Werner Forman Archive
编号：estrm2356838
图片来自全景http://www.quanjing.com/share/estrm2356838.html

创造了辉煌文明的苏美尔人，于公元前4000年在两河流域开始了游牧生活。因其在获取羊毛皮上的便利性，而养成了穿用科纳克羊毛皮裙的习惯。从苏美尔的雕塑作品上可见，绵羊毛皮制成的筒形科纳克裙长短不一，表面的羊毛被精心地处理为规律排列的细绺。穿着方式上主要有仅穿半身裙和露右肩的连衣裙两种形式。见

图1-2-2 公元前3000年中叶的苏美尔拉伽什饰板浮雕 现藏卢浮宫

图片来源：http://blog.sina.com.cn/s/blog_5d2dc82c0101ibak.html

图1-2-2，表现的是公元前3000年中叶的苏美尔拉格什国王乌尔南塞和家庭成员的形象，其中左上站立的是穿半身裙的国王，其右侧上排第一位家人穿用的是露肩连衣裙。

古希腊人对毛皮持认可乃至推崇的态度，因此，当时已有专门的毛皮商和毛皮加工业。这种认可态度可以从古希腊神话中找到证据。例如，大力神海克力斯，他最常见的形象是身披被他所制伏的巨狮之毛皮；《金羊毛》故事里的少年英雄伊阿宋手持长矛、身扎着豹皮的形象令人印象深刻；另一位英雄赫拉克勒斯则狮皮缚身；还有全身披着山羊皮的三个善良仙女的形象；荷马史诗描述了一块神盾，因为蒙着一块曾哺育过宙斯的母山羊阿玛尔忒亚的毛皮而魔力无边；参加了温泉关之战的，来自臣服于波斯的46个国家的士兵当中，有身穿豹皮或狮子皮的埃塞俄比亚人。说明同时期在其他民族当中也不乏穿用动物毛皮的现象。

对于毛皮，罗马人则表现出自相矛盾的态度。一方面，他们将毛皮做成床上用品和垫子，认为具有东方异国的“情调”，是一种“豪华”的标签。另一方面，罗马人又对罗马帝国以北，穿用毛皮的未开化民族贴上了“野蛮”的标签，称之为“毛皮人”。到3世纪以后，罗马人的态度又发生了扭转，特权阶级居然又开始穿用毛皮了。

二、标识等级的衣料

随着日耳曼人的入侵，西罗马帝国于公元476年灭亡，西欧进入“文化黑暗期”。初期，日耳曼男子仍然保持游牧时期的毛皮背心配长裤、外加皮革绑腿带的穿着习惯。不久，羊毛纺织品替代了动物毛皮，毛皮的使用大为减少。

直到13世纪，欧洲服饰进入哥特式风格，受到哥特式建筑风格的影响，服饰也被赋予了高雅的情趣，毛皮再次受到青睐。当时最引人注目的贸易之一就是毛皮贸易，从黑海沿岸到西伯利亚、中亚诸国进口的毛皮，特别是松鼠皮、紫貂皮、猞猁皮、鼠貂皮、狐皮等毛皮品种成为富裕阶层向往的高级衣料，价钱由此也不断攀升。绵羊皮、山羊皮、狼皮等则是穷人的选择。除了毛皮品种的差异，服装款式上也表现为富人追求流行，穷人满足于实用的差别，因此，这时的毛皮服饰已具备了标识贫富的作用。

图1-2-3 1223年《路易八世和布兰奇卡斯蒂利亚加冕》

这个阶段的毛皮服饰主要表现为毛绒面朝里、外附丝绸或其他材料的形式。毛皮还常见于领、袖口以及衣襟边缘的镶边见图1-2-3。1223年路易八世加冕仪式上，皇后布兰奇卡·斯蒂利亚所穿萨科特，即采用白色貂皮对门襟及袖窿进行了镶边处理。路易八世本人的加冕服也在领口处露出了窄窄的白色貂皮镶边，其加冕服里面是否有毛皮内衬，从画面上不太好作出判断，但后世法王的加冕服应用白色貂皮成为惯例。路易十三的加冕长袍不仅有白色貂皮衬里，还加上了毛皮披肩，见图1-2-4。路易十六的画像，特意将加冕服里层大幅度地掀开，以展示大块面的貂皮，见图1-2-5。

图1-2-4《穿着加冕礼长袍的路易十三》
菲利普·德·尚帕涅绘，英国皇家收藏

图1-2-5 路易十六肖像

爱德华三世执政的1337年，英国通过了第一部穿用毛皮的等级限制法律，规定只有皇室、贵族和僧侣里的特权阶层才能穿着毛皮。然而，民间的僭越行为屡禁不绝。此后，爱德华三世又确定了貂皮作为皇室专用品的地位，并且在纯白的貂皮上镶嵌了黑色貂皮，形成规则的装饰性斑点。这种黑白镶嵌的貂皮工艺不仅在英国应用，见图1-2-6，而且欧洲人普遍认同其为最高的身份象征。因此，欧洲王室的肖像画中经常可见这种白底黑点的貂皮衬里，包括路易十三、路易十四等历代法国国王，见图1-2-7。此后直到16世纪，西方其他国家也出台了一系列限制性的法律，对不同阶层的人可以穿着何种毛皮作出严格规定，从而强化了毛皮服饰作为身份标志的地位。

图1-2-6《英王亨利八世肖像》 荷尔拜因（德）

图1-2-7《63岁时着加冕服的路易十四全身像》
亚森特·里戈（法）1702年　现藏凡尔赛宫

图1-2-8《法国公使双人像》　荷尔拜因（德）

图1-2-9《莫莱特像》　荷尔拜因（德）

毛皮服饰的流行在伊丽莎白一世执政的16世纪上半叶达到了顶峰。上层社会普遍穿用皮草服饰，毛皮加工工艺在欧洲得到了全面的发展。伴随文艺复兴运动的深入，皮草元素在当时所流行的几大服饰特征上也有所呈现。首先，在文艺复兴时期，为营造男子健壮的体形，男子服装普遍通过衬垫或填充物夸张肩胸，毛皮在其中发挥了重要的作用。见图1-2-8所示，荷尔拜因所作的《法国公使双人像》中，左边的人物所着服饰，通过厚重皮草的分割拼接，塑造了灯笼状的肩袖造型，极大地夸张了着装者的体形。其次，文艺复兴时期盛行的“切口”装饰手法，即以切开表层服装面料而展现里层服装的手法。因当时的毛皮材料仍然用于领口和内衬，以切口为灵感，在拼接处特意将毛绒露出衣服表面的做法，也为皮草提供了更多的展示空间。如图1-2-9《莫莱特像》中，其前臂露出白色内衬的袖子处理为正宗“切口”，而上臂部外露的的棕色毛绒则为拼接痕迹。

不仅拉斐尔（1483—1520）、荷尔拜因（约1497—1543）等留下大量从16世纪早期到16世纪中期，着皮草服饰的肖像画。而乔凡尼·巴蒂斯塔·莫罗尼（1524-1578）、布隆基诺（1503-1572）等画家也为我们留下大量从16世纪16世纪中后期，着露出皮草翻领或皮草袖口的肖像画，见图1-2-10、图1-2-11、图1-2-12。

图1-2-10《拿苹果的年轻男子》
拉斐尔　（意）

图1-2-11《法学家》
乔凡尼·巴蒂斯塔·莫罗尼　（意）

图1-2-12《托斯卡呐大公肖像》
布隆基诺（意）

16世纪最流行的两种毛皮服饰配件，分别是“跳蚤领巾”（Flea scarves）（或称“搔虱毛布”）和毛皮手笼。前者是在当时个人卫生极其糟糕的状态下被发明的，因为这种毛皮围巾可以吸引跳蚤，以便抖落。后者同样具有实用价值，这种毛绒朝外的筒状结构服饰，成为当时上流社会男女喜爱的暖手配件。

巴洛克风格流行时期，丝带、刺绣、羽毛、蕾丝花边等太多的装饰元素充斥于贵族男女的服装，一定程度上抑制了皮草在服装主体上的应用。因而，上述毛皮领巾和手笼作为服饰配件得以沿用，同时，为后世欧洲皮草服饰毛绒外翻的流行奠定了基础。

18世纪初期，贵族男子仍然热衷于穿着毛皮衬里的外衣，同时流行的还有海里皮帽子。伴随18世纪中期开始的工业革命的步伐，欧洲男子的生活节奏加快，对男性形象的审美标准也发生了重大的转变，奢华繁琐的服饰不再作为他们展示地位和能力的主要标志。到19世纪，皮草元素逐步退出了男性服饰，而女性服饰仍然大量使用毛皮衬里、镶边、翻领，以及毛皮围巾、毛皮手笼等，见图1-2-13。

图1-2-14　沃斯1887年皮草服装作品

图1-2-13 托马斯·劳伦斯（1769-1830）的作品（英）

三、奢华时尚的衣料

随着资产阶级革命的爆发，欧洲上流社会的人员构成发生了巨变，资产阶级新贵不断加入，中产阶级的消费能力也不断提升，服饰失去了原有的标识等级的意义，成为炫富的道具。

1858年，查尔斯·弗雷德里克·沃斯（Charles Frederick Worth）在巴黎开设了以自己名字命名的时装店。作为巴黎高级时装业的创始人，沃斯将包括中产阶级在内的上流社会的贵妇人作为自己的设计对象，他的成功引来众多设计师的仿效，为中产阶级妇女提供了追逐时尚、展示财富的渠道。

为迎合贵妇人的消费心理，奢华的皮草材料受到包括沃斯在内的高级时装设计师的重视，见图1-2-14。1900年的法国巴黎国际博览会，对毛皮服饰的流行和时尚化起到了重要的促进作用，此后，毛皮定期出现在波尔·波阿莱（Paul Poiret）和珍妮· 帕奎因（Jeanne Paquin）的设计中，见图1-2-15、图1-2-16。高级时装设计师利用毛皮制作外套、围巾、披肩、帽子、手套等产品，皮草时尚愈演愈烈。1918年，罗马还出现了专供皮草大衣的专卖店，即芬迪（Fendi）的前身。

图1-2-15
波尔·波阿莱1911年皮草服装作品

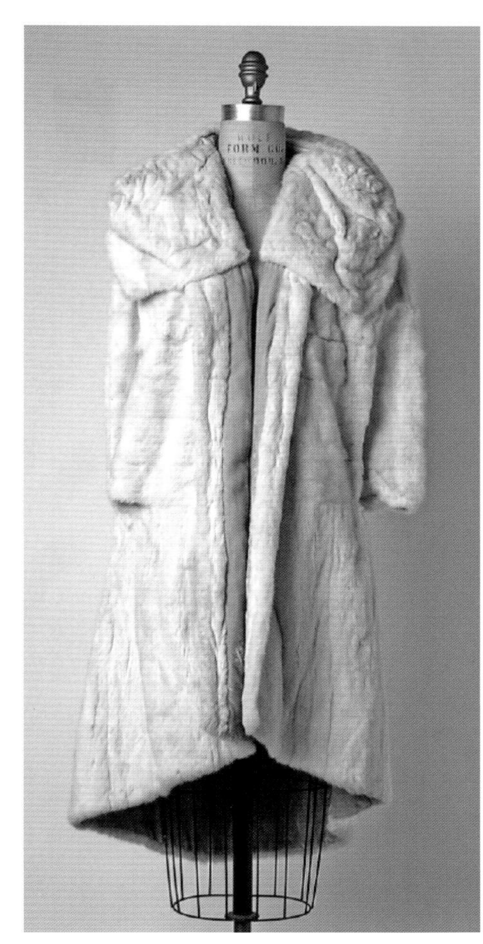

图1-2-17
珍妮·帕奎因　1930-1931秋/冬发布会作品

图1-2-16
珍妮·帕奎因1907年代皮草帽子和手笼

图1-2-18
玛琳·黛德丽在《欲望》里的剧照

20世纪20年代以后，皮草大衣或毛皮镶边大衣成为上流社会妇女秋冬季节出席社交活动的必需品，在肩部披搭整张狐狸皮的方式也很流行。在1929年开始的经济危机期间，上流社会仍然没有放弃对皮草时尚的追逐，20世纪30年代甚至还出现了狐皮热。皮草成为富有人士连夏季都不忍舍弃的装饰元素。毛皮品种也更为丰富，除了价格日益攀升的貂皮和狐皮，波斯羊皮、水獭皮、卡拉库尔羊皮、海狸皮也很流行。大量设计师开始将毛绒外翻的方式用于自己的设计。1930-1931秋/冬发布会上，珍妮·帕奎因展示了整件绒毛外翻的皮草大衣，见图1-2-17。好莱坞电影对皮草服饰的流行，也起到了推动作用。1936年，好莱坞影星玛琳·黛德丽（Marlene Dietrich）在电影《欲望》中，以身披狐皮披肩的形象将毛皮流行推向高潮，见图1-2-18。

20世纪40年代，受到第二次世界大战的影响，欧洲时装业遭到严重摧残，皮草时尚陷于停顿，德国甚至禁止妇女穿用皮草。

图1-2-19
海狸皮翻领、帽子和手笼 迪奥 1950年

图1-2-20
白色毛皮领饰和袖口 雅克·法特 1956年

图1-2-21
豹纹与狐皮组合的皮草大衣 巴伦夏加 1950年代

战后，经过迪奥（Dior）、巴伦夏加(Balenciaga)、雅克·法特（Jacques Fath）等设计师的努力，20世纪50年代的皮草服饰也不断翻新，见图1-2-19、图1-2-20、图1-2-21。豹纹及其他斑点纹样的皮草服饰受到推崇，并一直流行至1970年代。

随着皮草需求量的增加，一些野生动物濒临灭绝，因此，貂、狐等毛皮动物养殖业得到发展。北欧、北美以及亚洲的高纬度地区，陆续开展了毛皮养殖业，一定程度上缓解了捕杀野生动物的现象，同时保障了毛皮市场的原料供应。20世纪60年代的“年轻风暴”使传统的着装观念受到前所未有的冲击，为迎合年轻人的消费心理，皮草服饰从高雅的殿堂走下来，成为普通人可望可及的时尚。出现了休闲型的短外衣、运动型的短外衣、短夹克、背心等皮草时装。其中以妮娜·里奇（Nina Ricci）推出的运动型双面穿的皮草服装、雅克·海姆（Jacques Heim）推出的刺绣和绢花装饰的皮草夹克为代表。

20世纪70年代，设计师大胆尝试全新的染色、不同材质的组合、创新的组合拼接工艺，使得皮草时尚更加精彩纷呈。此外，值得一提的是20世纪70年代也是人们关注动物权利的时代，因此，人造毛皮为更多的消费者所接受，以其逼真的视觉效果和低廉的价格，受到热衷时尚的中下层消费者的青睐。

20世纪80年代，毛皮加工工艺不断发展，出现了拉毛技术、剪绒、拼色、复合印染等工艺，为设计师提供了更广阔的创作空间。进入20世纪90年代以来，随着皮草服饰消费层的多样化，皮草时尚也发生了分流，以满足不同的消费定位和审美情趣。让·保罗·高缇耶（Jean Paul Gaultier）说：“对我来说，裘皮是触觉的全部。我正在寻找一种只能在裘皮上才能找到的感觉，因此我将选择它!”代表了很多热爱皮草、不断被皮草激发创作激情的设计师的心声。如图1-2-22所示，让·保罗·高缇耶1998年的皮草服饰作品，保留了豹头、豹尾部分，给人以强烈的视觉震撼。

图1-2-22
豹纹皮草连衣裙 让·保罗·高缇耶 1998年

第三节 中国皮草的发展简史

THE DEVELOPMENT HISTORY OF CHINESE FUR

动物毛皮作为早期人类可获取的主要服用材料，可被利用的品种十分丰富，在先秦文献中已有羊、狐、虎、狼、黑貂(紫貂)等毛皮的记载。其中最主要的是狐、羊，根据毛色或质地，又有狐白、狐青、狐黄和狐苍等品种；羊则有羔裘和羊裘之分。汉以后，獭、猫、狸、獐、鹿等动物的毛皮使用也见诸记载。唐末敦煌文书中还提及狮、豹、熊等兽皮品种。除了上述体形较大的哺乳动物，可被利用的动物还拓展到被称为“鼠”的鼬科动物，有银鼠、黄鼠、灰鼠、深灰鼠和青鼠等，到清代，还流行进口的“洋灰鼠”。

在毛皮材料不断丰富的同时，中国的毛皮制作工艺、裘服穿用的制度管理、毛皮服饰文化也在不断发展演变。

一、毛皮利用的工艺发展

(一)本能利用

黄能馥教授在《中国服饰通史》指出：“当人类学会手脚分工、直立行走，并能用火烧烤食物、取暖时，便加速了智力的发展和体毛的退化，最终导致创造衣物护体御寒，并通过衣物来美化生活……当冬季严寒袭来时，北京猿人自然也会懂得用兽皮来护身御寒。”出于生存的本能，我们的祖先通过捕获动物，经历了“茹毛饮血”和“被毛寝皮”的时期。

《古史考》云：“太古之初，人吮露精，食草木实，山居则食鸟兽，衣其羽皮”[①]；《礼记·礼运篇》记载：“昔者，未有火化，食草木之实，鸟兽之肉，饮其血，茹其毛；未有丝麻，衣其羽皮”；《后汉书·舆服志》称：“古人衣毛而冒（覆盖）皮”；《尚书·禹贡》中提到：“冀州岛夷皮服，扬州岛夷卉服”，意为北方天冷夷族衣皮，南方天热夷族衣草；《墨子·辞过》也有“古之民未知为衣服时，衣皮带茭（植物名）”的语句；《韩非子·五蠹》中也提到：“古者，妇人不知（织），禽兽之皮足也。”

(二)简单加工

1933年，在北京市房山县周口店龙骨山山顶洞出土的一枚针孔处有残缺的骨针，成为我们的祖先在旧石器时代晚期即利用骨针缝制毛皮衣物的证据，见图1-3-1。1983年辽宁海城小孤山遗址又出土了3枚完整的骨针。此外，考古发现山西朔县峙峪人和河北阳原虎头梁人也已能够缝制皮衣。说明旧石器时代毛皮衣物的穿用在地域上具有一定的普遍性。

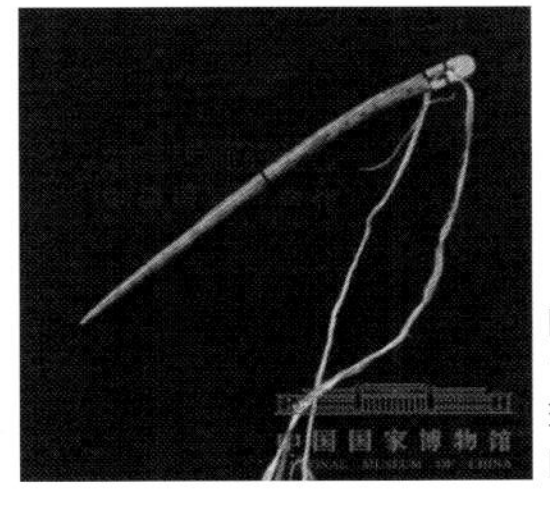

图1-3-1
1933年山顶洞出土的骨针,残长8.3cm
现藏中国国家博物馆
图片来源于中国国家博物馆官网

① 令平. 中国史前文明 [M].北京中国文史出版社. (2012:70)

关于毛皮的服用，一方面需要解决缝合拼接的问题，另一方面对毛皮的软化处理也是一个必须解决的问题。原始人通过对毛皮进行揉、捏、搓等方法对其柔软度加以改善。这种物理处置的手法在爱基斯摩人中还有使用，爱基斯摩妇女通过牙齿啃咬的办法使毛皮柔软。后来，我们的祖先在生活实践中，对毛皮的处理逐步向化学处理的方法过渡，如反复浸泡捶打或把动物油脂揉搓渗透至皮板里，以使动物的皮张保持较长时间的柔软性。

古史传说黄帝部落于公元前2690年左右，向东迁徙途中，经过桑干河流域泥河湾盆地。意外地发现了桑干河边的盐碱滩有软化兽皮的功效，黄帝向各氏族推广了这种简单的化学软化兽皮之方法，使当时民众得以穿用更为舒适和便于围裹的兽皮服饰。

（三）比干制裘

《中国史前文明》称："裘：以动物毛皮所制之衣……传说黄帝时已有其物其名。"历经千年发展，毛皮已不再是唯一的服用材料，但仍然占据重要的地位，并且保持革为里，毛在外的传统方式。"裘"字在甲骨文和金文中即取裘毛四散纷披之象以表其形。其制作工艺也在不断的完善当中，据传，商末丞相比干为解决大营一带野兽肆虐的问题，鼓励百姓狩猎，并将兽皮收集起来，通过反复泡制，获得了柔软的皮张。比干发明且传授给民众这种熟皮技艺，并组织民众对皮张按品种和色泽进行分类缝制，制成裘服，由此被后世的毛皮从业者奉为祖师。据传，比干的方法应与现代鞣制皮革的手法非常接近，即将兽皮浸泡在提取自栎树或柳树的鞣酸液中，这种化学处理的方法，使得兽皮永久性保持，并具有一定的防水功能。这种鞣制技术一直沿用至今。

(四)规范管理

随着制裘工艺的逐步成熟，对毛皮业的管理也受到重视。周朝不仅分设管理"金、玉、皮、工、石"五工的官吏，还设置了专司制裘的"裘氏"。《周礼·天官·司裘》："司裘掌为大裘，以共王祀天之服。中秋，献良裘，王行羽物。季秋，献功裘，以待颁赐。王大射，则共虎侯、熊侯、豹侯，其鹄(靶心)；诸侯则共熊侯、豹侯、卿大夫是共麋侯，皆设其鹄。大丧廞裘饰皮车。凡邦之皮事掌之。岁终则会，唯王之裘，与其皮事不会。"明确司裘的职责为：掌裘之出纳保管，供给祭祀和王用等。还规定："司裘中士二人，下士四人，府二人，史四人，徒四十人。"《周礼·天官·掌皮》："掌秋敛皮，冬敛革，春献之，遂以式灋颁皮革于百工，皮革于百工，共其毳毛为毡。以待邦事，岁终，则会其财赍"。明确了掌皮官的职责，同时也规定"掌皮下士四人，府二人，史四人，徒四十人。"

成书于东周的《考工记》，是我国现存最早的关于手工业技术的国家规范，记述了"攻皮之工五：函、鲍、韗、韦、裘"，说明制裘业在当时已进入规范管理阶段。

（五）传承发展

随着手工业的不断发展，古人已掌握了通过薰、染获得理想毛色的方法。由出自《慎子·知忠》："狐白之裘，盖非一狐之皮也"，也可知至少在战国时期，为追求整件裘服毛色、质地的一致性，工匠们已经很好地掌握了毛皮拼接技术，不惜工时地将狐狸腋下的毛皮进行集中拼接，即所谓"集腋成裘"。《礼记·玉藻》："唯君有黼裘以誓省，大裘非古也"。所谓"黼裘"是指有黑羔皮与狐白镶嵌为黼文装饰的裘，说明先秦时期的毛皮工匠已有能力完成复杂的毛皮镶嵌工艺。

进入汉朝以后，手工业又有了进一步的发展。不仅沿袭了战国以来的"少府"制度以管理官方手工业，另设"工官"管理地方私营手工业。

唐代设有少府"监诸州市牛皮以供使用；其属官右尚署则"掌马辔加工……兼领皮毛作坊"。晚唐诗人归仁绍所作《反球诗》称："八片尖皮切作球，水中浸了火中燥"，说明至少在唐代鞣皮技术已涉及用火烟熏的方法。

唐及五代到宋初，由于敦煌地区对外经济交流的重要地位，使得当地手工业迅速发展。敦煌文书中，有关皮革加工业工匠的名目繁多，如酿皮匠、缝皮裘匠、皮条匠、皱文匠、鞍匠、靴匠、弓匠、胡禄匠等，可见其内部分工很专业。其中所谓"酿皮匠"，会利用芒硝、生石灰、白面等，对皮革进行鞣制处理；"缝皮裘匠"不仅掌握裘皮缝制技术，还兼备服装制作技艺，受雇于官府、寺院缝制裘皮衣物时，会获得雇佣方设局席招待。

宋代不仅设有皮角场、皮甲作坊、马甲作坊等，对裘的使用也有严格的等级规定。《宋史·舆服志二》："乾元九年，重修仪制：权侍郎、太中大夫以上及学士、待制，经恩赐，许乘狨坐；三衙、节度使曾任执政官，亦如之。"宋朱彧在《萍洲可谈》卷一对"狨坐（座）"这种坐褥的解释为："狨座，文臣两制，武臣节度使以上，许用……狨似大猴，生川中，其脊毛最长，色如黄金。取而缝之，数十片成一座，价直钱百千。"说明北宋制裘工匠已开始运用串刀裁制法，能够抽取金丝猴的脊毛，以数十张拼成完整的大金丝猴狨座。

基于元统治者对毛皮服饰穿着的传统，元朝皮毛手工业又有进一步的发展。元工部在全国各地设立司、局，进行系统的管理和生产，从事纳石矢、皮毛、织染等方面的生产。在大都、通州有皮货所，在朔州有毛子局、利用监，“掌出纳皮货衣物之事”。下设的杂造双线局、熟皮局、软皮局、染局，分别负责制造内府皮货、掌管熟造的野兽皮货、掌管内府细色银鼠野兽诸色皮货、掌管每年变染的皮货。此外，还设有貂鼠局、貂鼠局提举司、毛子匠提举司等。

始于西周的官营手工业，到明初发展到鼎盛，官方设有负责采集的虞衡清吏司，下设皮作局。至明中叶，匠籍制度下的工匠获得了更大的自由，工匠在自由时间段生产的产品投入到社会商品流通中，促进了包括裘皮业在内的手工业的发展。《天工开物·裘》记载了明代裘皮品种的丰富：“贵至貂狐、贱至羊鹿，值分百等”，又：“飞禽之中，有取鹰腹雁胁毳毛，杀生盈万，乃得一裘，名天鹅绒者”；并称“外狐优于中国狐”，还介绍了吹毛观色的鉴别方法，指出黑紫羔首推宁夏所产，提及“同舟羔皮”“索伦灰脊”“宁夏滩皮”和“西藏獭皮”等品种；还明确指出当时的熟皮工艺是“硝熟为裘。随着匠籍制度的放松，更多的工匠商徙[①]至当时经济发达的江南地区，更促进了手工业的发展交流。例如明初发展起来的江宁禄口毛皮匠团体，在清前期出现了商徙至苏州的现象：如“苏州冶坊工匠多隶籍无锡、金贵两县，硝皮工匠多为江宁人”[②]，并形成了专业性的“硝皮业公所”和“裘业公所”。

中国历史上，南北朝、元朝、西夏、金等少数民族的政权推崇皮草服饰，使当时的毛皮手工业尤为繁荣，清代也不例外。通过进贡和中俄贸易获取的大量皮货更是促进了清代毛皮业的繁荣和制作技术的发展。

清代比前代更讲究毛皮的品种和不同部位的价值，以及毛皮与服装品种的匹配。清末宗彝称：“貂皮以脊为贵，本色有银针者尤佳。普通皆染紫色，不过有深浅之分。次则貂膝（即下颏皮），次则腋（俗称曰肷），次则后腿（前腿毛小且狭，不佳），下者貂尾（毛粗而无光彩）。若干尖、爪仁、耳绒，皆由匠人缀成为褂。此小毛便服。狐与猞猁、倭刀皆以腋为上，后腿次之，膝次之（俗称青颏、白颏），脊则最下，只可作斗篷用。猞猁有羊、马之别，羊猞猁体小而毛细，马猞猁既大而毛粗，故行家皆以羊为贵。倭刀佳者多黄色，闻有红倭刀，珍贵无比，然未见之也。狐肷名目极多，有天马肷（即白狐）、红狐肷、葡萄肷（即羊猞猁）、金银肷、青白肷等。不胜记矣。海龙虽名贵，只可做外褂，非公服所应用。其下者，如乌云豹、麻叶子，虽大毛之属，士大夫不屑穿矣。中毛较大毛衣不贱，真羊灰鼠与灰鼠脊子尤昂贵，自昔已然也。若云狐腿、玄狐腿二种，不恒见，其价尤贵，二种皆带银针，有旋转花纹间之，极好看”。

清代的裘服制作工艺讲究镶拼，见图1-3-2，重视毛皮品种、色彩与丝绸的配伍。清代专门硝皮的作坊称“皮园”或“熟皮房”，工匠从业区域相对集中，清李斗在《扬州画舫录》记录：“硝消皮袄者，谓之毛毛匠，亦聚居是街。”清末，还出现了采用现代技术和机器设备的制革厂，如1898年建造的天津硝皮厂。

图1-3-2
清代皇帝大婚时所穿银鼠皮和熏貂皮镶嵌的双喜字皮褂
现藏故宫博物院，图片出自《清代宫廷服饰》

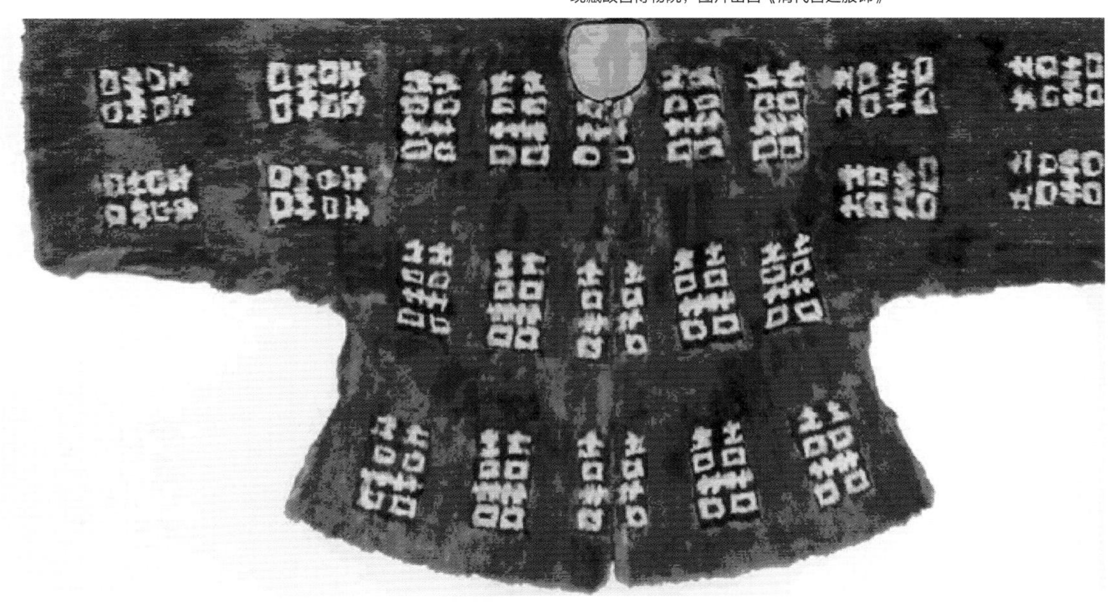

①“商徙”一词来自韩偓《过汉口》“居杂商徙偏富裕，地多词客字风流”。

② 明清史偶存[M] 洪焕椿. 南京：南京大学出版社出版年,1992.

民国时期，毛皮服装的流行受到西方时尚的影响，因此沿海大城市，如上海、天津，不仅云集了使用传统技术的毛毛匠，并引进了国外的毛皮加工技术，使毛皮加工工艺进入一个新时期。

二、毛皮使用的制度演进

对于毛皮服饰的穿着，在最初是出于生存本能，随着中国进入等级社会，毛皮的使用和管理开始受到制度限制，衣裘的种类不同，也开始具备了标志身份地位的价值。

西周时期，按《周礼》的规定，天子须遵循“祀昊天上帝则服大裘而冕，五帝亦如之”的规范。另据《周礼》所载：“中秋，献良裘，王行羽物。季秋，献功裘，以待颁赐。”又“秋敛皮，冬敛革，春献之。”说明西周时期国家对捕杀猎物的季节有所限制，只允许秋冬季节获取毛皮的政策，既能保证毛皮的成色，又保障了动物在春夏季节的繁殖生存。

《孔子·家语》亦有孔子与鲁定公的对话记录：“天子大裘以黼之，被衮象天，大裘为黼文也言被之大裘，其有象天之文”，说明春秋时期天子祭天仍遵循服裘的规范。

《白虎通衣裳》曰：“天子狐白，诸侯狐黄，大夫苍，士羔裘。”可见，东汉时期通过毛皮的品种、色彩足以区分天子、诸侯、大夫和士人。

《礼记·玉藻》记载：“君衣狐白裘，锦衣以裼之。君之右虎裘，厥左狼裘，士不衣狐白。君子狐青裘豹褎，玄绡衣以裼之。麛裘青豻褎，绞衣以裼之。羔裘豹饰，缁衣以裼之。狐裘，黄衣以裼之。锦衣狐裘，诸侯之服也。犬羊之裘不裼，不文饰也，不裼。”说明先秦时所穿毛朝外穿的裘衣，有在裘外另加罩衣（裼衣）的情况。并根据等级的差异，有着严格的穿着规范：天子穿白狐裘外罩锦裼衣。卿大夫穿豹袖青狐裘时，外罩黑色绢质裼衣；穿镶青犬皮袖白鹿裘，外罩薄纱裼衣；穿豹饰羔裘时，外罩黑色裼衣；穿狐裘时，外罩黄色裼衣。士以下的平民只能身穿羊毛和狗毛的裘衣，更不能在外面罩裼衣。《礼记·月令》还记载了天子服裘的季节规范：“孟冬之月……天子始裘”。

《旧唐书·舆服志》称：“昔黄帝造车服……车有舆辂之别，服有裘冕之差。”并称秦、汉继承了黄帝时代的舆志，“而裘冕之服，历代不行。后魏、北齐，舆服奇诡，至隋氏一统，始复旧仪。”遂:“帷唐制，天子衣服，有大裘之冕、衮冕、谠冕、毳冕……凡十二等”且：“大裘冕，无旒，广八寸，长一尺六寸，玄裘纁里，已下广狭准此。金饰，玉簪导，以组为缨，色如其绶。裘以黑羔皮为之，玄领、褾、襟缘。”这种用羊羔皮制作的“大裘之冕”，并不是很优越的毛皮材料，却作为古代皇帝最高级别的祭祀礼服。以毛峰外翻的形式表示天子不忘圣古之意。

宋代皇帝也继承了大裘冕，成书于公元973年的《开宝通礼》：“皇帝服衮冕出赴行宫，祀日，服衮冕至大次；质明，改服大裘而冕出次。”《宋书·舆服志》：“天子之服，一曰大裘冕，二曰衮冕……中兴之后则有之”。神宗元丰六年，依尚书礼部所言：“经有大裘而无其制，近世所为，惟梁、隋、唐为可考。请缘隋制，以黑羔皮为裘，黑缯为领袖及里、缘，袂广可运肘，长可蔽膝”，于是神宗始服大裘。后在哲宗元祐元年、高宗绍兴十三年，礼部又反复考证，对裘服制度作出相关修订，可见在宋代对裘服制度的重视程度。

元代统治者虽有服裘传统，但元初时并未将其制度化。《元史·舆服志》：“至大间， 太常博士李之绍、王天疏陈,亲祀冕无旒，服大裘而加衮， 裘以黑羔皮为之”。直到至顺元年(1330年）文宗“始服大裘衮冕，亲祀昊天上帝于南郊，以太祖配。作为元人所崇尚的“冠服一色”，在《舆服志》中也出现了相关的规定，并与毛皮服饰有关：“（天子）服银鼠，则冠银鼠暖帽，其上并加银鼠比肩”。

因明太祖：“此礼（冕服）太繁。祭天地、宗庙，服衮冕。社稷等祀，服通天冠，绛纱袍。馀不用。”故而明代未沿袭大裘冕祭天的制度，《明史·舆服志》反而对毛皮服饰的穿用下达了相关禁令：“正德元年，禁商贩、仆役、倡优、贱不许服用貂裘。”仅规定朝会大乐九奏歌工之舞士北翟四人，戴单于冠，貂鼠皮檐；北番舞四人，皆狐帽。

清代贵族有着服用毛皮的传统，《大金国志·男女冠服》称：“（女真人）以化外不毛之地，非皮不可御寒，所以，无贫富皆服之。……富人秋冬以貂鼠,青鼠、狐、貉皮或羔皮为裘……贫者秋冬亦衣牛、马、猪、羊、猫、犬、鱼、蛇之皮或獐鹿皮为衫，裤、袜皆以皮”。随着满清政权的不断发展，毛皮的穿用也逐步地制度化，如皇太极于天聪六年(1632)二月,更定衣冠制度：“凡诸贝勒大臣等，染貂裘为袄，缘阔披领及帽装菊花顶者，概行禁止，若不尊而服用，则罚之，衣服许缘出锋毛或白毡帽则可用。同年十二月又议定官服制，明文规定贝勒以上诸臣及其眷属穿皮衣时制度。

《清朝通志》卷五十八：“皇帝朝冠，冬用薰貂、黑狐；皇帝吉服冠，冬用海龍、薰貂、紫貂；皇帝端罩，以黑狐及紫貂为之明黄缎里；皇帝朝服，十一月朔至上元披领及裳俱表以紫貂袖端薰貂绣文”。对后妃、皇子、亲王、大臣的用裘制度也做出了明确的规定。《清史稿·舆服志》则记载了更为详尽的用裘规范。

三、毛皮功能的历史变迁

(一)满足生活需要

早期古人普遍穿裘，是出于生活所需。因此，历代诗书中关于服裘的记载也很多，如《诗经·小雅·大东》：“舟人之子，熊罴是裘”《论语·乡党》：“缁衣羔裘”等。《魏书·勿吉传》载：勿吉“妇人则布裙，猪犬皮裘”，“头插虎豹尾”作为头饰。出自汉代徐干《中论·虚道》的成语“救寒莫如重裘”，表现了古人对于裘皮保暖功能的共识。

文明进程滞后于中原民族的游牧民族，更多地表现出对于毛皮的依赖。《礼记·王制》“西方曰‘戎’，被发毛皮；北方曰‘狄’，衣羽毛，穴居”。《史记匈奴列传》：“匈奴自君王以西部考古第四辑下，咸食畜肉，衣其皮革，被旃裘”。西汉桓宽《盐铁论》亦称匈奴“衣皮蒙毛”。这些体现了西北自然环境和游猎生活方式下的服饰特点。

道森在《出使蒙古记》中也称：“在冬季，他们总是至少做两件毛皮长袍,一件毛向里，另一件毛向外，以御风雪；后一种皮袍，通常是用狼皮或狐狸皮或猴皮做成的。当他们在帐幕里面时，他们穿另一种较为柔软的皮袍”。[①]

（二）体现等级差异

随着中国进入等级社会，对于等级的体现日益受到统治阶层的重视，裘衣逐渐成为上层人物专用衣着。服裘的一些规范被制度化，诸如“天子狐白，诸侯狐黄，大夫苍，士羔裘”；另外还有一些约定俗成的规定。

《国风·桧风·羔裘》：“羔裘逍遥，狐裘以朝”；《国风·召南·羔羊》：“羔羊之皮，素丝五紽”，分别表现了国君服裘和官员服裘。《国风·唐风·羔裘》：“羔裘豹袪，自我人居居”，表现的则是一位豹袖羔裘的卿大夫。

《礼记·玉藻》罗列了先秦为天子所服的狐白裘；先秦卫士所服的虎裘、狼裘；先秦诸侯所服的狐裘。通过裘皮的品种，就可以知道服用者的身份。

《辽史拾遗》引《契丹国志》记载辽服饰：“丈夫或绿中单……贵者被貂服裘，以紫黑色为贵”。

《天工开物·裘》有“虎豹至文，将军用以彰身；犬豖至贱，役夫用以适足”的记载，说明明代裘的穿用仍然具有区分身份的功能。

清代冬朝冠帽檐毛皮的使用根据等级加以区分，皇帝、皇太子用熏貂及黑狐，见图1-3-3；皇子、王公及文武一品官员可用熏貂及青狐；文二品、三品及武二品则用熏貂及貂尾；文四品、武三品以至未入流官，只能用熏貂。

图1-3-3
清代皇帝熏貂冬朝冠选自《中国织绣服饰全集4》，天津人民美术出版社
现藏故宫博物院

（三）发挥政治功用

春秋战国时期，珍贵的裘衣还发挥了重要的政治功用。首先，在各国国君的库房中存储了大量的裘衣，作为赏赐之物，成为笼络臣下的道具。

《管子·轻重戊》记载了“狐白破代”的故事：管仲设计向代国高价购买狐白，“代人果去其本，处山林之中，求狐白之皮。二十四月而不得一。”最终导致“齐未亡一钱币，修使三年而代服。”

无独有偶，《史记·孟尝君列传》记载了关于一件“狐白之裘”的故事：齐国的孟尝君受邀为秦相，但又受到秦昭王猜忌，遭到囚禁，性命攸关之际，向秦昭王的幸姬求救，被索狐白之裘。“孟尝君有一狐白裘，直千金，天下无双，入秦献之昭王，更无他裘……有能为狗盗者，曰：‘臣能得狐白裘。’乃夜为狗，以入秦宫臧中，取所献狐白裘至，以献秦王幸姬。幸姬为言昭王，昭王释孟尝君。孟尝君得出，即驰去。”在这个事件中，“狐白之裘”起到了关键性作用，人类历史上，一件衣服所能发挥的政治作用难出其右。

(四)充实礼仪规范

中国作为礼仪之邦，裘服的穿用也参与到古代礼仪规范当中，如《礼记》针对儿童：“童子不裘不帛，”又“二十而冠，始学礼，可以衣裘帛。”裘帛并举，是把裘视作与帛一样只有长者尊者才有福消受的贵重之物，反映了古代尊老

① 道森.出使蒙古记[M].北京:中国社会科学出版社,1983：119

的风俗。清乾隆时人沈辉祖自叙二十二岁时冬寒，其外舅赠以一裘，沈以自己太年轻不敢服而固辞不受 。

《礼记》还规定：见国君时“表裘不入公门，袭裘不入公门。”意即穿无裼衣而裘在外的不可进入公门，掩上裼衣而不使羔裘领子外露，也是对国君不够恭敬的装束，所以也不可进入公门。至于参加丧礼时服裘，被认为不妥：“夫子曰：‘始死，羔裘玄冠者，易之而已。’羔裘玄冠，夫子不以吊。”

（五）促进经济交流

毛皮的产出有其地域限制，加工技术也掌握在专业工匠手中，需求者与供给方之间也就构成了一定的贸易关系。西汉，官府统一管理对外贸易，指定官员用黄金、丝织品等与匈奴换马、骡、兽皮、毛织品等。英国学者李约瑟在《中国科学技术史》中称：丝绸之路“除丝绸以外……还有毛皮、桂皮和大黄……”。《汉书·货殖传》提到：那时通邑大都的一个商户“酤一岁千酿……狐貂裘千皮，羔羊裘千石”，可见其毛皮产品的交易量十分可观。

在唐及五代时期，敦煌成为对外经贸交流的重要地区，手工业的发展与商品交换市场的繁荣，形成良性循环。从事毛皮加工、裘服缝制、靴鞍制作的工匠云集，并建立了行业组织，在敦煌经济活动中非常活跃，其产出的产品在当地贸易中占据重要份额。

宋代，毛皮及毛皮制品成为辽、金、西夏与宋交换丝绸、茶叶、瓷器等物品的主要资源。

《元典章》卷三八《兵部五·皮货则例》记载了各种兽皮与貂皮的折算比例， 如一虎相当于五时貂， 一狐二貂等，说明了当时裘皮生产和贸易的规范化。

明宋应星在《天工开物·裘》对不同品种的毛皮在价值、产地作出了介绍：“凡取兽皮制服统名曰裘。贵至貂、狐，贱至羊、麂，值分百等。貂产辽东外徼建州地及朝鲜国……凡狐、貉亦产燕、齐、辽、汴诸道……凡关外狐取毛见底青黑，中国者吹开见白色，以此分优劣。”还介绍了毛皮的交易情况：“麂皮……广南繁生外，中土则积集聚楚中，望华山为市皮之所……襄黄之人穷山越国射取而远货，得重价焉。殊方异物如金丝猿，上用为帽套；扯里狲御服以为袍，皆非中华物也。”明人所作《南都繁会图卷》描绘了明代南京商业繁华的景象，图中可见明显的招幌“西北两口皮货发客”的字样，说明当时皮货是热门的生意，见图1-3-4。晚明时期的马市皮货交易达到高峰，根据万历五年、六年的马市交易档案，可发现单次交易的貂皮数高达到175张。

（六）丰富民间时尚

裘皮服饰曾是中国最重要的服饰类别之一，但在封建社会，裘服的民间穿用受到一定的等级限制。所谓裘服时尚，主要表现在贵族阶层。《诗经·小雅·都人士》：“彼都人士，狐裘黄黄”，说的是春秋时期京都的人士穿着亮黄黄的狐皮袍子。《左傳·哀公十七年》也提到鲁哀公时代，贵族们“紫衣狐裘”。《墨子·兼爱下》：“当文公之时，晋国之士，大布之衣，牂羊之裘”，也说明晋文公时代的士人阶层流行母羊皮制成的裘衣。

唐代服裘的现象主要出现在胡人中，如1960年陕西乾县永泰公主墓出土三彩釉袒腹胡人俑，身穿绿色及膝翻领毛皮袍；陕西省西安金

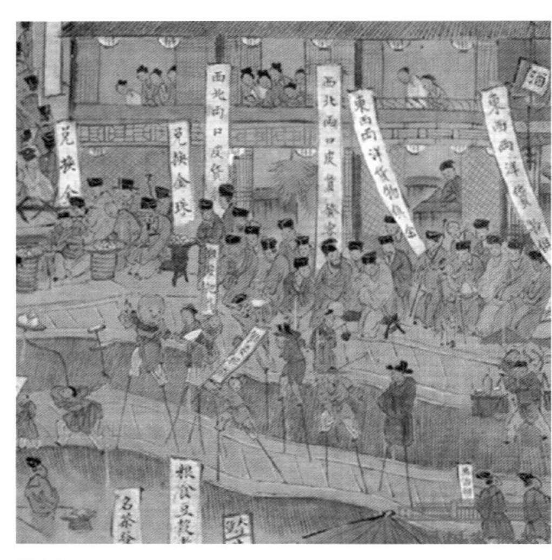

图1-3-4
明《南都繁会图卷》
现藏国家博物馆

图1-3-5
三彩釉袒腹胡人俑
1960年陕西乾县永泰公主墓出土
现藏陕西历史博物馆

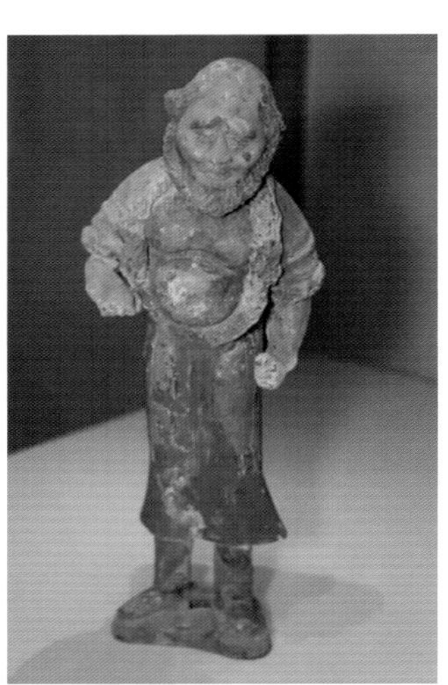

图1-3-6
袒腹牵驼胡人俑
陕西省西安市东郊豁口磨金乡县主墓出土
现藏陕西历史博物馆

乡县主墓出土袒腹牵驼胡人俑也穿着皮衣毛面朝里的皮袍，见图1-3-5、图1-3-6。在善于吸收外来服饰元素的唐代，是否也形成过一时风尚，相关资料不多，李白的《将进酒》中倒是出现过“五花马，千金裘”的诗句。

在成吉思汗建立的大蒙古国时期，蒙古族人的生活方式以牧猎为主，所以会较多地使用皮毛制品。进入元朝以后，蒙古贵族妇女的服饰时尚元素中仍然不乏黑貂、青貂、青鼠、银鼠等动物的毛皮。

明初，服饰朴素，并受到严格的制度限制。明成祖迁都北京以后，北方游牧民族的服饰特征从京城传播到各地，如貂皮即是从京城流行后传入江南的。作为一部广泛流传于江、浙地区的实用著作，明弘治年间刊行的《便民图纂》载有“收皮衣不蛀”的方法：“用芫花末掺之则不蛀，或以艾卷置弃内，泥封弃口亦可”。说明至少在明中期，江浙民间已有一定规模的裘皮服饰的穿用。

到嘉靖年间，民间服饰走向华丽奢侈，僭越礼制，貂鼠类材料进入时尚领域。初时毛皮在里，缎子在外，后毛皮的地位越来越高，则在袖口和开衩处镶毛皮以显奢华和时尚。晚明服饰礼制涣散，流行时尚得以迅速传播时，出现当时所谓“时世装”。其中，“卧兔儿”是晚明女子冬季戴在头上的毛皮饰物，最流行的有“貂鼠卧兔儿”和“海獭卧兔儿”。

满人有服裘的传统，清初，裘服即被视作是奢华的象征。但清初满汉各阶层穿用裘皮都必须遵循等级规定，否则将会受到严厉的制裁。康熙二十六年中俄之间开始皮货贸易。1728年输入了一百多万张松鼠皮、十五万张狐皮、十万张貂皮，国内皮货数量的增加，使得国内毛皮价格降低，最终导致了使用阶层逐步扩大。因此，清中期对于裘皮“不复之有明禁，群相蹈之”，形成了裘皮服饰的流行时尚。成书于清中期的《红楼梦》大量提及当时上流社会的裘皮服装，如：“大红羽纱面白狐皮里的鹤氅”“大红洋皱银鼠皮裙”“宝蓝缎镶毛狐皮袄”“雪里金遍地锦滚花狸毛长袄”“流岚色滚金绣凤貂裘”等。

清晚期的裘皮时尚主要表现在“翻穿”。徐珂在《清稗类钞》中称：“然道咸以来，京官之翰詹科道,及三品外官与有三品衔或顶戴者，亦无不翻穿以自豪矣”。这种“翻穿”是指毛峰朝外的形式，被称为“出锋裘”，或称“皮衣出峰”，能够更明显地展示裘服毛色的奢华，清末各阶层的人都以此为尚。清人吴振棫在《养吉斋丛录》称：宫中的太监“准翻穿貂褂、海龙褂。有翻穿出外者即锁擎翻穿入门者即逐出”。但到后来，“商贾近来新学妙，石青马褂出风毛”。

受西方文化和生活方式的影响，清末裘服出现了中西并存的混乱局面。自1860年开埠以来，上海逐渐取代北京成为中国新的时尚中心。以上海为代表的新兴沿海城市引进了西式裘皮服饰，炫富心理或求新求异的审美情趣成为当时新式的裘服流行的推动力，并延续到民国。裘皮服饰失去原来的标识等级和地位的功能，变成炫耀财富和展示时尚的道具。从民国时期的期刊、画报可知：此时的裘皮服装呈现大众化和时装化的两大趋势。一方面成为富裕阶层展示经济实力的渠道；同时也成为新兴服装公司的重要产品，模仿西式设计的裘皮服装成为时尚女性重要的社交服饰。

第四节 皮草产业的现状

THE CURRENT SITUATION OF THE FUR INDUSTRY

一、消费的大众化

随着人们生活水平和收入提高，皮草已不再是高高在上的奢侈品，参与皮草消费的阶层逐渐扩大，皮草市场得以快速增长。据中国皮革协会统计，中国皮草消费正处于上升期，国内皮草服饰的市场复合增速高达22.4%。预计到2015年，国内皮草消费市场容量将达到164.23亿元。而全球2010年250万件裘皮中，中国消费了150万件，超过一半。同时，有统计显示，作为高档皮草代表的水貂皮，国际各大裘皮拍卖行所拍卖的水貂皮中，80%被中国买家购买。

除了高端的貂皮消费，更多的消费者对獭兔、羔羊皮、貉子等相对便宜的皮草服饰表现出兴趣。同时，一些消费者首选对于小件的皮草服饰的消费，如皮草背心、围巾、包袋等。

二、设计的多样性

20世纪末以来，各种设计元素、多元的设计风格层出不穷，设计师们还致力于设计手法的不断创新，加之服装材料的不断丰富，国际服饰潮流进入多样化时代。皮草服饰市场同样面临日新月异的潮流变化，同时面对高、中、低端消费层，更对皮草服饰设计提出了多样化的要求。

（一）高端优雅

高档皮草与生俱来的高雅气质始终是吸引消费者的重要因素。因此，无论时尚如何变迁，很多高级时装品牌、高级成衣品牌一贯保持其皮草产品高端优雅的设计定位。由资深设计师操刀，选择高档皮草材料，配合高超的皮草制作工艺，使产品高雅迷人，经久不衰。

（二）跨界创新

有些时尚人士不满足于经典传统的皮草设计，尤其当消费者已经拥有一定数量的传统皮草服饰时，求新求变的消费心理将表现强烈。出于竞争的压力，大量的皮草品牌意识到创新设计的意义。因此，创新设计之风愈演愈烈，行业内不断举行各种级别的设计大赛，以挖掘和发现具有创新能力的设计新人。工艺创新、结构创新、色彩创新、图案创新等角度的创新拓展，为皮草服饰带来新的活力。

不同类型、不同毛高的皮草组合；皮草与纺织品材料的混搭；皮草服饰设计向家居设计领域的延伸……这些不同程度的跨界正在皮草行业内不断上演。

（三）年轻时尚

随着低年龄层消费者的加入，对皮草服饰设计也提出了新的要求。个性、趣味、动感、前卫是年轻人对皮草时尚的追求。短小、轻便、鲜艳、活泼的设计，迎合了他们的需要。皮草围巾、包袋、发饰、胸花等皮草萌物更是受到90后、00后的宠爱，见图1-4-1。

三、经营的集中化

当前，国内皮草产业的经营已形成产业集聚。先后建成了浙江海宁皮革城、辽宁佟二堡皮草广场、河北辛集皮革城、南京禄口伊斯特皮草小镇、内蒙古集宁皮革城等大规模的皮草产业集群。以具有毛皮制作传统的地域为基础，吸引皮草商户、毛皮匠人加盟经营，并实现皮草加工技艺的传承。

以南京禄口皮草小镇为例：依托禄口百年皮草文化和皮草工艺传承的产业基础，以“皮草产业”为核心，以“皮草产业平台集成商”为定位，坚持“专业化、国际化、平台化”的发展目标，实现“皮草物业平台”、“皮草交易平台”，和以金融、信息及产学研为核心“皮草产业研究平台”的一体化模式。实现产业高端与高端产业叠加。通过校企合作的“国际皮草产业研究院”，充分展示禄口“皮草加工技艺”非物质文化产业化项目建设成果，实现传统手工业与创意产业的完美结合。通过提升皮草设计、工艺、品牌建设，深度开发国际、国内皮草购物旅游消费市场，加快“禄口皮草”区域标志性品牌建设，进而实现“非物质文化产业化”。

皮草经营者集聚在共同空间发展，可以共享基础设施，带来规模经济效益。根据上述皮革城的经营实践，可以证明：通过皮草产业经营从分散到集中的空间转变，能够实现行业信息共享、降低成本、刺激创新、提高效率、加剧竞争，提高产业和企业的市场竞争力。这种集中经营的集群模式，有利于形成“区位品牌”，从而最终提高规模经济效益和范围经济效益。

图1-4-1 皮草萌物

思考题

1. 远古人类为什么普遍选择皮草作为服用材料?
2. 中西方皮草发展有哪些异同?

第二章　皮草材料

FUR MATERIAL

主要介绍各种皮草常用材料的种类、结构和特点等基本知识。掌握皮草不同材料的特点，理解不同材料特点的形成原因，为更好地运用皮草材料打下基础。

第一节 皮草材料的种类

TYPES OF THE FUR MATERIAL

一、皮草材料的分布与种类

（一）皮草材料的分布地区

皮草材料种类繁多，相关资料表明，世界上皮草材料有140多个品种，我国境内有90多种，通常将我国境内的皮草材料分为七个产区。

1. 东北区 指黑龙江、吉林、辽宁和内蒙古东部一带。东北区的地理位置导致该地区气候寒冷，森林茂密，土地肥沃，适合动物生存。东北区的皮草材料品种丰富、质量上乘，具有皮板肥壮、毛绒丰厚的特点。东北区主要毛皮动物有灰鼠、香鼠、黄鼠狼、狐狸、貉子、艾虎、狼以及家养水貂、貉子、细毛羊等。

2. 华北区 北临东北和蒙新区，南抵秦岭、淮河一线，西起甘肃，东临黄海、渤海。包括甘肃南部、山西、陕西黄土高原、华北平原、胶东半岛等。华北区地形平坦广阔，土地较肥沃，冬季寒冷，所产皮草材料质量不如东北区但优于南方。主要毛皮动物有草兔、花鼠、黄鼠狼、狐狸、水貂、獾以及家养狐狸、貉子、水貂、兔、绵羊、山羊等。

3. 西北区 指内蒙古西部、甘肃西北部、宁夏、新疆，昆仑山以北地区。西北区内干旱少雨，冬寒夏热，皮草材料具有毛长、绒厚的特点。主要毛皮动物有黄鼠狼、旱獭、艾虎、麝鼠、灰鼠、狐狸、野兔以及家养新疆细毛羊和滩羊等。

4. 西南区 北起青海、甘肃南缘，南抵云南北部，包括昌都地区东部，四川西北部。西南区境内山脊和河谷紧密平行，气候复杂，皮草材料具有毛绒较短、较平顺、颜色鲜明、斑点清晰等特点。毛皮动物有狼、狐狸、黄鼠狼、香鼠、石獾、鼬獾、花面狸、豹猫以及家养山羊等。

5. 青藏区 指昆仑山以南、横断山以西的高原地区，包括西藏自治区、青海省大部、新疆维吾尔自治区南部、四川省西部。青藏区地势高峻、空气稀薄、太阳辐射强烈，风大雨少，植物矮小，皮草材料的特点是毛长绒厚。主要毛皮动物有狼、豺、旱獭、藏狐、黄鼠狼以及家养牦牛、绵羊等。

6. 华南区 包括云南与广东、广西的南部、福建东南沿海一带、台湾、海南岛和南海各群岛。华南区气候炎热多雨，植物生长茂盛，动物种类繁多，皮草材料具有是毛绒短、较平顺、颜色鲜明、斑点清晰、质量较次的特点。毛皮动物有黄鼠狼、獾、猸子、竹鼠、狸子等。

7.华中与华东区 指四川盆地以东的长江流域。区内气候温和，皮草材料具有毛皮毛绒短平，颜色鲜明，斑点清晰的特点。毛皮动物有狼、狐狸、黄鼠狼、貉子、獾狸以及兔、山羊、湖羊等，见图2-1-1 。

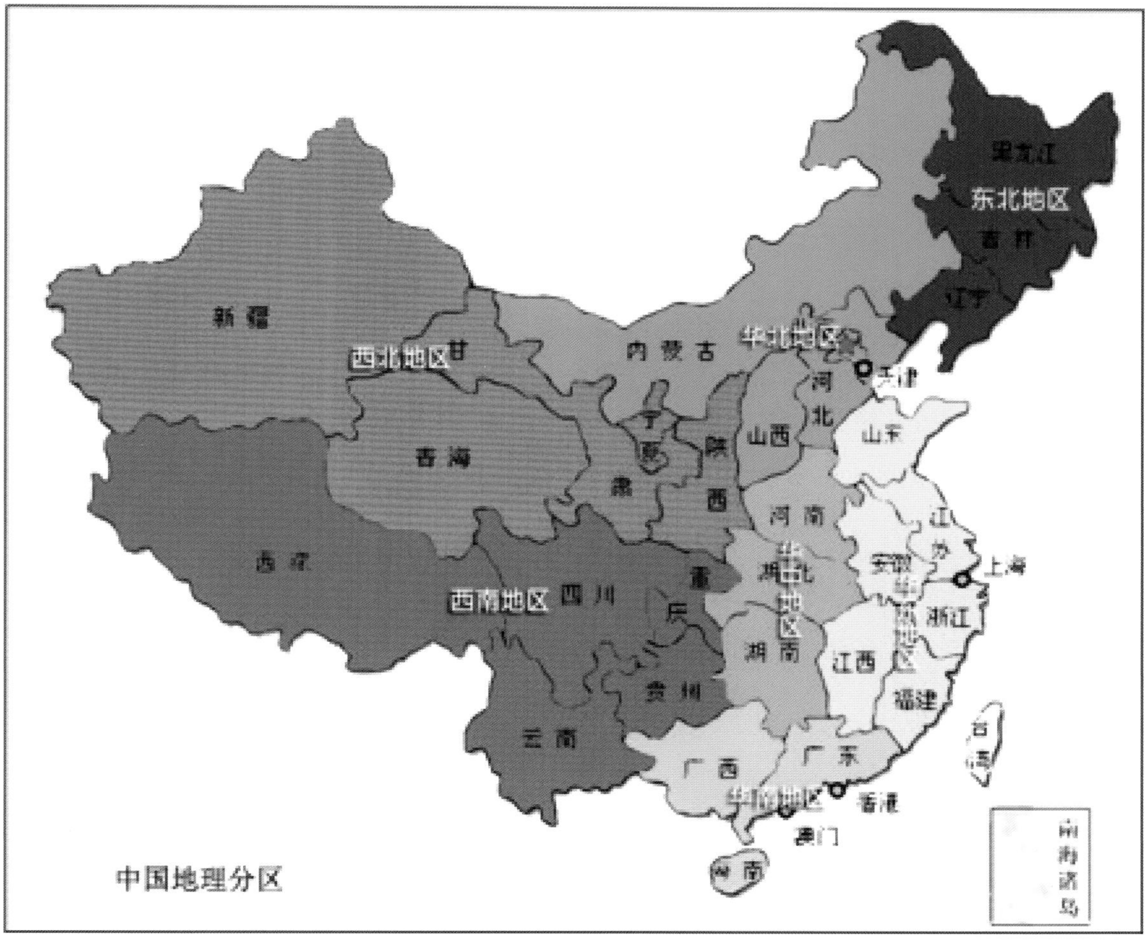
黑龙江
东北地区
吉林
辽宁
内蒙古
华北地区
天津
河北
山西
山东
新疆
西北地区
甘
肃
宁夏
陕西
青海
河南
江苏
上海
安徽
华东地区
浙江
湖北
华中地区
西藏
西南地区
四川
重庆
湖南
江西
福建
贵州
台湾
云南
广西
广东
华南地区
香港
澳门
海南
南海诸岛
中国地理分区

图2-1-1　中国地理分区

（二）皮草材料的分类

皮草材料分类有很多种方法，常用如下几种方式：

1. 按照动物种类分类　分为水貂皮、狐狸皮、麝鼠皮、貉子皮、黄狼皮、绵羊皮、兔皮等。

2. 按照皮草材料来源和饲养方式分类 分为野生动物皮和人工饲养动物皮。随着社会的发展和现代化进程，野生动物皮的种类及数量逐渐减少，皮草材料来源多采用人工饲养的方式。

3. 按毛被形态特征分类 分为小毛细皮、大毛细皮、粗毛皮、杂毛皮、胎毛皮等。

（1）小毛细皮：如水貂皮、紫貂皮、黄狼皮、灰鼠皮、水獭皮、毛丝鼠皮、麝鼠皮、银鼠皮、艾虎皮等。针毛稠密挺直，较细短，色泽光润，多带有鲜艳而漂亮的颜色，绒毛平齐丰足弹性好，皮板薄韧，张幅较小，制裘价值较高，主要适于制作美观、轻便的高档裘皮大衣、皮领、披肩、皮帽等,见图2-1-2。

（2）大毛细皮：如狐狸皮、貉子皮、狸子皮等。针毛稠密长直、较粗、弹性较强、多色系光泽较好，绒毛长而丰足，皮张幅大，板质轻韧，也具有较高的制裘价值，见图2-1-3。

（3）粗毛皮：如绵羊皮、山羊皮、狼皮等。毛较长、较粗，皮张幅大，板质轻韧，也具有一定的制裘价值。

图2-1-2　麝鼠

图2-1-3　貉子

（4）杂毛皮：如猫皮、家兔皮、狗皮等。针毛较粗硬，绒毛较稀薄，皮板较厚重，毛绒不够灵活，毛被或有美丽花纹，或单一色调，适合制作一般的御寒服装及挂毯、地毯、垫褥及装饰品等。

（5）胎毛皮：如珍珠羔皮、小湖羊皮、猾子皮等。是自然伤亡或人工控制未乳或没有换过胎毛的家畜幼仔的皮。胎毛皮针毛较短，几乎无绒毛，多带不同形状的弯曲明显的花纹或花弯，光泽较好，张幅小，皮板薄嫩，弹性较好，适于制作以美观为主、保暖为辅的大衣、皮领、皮帽等，见图2-1-4 。

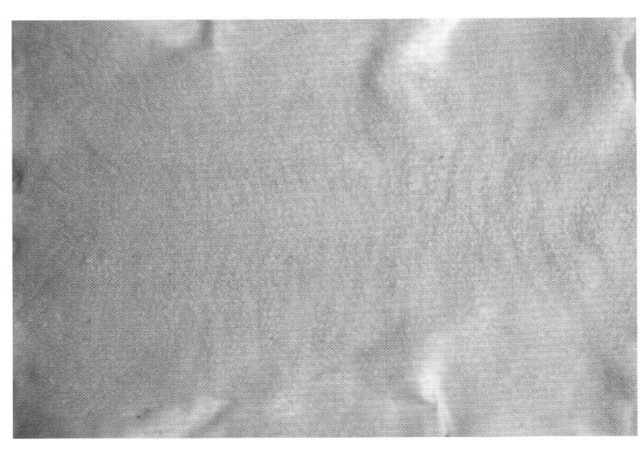

图2-1-4　珍珠羔皮

4. 按毛被的厚薄特征分类 分为厚形毛皮，中厚型毛皮，薄型毛皮等。

（1）厚形毛皮：如貉子皮、蓝狐皮、银蓝狐皮等。

（2）中厚型毛皮：如水貂皮、麝鼠皮等。

（3）薄型毛皮：如胎毛皮、胎牛皮、波斯羔皮、胎羔皮等。

5. 按经济价值分类

（1）最昂贵的小毛细皮类：主要包括紫貂皮、水獭皮、银鼠皮、麝鼠皮、海狸皮、水貂皮等，毛被细短柔软，适于做大衣、短装、毛帽等。

（2）高档的大毛细皮类：主要包括狐皮、貉子皮、猞猁皮、獾皮、狸子皮等。张幅较大，常被用来制作帽子、大衣、斗篷等。

（3）中档粗毛皮类：有羊皮、狗皮和豹皮等。毛长、张幅稍大，可用来做帽子、大衣、背心、衣里等。

（4）较低档的杂毛皮类：有兔皮、猫皮等，适合做服装配饰，价格较低。

6. 同种类皮草材料的分类方式

（1）按开剥方式分类：对同一种动物皮，按照开剥方式可分为筒状皮和片状皮。

（2）按产皮季节分类：分为冬季皮、春季皮、秋季皮和夏季皮，也分为季节皮和非季节皮。对大多数原料皮而言，冬季所产的皮品质最好，称为季节皮，其它季节所取的皮为非季节皮，也有部分原料皮质量与季节关系不明显。

（3）按产地分类：不同国家和地区，气候和饲养条件不同，所产原料皮品质差异很大，所以对同一种动物皮通常还需要按产地分类。如水貂皮分为美国水貂皮、中国水貂皮、丹麦水貂皮、俄罗斯水貂皮等；以长城为界将黄狼皮分为元狼皮和黄狼皮；以长江为界将狸子皮分为南狸子皮和北狸子皮等。

（4）按生长期分类：对同一种动物皮也按动物生长期长短分类。如将绵羊羔皮分为胎羔皮、小毛羔皮、中毛羔皮、大毛羔皮；将牛皮分为胎牛皮、小牛皮、牛犊皮、牛皮等；将滩羊皮分为滩羔皮、滩二毛皮、滩羊皮；将美利奴细毛羊皮分为奶羔皮、春羔皮、剪羔皮、绵羊皮等。

（5）按性别分类：有些皮还需要按性别分类。如将水貂皮按性别分为公貂皮和母貂皮。

（6）按颜色分类：对同一原料皮还可以进一步按照颜色分类。如水貂皮、狐狸皮，按照颜色又可以细分为许多种类。

二、常用皮草材料

（一）貂皮

貂皮是珍贵的高档毛皮，素有“裘皮之王”的美称，又分为水貂皮和紫貂皮，见图2-1-5。

1. 水貂皮 水貂皮主要产地为丹麦、挪威、瑞典、芬兰、俄罗斯、美国和中国，针毛光亮灵活、均匀平齐，绒毛稠密细软、色泽光润，皮板细韧紧实，保暖性好。水貂皮除了做传统的大衣、衣领、帽子等外，近年来非常流行水貂皮的拔针、剪绒产品和毛革产品，见图2-1-6。

2. 水貂皮分类可以按产地和季节划分。

（1）按产地分类：分为北欧水貂皮：丹麦、芬兰、挪威、瑞典等国家出产的水貂皮；北美水貂皮；俄罗斯水貂皮；中国水貂皮：又分为山东水貂皮、东北水貂皮、河北水貂皮等。

（2）按产皮季节分类：分为季节皮和非季节皮。季节皮为人工饲养、自然生长，一般在正冬季节（大雪前后）取皮，季节皮针毛笔直、平齐、分布均匀，色泽光亮，底绒丰厚，整齐灵活，全皮毛色基本一致，没有夏毛，尾毛蓬散而显粗大。非季节皮为未至取皮季节取的皮，用其加工的皮草制品质量与季节皮品质差异显著。

图2-1-5 水貂

图2-1-6 水貂皮

（3）按毛被的自然颜色分类：我国习惯上将其分为标准色和彩色两种。标准色：主要指黑色和褐色水貂皮，特征是毛色深黑，背腹部位毛色一致，底绒呈现深灰色，毛被无白斑或只限于唇部。按黑色程度排列次序为黑色、最褐色、褐色、中褐色、浅褐色、最浅褐色。彩色：包括白色、米黄色、深咖啡色、咖啡色、浅咖啡色、宝石蓝色、紫罗蓝色、银蓝色、铁灰色、灰色、灰白、珍珠色、黑白花以及各色十字貂，见表2-1-1、图2-1-7。

颜色	品名
黑色	Black 黑星尘
褐色（棕色）	马赫根尼、深棕、红棕、棕星尘、浅棕、红棕偏红、黎明
米黄	米黄、珍珠米、金珍珠
灰色	铁灰、蓝宝石、银蓝、紫罗兰
白色	白色
十字貂	黑十字、铁灰十字、棕十字、银蓝十字、蓝宝石十字、紫罗兰十字、浅棕十字、米黄十字、珍珠十字
佳瓜（黑白点）	黑佳瓜、棕佳瓜

表2-1-1 水貂的颜与品名

（4）按性别分类：分为公貂皮和母貂皮，国内也有将公皮叫做大狼、母皮叫做小狼之说。其中公貂体积较大，其皮张幅大．皮板和毛被丰厚，制成品穿起来有分量感；母貂体积较小，皮板较薄，毛绒较短，毛细密而丰盈，有光泽，制成品较名贵，柔软且穿时轻盈，用量较多。

（5）按尺码大小分类：国际市场将张幅大小不同的水貂皮用不同的“号”来表示。30号＞20号，1号＞2号，尺寸越大，皮张越大，价格越高。

（6）根据底绒色泽清晰度进行分类：底绒的色泽决定水貂皮毛被的清晰度。

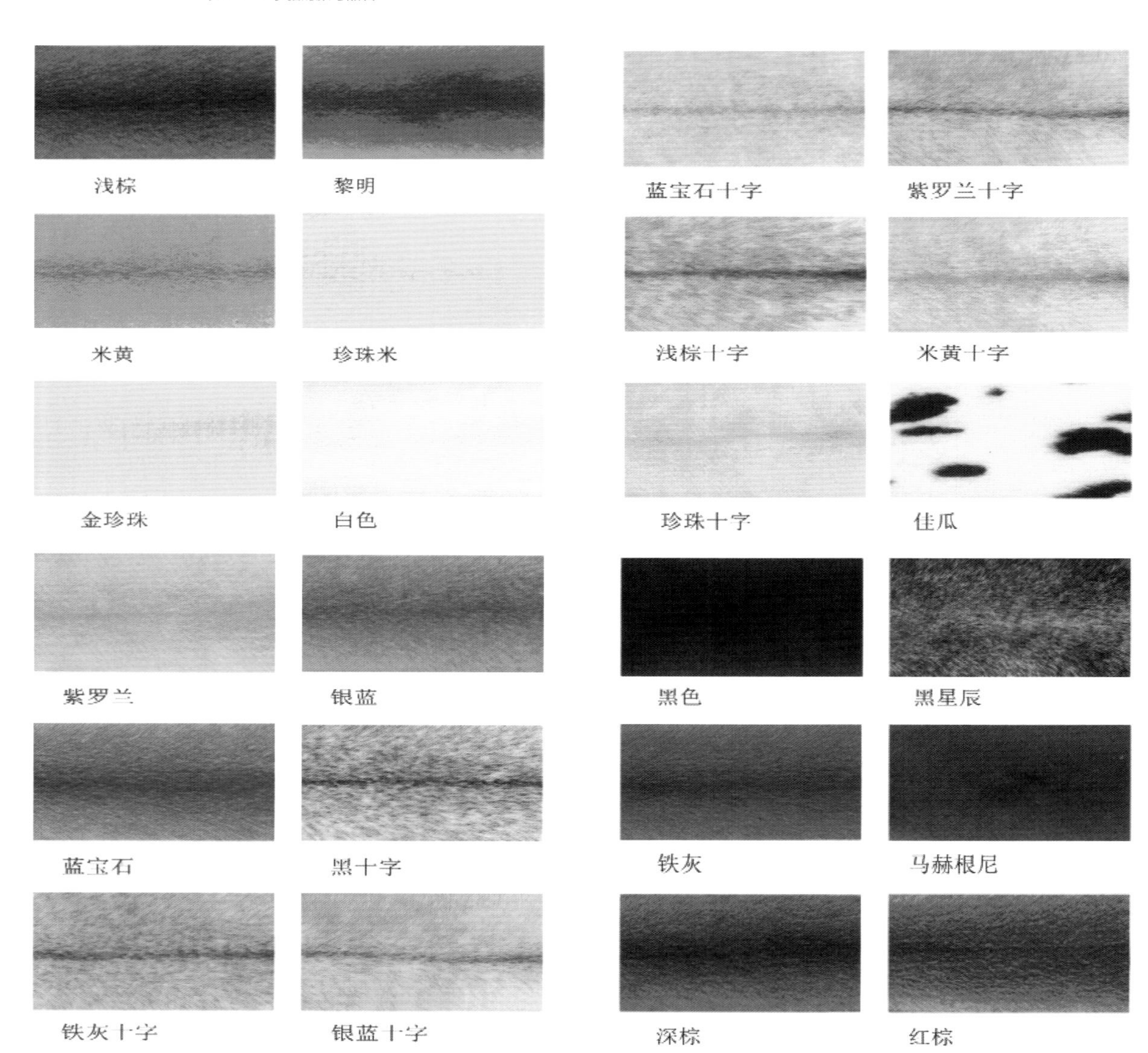

图2-1-7 水貂的颜色分类

2. 紫貂皮 紫貂别名黑貂，是最名贵的皮草材料之一，是一种特产于亚洲北部的貂属动物，分布在乌拉尔山、西伯利亚、蒙古、中国东北以及日本北海道等地，历史上曾是沙皇的专利品，现在仍然是限量出口。紫貂毛质轻盈且长而窄，分为黑色、褐色、黄色等色调，不同色调的紫貂皮稀有程度各不相同，其中毛色棕带蓝的是皇冠紫貂，而黄金貂则呈美丽的琥珀色调。紫貂毛以柔顺棕色而带丝质黑长毛为上品，银白色针毛均匀的夹杂在内，是最高品质的紫貂皮，紫貂皮板细腻，结实耐用，绒毛丰厚，针毛灵活，色泽光润，华美轻柔，历来被视为珍品。

（二）狐狸皮

狐狸皮是长毛细皮的代表，品种较多，产量最大的为蓝狐皮、银狐皮和白狐皮、银蓝狐皮,见图2-1-8.

图2-1-8 狐狸

（1）蓝狐：即北极狐，产地为芬兰、挪威、波兰、俄罗斯和中国，具有毛绒厚度均匀的特点。毛被底绒丰厚，绒毛稠密、丰厚、柔软、有弹性；针毛匀称平齐、挺拔柔软；皮板弹性高，韧性好，颜色洁白。蓝狐皮色泽光润艳丽，有两种毛色，一种为浅蓝色型，浅蓝色的底绒被大量稠密的银色的针毛冲淡，银色毛基部发白，顶端色暗；另一种随季节变化，冬季毛色全白，夏季毛色变深。蓝狐在长期饲养过程中出现了许多基因变种，这些突变种被统称为彩狐。

（2）银狐：又名玄狐，原产于加拿大，是野生赤狐的变种。银狐皮的针毛坚挺有力，绒毛丰厚细柔，皮板轻薄，御寒性强，是传统的高档裘皮，是狐皮中的珍品，我国古代就有“一品玄狐二品貂，三品穿狐貉”之说。银狐皮以本色皮为主，银色的毛被是由针毛的颜色决定的，针毛的基部为黑色，中间接近毛尖部的一段为白色，而毛尖部为黑色，针毛白色段处的位置和比例决定了毛被银色的强度，白色毛段衬托在黑色毛段之间，从而形成华美的银雾状。绒毛为灰褐色，尾尖为白色。银狐皮常被加工成带头、脚、尾的完整筒皮，做围领，也裁成条做帽檐、镶边、衣领等，见图2-1-9。

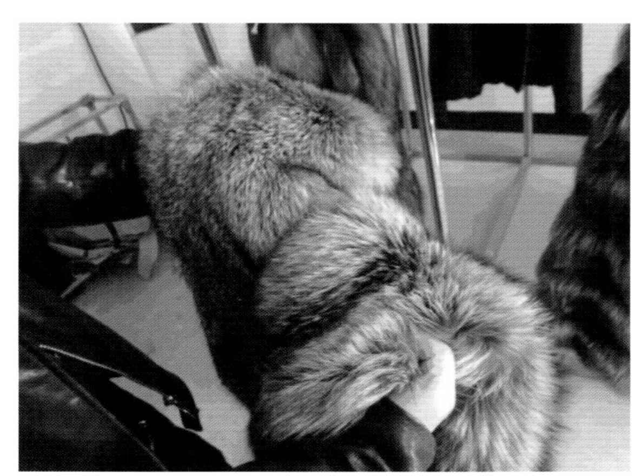

图2-1-9 银狐制品

（三）羊皮

1.绵羊皮 绵羊种类很多，遍布全世界，我国境内绵羊有20~30种，见图2-1-10。

图2-1-10 绵羊

（1）细毛羊皮和半细毛羊皮：是制作剪绒羊皮及毛革的主要原料皮，典型代表是美奴利羊皮。美奴利羊主要分布在澳大利亚、阿联酋、阿曼和中国，我国细毛羊主要分布在新疆、内蒙古、甘肃、吉林、山东、河北等地。细毛羊皮毛色纯白，细密均匀多弯曲，弹性光泽好，周身毛同质同量，不因季节变化而脱落，皮板张幅较大，厚薄较均匀。

（2）滩羊皮：是我国特有的名贵绵羊皮种，在世界裘皮中独树一帜。滩羊皮主要产于宁夏及甘肃、陕西、内蒙古与宁夏地理位置接壤处。滩羊皮底绒少，绒根清晰，不粘连，毛质细润洁白，光泽如玉，自然成绺，弯曲明显有秩，有九道之多，清晰紧实，毛穗顺次倾垂。可用来加工各式男女服装，围巾、披肩、帽子、领子、床上用品，室内装饰品等，见图2-1-11。

图2-1-11　滩羊皮

（3）小湖羊皮：是我国独有的毛皮品种，产于浙江嘉兴、宁波及太湖流域，是我国传统出口商品。传统的小湖羊皮是指初生羔羊之皮，呈"古钟"形状，皮板质轻薄柔软坚韧，毛细短、无底绒、洁白光亮，具有波浪形花纹，弯曲清晰有光泽，扑而不散，被誉为"软宝石"。小湖羊皮产品主要有本色、染单色、草上霜、一毛双色、渐变效应、小湖羊毛革产品等。

（4）波斯羔皮（三北羔皮）：是波斯羔羊出生3天所取之皮，是世界上著名的羔皮品种。波斯羔皮像人的指纹一样，每一张皮都是独一无二的，波斯羔皮具有极具特色的卷曲毛被花案，花案极富立体感，花纹清晰紧实，光泽鲜明；绒毛适中，耐磨性强；皮板结实耐用，张幅较大。我国引入后，在东北、西北、华北地区培育，并由此得名三北羔皮，但其花纹不够清晰美丽。

（5）其他羔皮：羔皮是绵羊幼仔皮的统称，除前述有特色、有代表性之外，其他粗毛绵羊羔皮又有胎羔皮、小毛羔皮、中毛羔皮、大毛羔皮、黑紫羔皮等。胎羔皮也叫像羔皮，是我国传统出口商品之一，多为自然流产的羊羔皮，皮张幅小、皮板薄、强度小、毛细小紧密有光泽，多有紧实明显的波状花纹，适宜制作女式及儿童衣帽饰品。小毛羔皮是初生羔和接近产期而流产的羊羔之皮，毛粗细均匀富有光泽，有清晰的圆花和片花，美观结实，适作各种裘衣或褥子。中毛羔皮是两三个月的羊羔之皮，张幅大小适中。大毛羔皮是生长期更长一些的羊羔之皮，毛较长、有花弯和底绒、轻软、御寒性能好，适宜做皮衣，见图2-1-12。

图2-1-12　羊羔皮

2.山羊皮

（1）山羊绒皮:绒山羊养殖主要分布在中国、蒙古、伊朗、印度、阿富汗、俄罗斯、土耳其等国，我国的绒山羊主要分布在内蒙古、新疆、西藏、青海、甘肃、陕西、宁夏、河北、山西、山东、辽宁等地。山羊绒皮指的是立冬到翌年立春期间未抓过绒的绒山羊之皮，山羊绒皮的毛被主要由绒毛和粗毛组成，有的毛被还有极少量的两型毛。蒙古的山羊绒皮毛被较平齐而粗长、光泽好、绒毛长足、多呈白色或黑色、张幅较大、皮板厚壮；华北路的山羊绒皮针毛细长、毛绒丰厚、张幅中、皮板厚、纤维粗壮、结实耐用。绒山羊羔皮是制作毛革两用产品的较好原料皮。

（2）猾子皮:猾子皮是山羊的幼仔皮，其皮毛较细足，长度、密度适中，花纹紧实、自然、美观，呈波浪状，光泽柔和，皮板薄而有弹性，板面光滑细致、油润，张幅大小均匀。青猾皮皮张幅大小均匀整齐、板质足壮、毛细密、弯多、有光泽，有黑、白两种颜色的针毛和少量白色绒毛，黑、白毛比例不同，使毛被颜色可呈正青色、深青色、铁青色、浅青色和粉青色，以正青色为主，质量最佳。

（四）兔皮、猫皮、狗皮

1. 兔皮

（1）普通家兔皮:有很多种类，毛被、毛色、皮板厚薄等差异很大。家兔皮毛被由针毛和绒毛组成，针毛与绒毛细度、长度差异较大，绒毛丰足、平顺柔软，针毛稠密、较粗较长、毛向明显，且易折断，耐用性较差。普通家兔皮材料价廉易得，制品属低档产品，但通过精心工艺处理，可以仿制高档裘皮，可显著提高其经济价值。

常用普通家兔皮品种有大耳白兔、青紫蓝兔、中国白兔等。大耳白兔皮毛被紧密，毛色纯白，针毛含量较多，张幅大，板质良好；青紫蓝兔毛色类似珍贵毛皮“青紫蓝绒鼠”而得名，毛色蓝灰色，皮板较厚，张幅较大，有野生毛皮的风彩；中国白兔是世界上较为古老的优良兔种之一，分布于全国各地，体型较小，全身结构紧凑而匀称，毛被洁白、短而紧密，皮板质量好，富有弹性，见图2-1-13 。

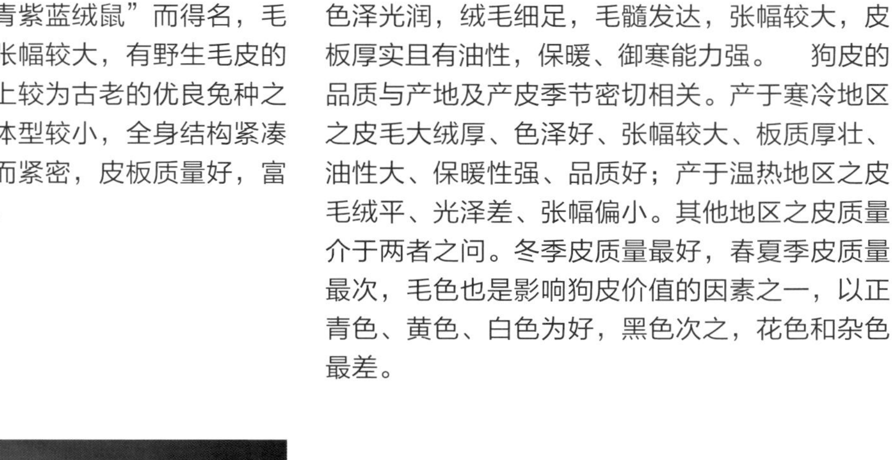

图2-1-13　家兔

（2）獭兔皮：又名力克斯兔，是世界著名品种。獭兔皮皮张幅适中，板质细韧，部位差较小，毛被具有“短、平、密、细、美、牢”六大特点，毛被主要由短而细的绒毛组成，绒毛约占95%，针毛含量不超过8%，且针毛退缩至基本与绒毛平齐，均匀地分布于绒毛之间，毛纤维直立，毛向不明显，毛质坚挺，触摸有柔软感，结构致密、弯曲少，其毛被耐磨，弹性好，可与珍贵的野生水獭媲美。獭兔皮张耐用性显著高于普通家兔，保暖性强，日光不褪色，毛被以乳白色居多，也有黑色、钢灰色、巧克力色、紫丁香色等，适做各式大衣、披肩、帽子、领子等。

2. 猫皮　家猫分布于全国各地。毛被由粗针毛、细针毛和绒毛组成，针毛粗大的上段覆盖在绒毛与针毛下段形成的绒层之上保护绒毛，使毛被光亮美观、毛绒平顺、毛细绒足、针毛齐全、色泽光润、有美丽斑纹、皮板细韧、保暖性强。猫皮适宜做皮衣、皮帽、领子、手套，可做成剪绒褥子或不剪绒的褥子，或做成毛革产品。

3. 狗皮　家狗分布于全国各地。毛被稠密，色泽光润，绒毛细足，毛髓发达，张幅较大，皮板厚实且有油性，保暖、御寒能力强。　狗皮的品质与产地及产皮季节密切相关。产于寒冷地区之皮毛大绒厚、色泽好、张幅较大、板质厚壮、油性大、保暖性强、品质好；产于温热地区之皮毛绒平、光泽差、张幅偏小。其他地区之皮质量介于两者之问。冬季皮质量最好，春夏季皮质量最次，毛色也是影响狗皮价值的因素之一，以正青色、黄色、白色为好，黑色次之，花色和杂色最差。

第二节 皮草材料的结构

THE STRUCTURE OF FUR MATERIAL

皮草材料指的是毛被较发达的动物毛皮。动物毛皮的组织结构有一定的相似性，通常由皮板和毛被两部分组成。由于动物种类的不同，毛被组成具有多样性，因此不同种类的皮草材料又有其自身的组织构造特征。

一、皮板的构造特征

皮板分为表皮层、真皮层和皮下组织层：

表皮层厚度因动物种类不同差异较大；

真皮层主要有两种类型：一种类型的真皮层分为乳头层和网状层两层，在乳头层密布着大量的毛囊、脂腺、汗腺等组织，网状层则主要为胶原纤维构成的网络结构，例如羊皮、兔皮的真皮组织；另一种类型的真皮层毛囊成组分布或以复合毛囊形式深入真皮内，长在皮下组织形成的脂肪锥上，不同种类的原料皮脂肪锥深入真皮内高度不同，例如狗皮、狐狸皮、水貂皮的真皮组织；

皮下组织层在毛皮加工过程中需要除去，兔皮皮下组织层很有特色，在真皮层与皮下组织之间有一层结构致密完整的横纹肌，俗称肉里。

二、毛被的构造特征

（一）毛的切面结构

动物毛切面在显微镜下观察，可以看到是由2-3个同心圆构成，由外向内的同心圆分别是毛的鳞片层、皮质层和髓质层,见图2-2-1。

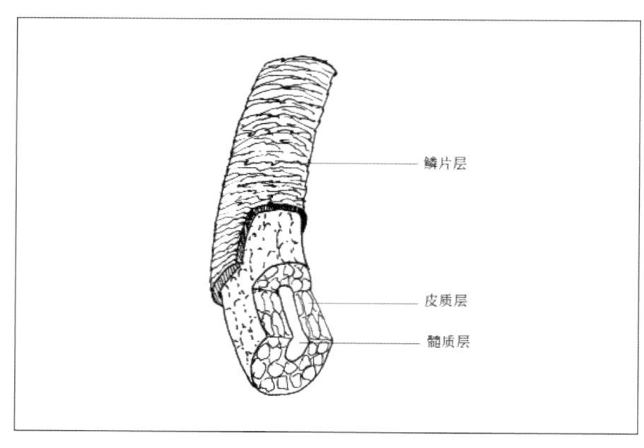

图2-2-1 毛的切面结构

1. 鳞片 层鳞片层是毛纤维的特有结构，位于毛的表面，是片状角质细胞组织，鳞片的根部附着于皮质层，游离端指向毛尖，像鱼鳞般重叠覆盖于毛的表面，故称鳞片层。不同类型的毛或同一根毛不同段位上的鳞片大小、厚薄、形状、排列紧密程度不同，例如水貂皮、银狐皮针毛根部的鳞片呈披针形，向上端逐步过渡为倒三角形、菱形，至毛尖段呈波浪形，鳞片之间的覆盖程度增大。

在做皮草材料染色工艺时，需要考虑毛纤维的鳞片结构特征，绒毛在较低的温度下就可着色，而针毛着色就需要较高的温度。毛被染色过程中，如果鳞片遭到较大破坏，毛将失去光泽和弹性，甚至出现倒毛。

2. 皮质层皮质层是毛的主要组成部分，它是由皮质细胞胶合构成，呈多角形截面或稍扁平而长的纺锤状，皮质细胞平行于毛的中心纵轴，环绕髓质层紧密排列。皮质层的发达程度决定毛纤维的机械强度、弹性强弱和拉力大小。资料表明，羊毛的卷曲度与硬度呈负相关，卷曲波幅及波形对毛的手感有明显影响，波幅大的羊毛手感柔软，波幅小的羊毛手感硬挺。海豹毛的皮质层厚度为毛直径的96% － 98%，强度很高，鹿毛和有些皮上的干死毛皮质层很不发达，强度很差，也很难被染色。

3. 髓质层 髓质层也叫毛髓，处于毛的中心部分，由结构疏松、充满空气的薄壁细胞组成，细胞内和细胞间有空气腔，毛的保暖性由这层决定。在髓质层中也含有色素颗粒。髓质层结构松散，毛越粗，髓质层的比例越大，毛越粗直僵硬、脆而易断，不易着色，如老羊皮上的粗毛、干死毛，生长在高原地带老旱獭皮上的针毛等。

动物的种类不同，毛的各层结构发达程度也不同。通常鳞片层都很薄，但不同动物类型毛的皮质层与髓质层占毛径比例差异较大。如海豹针毛的皮质层发达，几乎没有髓质层，而鹿毛、麂毛的髓质层发达，几乎没有皮质层；细毛羊均为无髓毛，滩羊间断有髓毛，也有无髓毛。一般情况下，绒毛比针毛皮质层占比例大，针毛比绒毛髓质层占比例大，例如水貂皮的绒毛皮质层与髓质层所占比例基本相当，但针毛髓质层占比例较大。

（二）毛的纵向结构

1.毛的构造

(1)毛干：毛露在皮板外面的部分叫毛干，由毛干构成了毛被。

(2)毛根：毛在皮内的部分叫毛根。

(3)毛球：毛根最下面膨大的球状部分叫毛球，毛球基部是由具有繁殖能力的活细胞构成，毛根由此长出。

(4)毛囊：表皮凹入真皮所形成的囊状部分，将毛根、毛球包裹起来，外层称为毛袋，内层称为毛根鞘。

(5)毛乳头：毛囊内有毛乳头，与毛球紧连在一起，有丰富的微血管和淋巴管，将养料输送给毛球底部的细胞，由表皮层和真皮层之间的基底膜上乳头发育而成。

成长期的毛通过毛囊紧密相嵌在皮内，比较牢固，不容易脱落，毛成长结束，进入换毛期时，毛乳头萎缩，毛囊组织发生变化，上部和中部的细胞逐渐硬化，与附着在毛乳头上的毛囊基部活细胞分离，毛囊收缩，使毛根逐渐上升，停留在毛囊上部，直到脱落。旧毛脱落之前，毛乳头细胞又开始繁殖，长出新毛。处于换毛期内，毛囊中有新毛和旧毛，新毛的毛根在皮中更深，与皮结合牢固，不易掉下，旧毛毛根浅，易脱落，见图2-2-2。

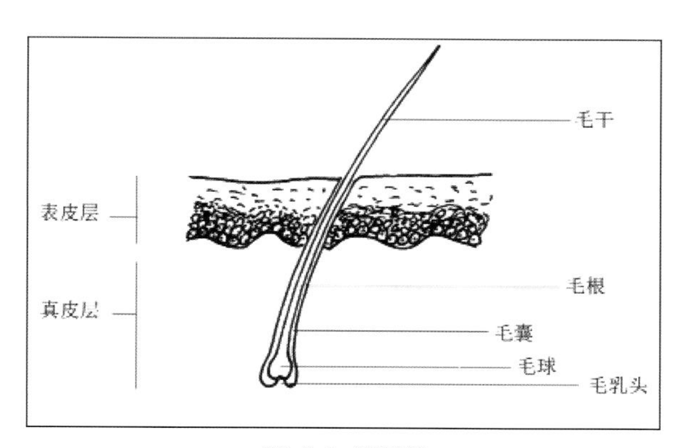

图2-2-2 毛的构造

2. 毛囊形态 由于动物种类、兽龄、生长阶段的不同，动物皮的毛囊大小、形态、密度、深入皮内程度、倾斜角度、排列方式等也不同。

（1）简单毛囊与复合毛囊:有的动物皮只有一种简单毛囊，一个毛囊中只生长一根毛，如猪皮、牛皮等；有些动物皮的毛囊属于复合毛囊，一个复合毛囊中生长着数根至数十根毛，如貂皮、狐皮、狗皮、猫皮等。复合毛囊又有针毛囊（初级毛囊）和绒毛囊（次级毛囊）之分。针毛囊中生长着一根针毛和一组绒毛；绒毛囊中只生长一组绒毛。因动物种类不同，复合毛囊中组成毛组的毛根数也不同，如蓝狐皮高达50根之多，水貂皮也有10 － 20根之多，猫皮和狗皮有数根至10余根。

（2）毛囊特点:动物皮的毛囊基本上在皮板上有规律地成群分布，如猪皮3个毛囊成一群，山羊皮3 –5个毛囊成一群，细毛羊皮则十几个毛囊成一群。每组毛呈倾斜状从同一毛囊口长出皮面，在毛囊出口处形成瓶颈，从皮面向下，毛囊逐渐变大，毛根散开并有了各自的毛根鞘，当复合毛囊中有一根毛尤其是针毛掉了以后，毛组变松，其他毛就容易掉下。

（3）毛囊深度:因动物种类、兽龄不同，毛囊和毛根长入皮内的深度也不同。牛毛长入皮内深度1/5~1/3处，一般绵羊毛长入皮内约1/2处，细毛羊的毛长入皮内约2/3处，水貂皮、狗皮、猪皮的毛根几乎贯穿整个真皮层，到达皮下组织长在皮内的脂肪锥上。针毛较绒毛长得更深些，有些皮的毛囊在皮内还弯曲成钩形、拐杖形和镰刀形等。由于毛囊把毛根紧紧地包围着，通过毛球把与皮板相连的毛乳头紧紧地嵌住，毛囊在皮内呈弯曲状甚至钩状，使得毛能牢固地长在皮上。在加工过程中只要破坏或削弱了毛根与皮板的这种联系就会引起毛根松动，导致掉毛或达到脱毛目的。

三、毛被形态

（一）毛被种类

毛被是所有生长在皮板上毛的总称，分为锋毛、绒毛和针毛。

1. 锋毛 也称箭毛、定向毛，呈锥形或圆柱形，是毛被中最粗、长、直、硬的毛。锋毛弹性好，在动物体上起着传导感觉及定向作用。锋毛数量甚少，仅占毛数量的0. 1% -0. 5%，但对于某些头、腿、尾爪、胡须有特殊要求的皮张，锋毛的多少及分布状况对质量起着重要作用。

2. 绒毛 细、短、柔软，数量最多，上下粗细基本相同，并带有不同的弯曲，色调较一致。绒毛的鳞片层结构不如针毛和锋毛的致密，因而光泽较柔和，易被染色和褪色。由于绒毛数量占毛被的95%以上，从而在动物体与空气之间形成了一个使体温不易失散、外界空气不易侵入的隔热层，这是裘皮御寒的重要原因。

3 针毛 呈直形，针毛比锋毛短细，比绒毛粗长，上端鳞片层结构致密，不易被染色和褪色，有较好的弹性，盖在绒毛层上起着防湿和保护绒毛不被磨损、不易黏结的作用，因此也称为盖毛。针毛有明显的颜色和较强的光泽，有的还有明显的色节，使毛被形成特殊的美丽颜色，有的针毛也有一定的弯曲，形成毛被的特殊花弯。针毛的质量和数量、分布状况直接决定毛被的美观和耐磨性，是影响毛皮质量的重要因素。

具有锋毛、针毛和绒毛三种毛形的动物皮很少，已知的有草兔皮和麝鼠皮等。具有针毛和绒毛两种毛形的动物皮最多，如貂皮、狐皮、狗皮、猫皮等。具有一种毛形动物皮也不多，已知的鼹鼠、纯种细毛羊的毛被仅具有绒毛；狍子、獐子、麝、鹿等的毛被仅具有针毛。

（二）毛被分布

毛被在皮板上的分布有四种情况：

1. 单毛分布型 毛呈单根分布，每根毛有各自的毛囊，如牛、马、狍子、獐子的毛被。

2. 简单组分布型（成群分布型） 毛按一定的形式排列成组或群，每组中有若干绒毛或若干针毛，有的由若干绒毛和一至数根针毛组成，每根毛各有自己的毛囊，如猪皮、山羊皮、绵羊皮的毛被。

3. 簇状分布型 若干绒毛或若干绒毛与针毛，组成一个毛组，长在一个复合毛囊中，数个毛组又紧靠在一起组成一簇毛，如貂皮、黄狼皮、狐狸皮等的毛被。

4. 复杂组分布型 若干绒毛或若干绒毛与针毛形成毛组，长在复合毛囊中，几个毛组成一簇毛，若干个毛簇又围绕着一根锋毛或粗针毛组成一个更复杂的毛组，如草兔皮、麝鼠皮的毛被，银狐的背、脊、臀部的毛被。

第三节 皮草材料的特点

THE CHARACTERRISTICS OF FUR MATERIAL

一、皮草材料的品质

皮草材料的品质是指毛被和皮板品质。目前对于皮草材料，是采用感官检测为主、定量检测为辅的方法，来判断皮草材料的品质。

（一）毛被品质

1. 长度和密度 毛的长度和密度决定了裘皮外观和保暖性，通常毛绒长、密度大者为好，在鉴定毛绒长度和密度时，应以本区动物在立冬后的毛被长度和密度为标准。鉴别毛被品质，常用“毛绒丰厚或毛绒空疏”等术语来定性描述毛的长度和密度优劣，水貂皮和黄鼠狼皮相比，前者毛细绒足，后者毛稀疏，故水貂皮名贵，黄鼠狼皮次之。

2. 粗细度 毛的粗细通常是指同一品种毛皮动物毛绒的粗细之别，用毛的横截面直径值定量表示，不同地区所产之皮、同一张皮不同部位、同一根毛从毛根至毛尖其毛的粗细程度均是不同的，一般用“细毛细针底绒足、粗毛粗针底绒疏”等俗语定性描述毛的粗细度。不同品种对毛绒粗细有不同要求，獾皮绒毛比水貂皮针毛粗，羊羔皮毛粗者花弯紧密清晰、毛细者花弯散乱。纺织行业通常用“支数”表示羊毛的粗细程度，在毛皮领域通常也用“支数”表示细毛羊皮羊毛的粗细程度，支数越大，毛越细。

3. 颜色与花纹 毛被的天然颜色、色调、颜色纯度和花纹（斑纹、花絮、花案、花型）决定着毛皮的价值。对于皮草材料，毛被的颜色与花纹是有质量要求的，见表2-3-1。在不同流行时期，消费者对毛被的天然颜色喜好程度不同，如紫貂皮、水獭皮、海獭皮的天然颜色很名贵，但有时也需要对其进行褪色或染色处理。

毛的皮质层细胞壁含有色素，导致了毛被的天然色彩，它可以存在于整个毛被，也可存在于毛的局部。无色素时，毛呈白色；色素为粒状状态时，毛被为较暗的颜色；色素为扩散形态时，毛被为较淡的颜色；不同色素的拼混，使毛被色彩呈现出多样的暗灰色调。如松鼠皮背部多为黑色，也可能为红褐色、青色，自脊背向两侧发展，颜色逐渐变浅，腹部颜色更浅。

利用染色处理或花纹制作，可以低档毛皮模仿高档毛皮。如用家兔皮仿制水貂皮、黄狼皮；用獭兔皮仿制毛丝鼠皮（青紫蓝皮），用细毛羊皮仿制虎皮、豹皮等。

毛被颜色与花纹	质量要求
单色	整张皮毛被颜色纯正一致
两种及以上颜色	各色比例协调、颜色清晰
斑点或斑纹	斑点或斑纹清晰
花穗或花案	花穗或花案弯曲一致、花弯紧实、弯度均匀、排列整齐、 整张皮花穗或花案占面积大

表2-3-1颜色与花纹的质量要求

4．光泽 毛的光泽是指毛对光线的反射能力，主要由毛的鳞片层鳞片的形状、数目、排列和覆盖情况决定。根据毛被光泽的强弱的不同，可分为玻光、丝光、银光、弱光。玻光最强、丝光次之、银光柔和、弱光比较暗。安哥拉山羊的毛鳞片平阔而紧贴于毛干上，手感光滑，呈玻光；新疆细毛羊的毛较细，毛表面曲率大，光线全反射比较小，而通过毛内部和外部反射所综合形成的漫射大，因而它使光线特别柔和，近似银光。化学药品或细菌侵蚀会损伤毛纤维，导致毛光泽晦暗、僵涩、染不成鲜艳色调，对外观质量有一定影响。

5．弹性 毛的弹性是指对毛被施加压力或对毛纤维施加拉伸力时毛产生变形，除掉外力后，毛恢复其原来形状的能力。用弹性回复率定量表示毛的弹性。毛的弹性回复率即毛受到外力拉伸而伸长（未断裂），除去外力后，毛因弹性而自然回缩，回缩量与原伸长量的百分比。

毛被的弹性与毛的弹性有关，毛的弹性越大，成毡性能越小。弹性大的毛被，经挤压或折叠后不留任何痕迹；弹性差的毛被，经挤压或折叠后毛被需要较长时间才能复原，甚至根本不能复原，使皮草制品产生不良的外观。有髓毛弹性大于无髓毛；秋季毛弹性大于春季毛；进口澳羊毛弹性普遍大于目前的国产细羊毛。加工过程中化学试剂等对毛纤维的破坏可能导致毛弹性下降甚至倒毛。

6．强力、强度 将毛拉伸到断裂时所能承受的最大拉力称为拉伸断裂强力。毛的强度与毛的皮质层的发达程度有关，如皮质层发达的水獭毛、海豹毛的毛强度极大，反之皮质层不发达的野兔毛、黄羊毛、鹿毛的强度很小。肥板皮毛的强度比瘦板皮毛的强度大；冬季皮毛比春季皮毛强度大；湿毛强度比干毛强度大。

7．柔软度 毛的柔软度主要取决于毛干的构造、毛干细度与毛长的比例、有髓毛和无髓毛数量的比例。毛被的柔软度是用感觉器官来确定的，柔软的毛被用手抚摸、穿戴时会感到舒服，如细毛绵羊皮、水貂毛皮、獭兔毛皮等是较为柔软的皮草材料，在使用时，可根据不同的用途，选择适合要求的皮草材料。

（二）皮板质量

1．厚度 皮板的厚度取决于动物种类、宰杀季节、性别、兽龄等因素，通常皮板厚的毛皮强度高，质量大，御寒效果好。同一张皮上各部位厚薄也不相同，一般背脊、臀部厚；两侧、腹部、腋部薄。皮板厚度也随兽龄增加而增加，公兽皮比母兽皮厚一些。

2．面积 皮板面积取决于动物种类、性别、兽龄、分布地区及动物肥瘦因素，也与防腐方法有关，例如干燥防腐的绵羊皮其面积减少10%，盐干保存的生皮减少6%，而用盐腌保存的生皮面积几乎不改变。

毛皮面积与其经济效益有密切关系，因此在同等条件下挑选面积大者为优。按毛皮面积大小，可分为大型、中型、小型三类，以便进行生产组批和工艺条件控制。

3．强度与韧性 皮板强度取决于动物种类、部位、皮板厚度、宰杀季节、胶原纤维的排列紧密性、网状层和乳头层的相对厚度等因素。如绵羊皮板强度低于山羊皮；背脊线部位强度高，腹肷部位强度低。韧性与皮板的强度和弹性有关，皮板强度大且有弹性的韧性好。

（三）毛和皮板综合指标

1．皮板与毛被结合牢度 皮板与毛被结合牢度，取决于如下几个方面：

（1）动物种类。

（2）毛皮结构：毛囊深入真皮中程度、毛根粗细及其在皮内的倾斜和弯曲程度、真皮纤维包围毛囊的紧密度。

（3）宰猎季节：秋季皮，毛根与毛乳头紧密连接，毛被与皮板结合牢固；春季皮，毛根角质化，与毛囊结合削弱，毛被与皮板结合牢度差。换毛季节的皮毛与皮板结合最不牢固。

（4）生皮的保存和贮藏：保存不当会使毛与皮板结合牢度降低，如毛皮贮藏在湿暖地方，受细菌繁殖侵蚀，会破坏毛与皮板的结合度，造成脱毛、烂板，降低毛皮质量。

2 毛皮耐穿用性能 与毛干强度、皮板强度和毛与皮板结合强度有密切关系。依据穿用和测试实验结果，以海獭和水獭皮的耐用系数为标准，定为100，其他毛皮与其比较得出该种毛皮的耐用系数，见表2-3-2。

品名	耐用系数	品名	耐用系数
貂熊皮	100	狐狸皮	40
黑熊和棕熊皮	94	海狸皮	25
河狸皮	90	黄狼皮	25
海豹皮	80	灰鼠皮	25
金钱豹皮	75	家兔皮	20
水貂皮	70	毛丝鼠	15
阿拉斯特罕羔皮	65	山羊皮	15
紫貂皮	45	野兔皮	5

表2-3-2 皮草材料的耐用系数表

二、毛的性能

（一）毛的吸湿性和保暖性

毛纤维具有很好的吸收水分和保持水分的性能，能够防潮吸汗，会使穿着者感觉舒适保暖。毛的鳞片层表面有磷脂，具有一定的隔水性，干净的毛滴上水滴不会自动扩散，只有在鳞片损伤或鳞片表面双分子膜层损伤后，这种隔水性才会降低或消失。另外，鳞片层和皮质层的角蛋白分子侧链上有相当数量的氨基、羟基、酯基等极性基团，它们能与水分子形成氢键，毛纤维的非结晶区和巨原纤维之间、原纤维之间、微原纤维之间的缝隙和孔洞能容纳水分并为水分子进出开辟通道，所以毛纤维可以从空气中吸收水蒸气。

（二）毛的成毡性

成毡是皮草制品极力避免的现象，毛的成毡性，是毛在外力的作用下散乱交结的结果。毛的鳞片生长是指向毛尖，毛通常保持根端毛尖的方向。但毛又具有复杂多向的弯曲以及拉伸变形后恢复原状的能力，这使得毛在压缩与除压、正向与反向搓揉等重复机械作用下，出现杂乱交结，缠结成毡。由于毛表面鳞片的存在，毛越细越容易成毡；机械作用越大越容易成毡；较高的PH值可以使毛鳞片发生膨胀、湿润，使毛绒易拉伸，增加其成毡性。用化学药品可降低毛的拉伸和横向变形，从而降低毛的成毡性。

（三）毛的物理性能

1. 拉伸性 毛具有很好的拉伸恢复性，毛纤维在湿热处理下可以拉伸。如拉伸长度不大，当拉力消失时，毛纤维仍可恢复到原来长度；当拉伸过长，且拉力和湿热处理时间又较长时，当拉力消失后，毛不能再回缩，形成永久性伸长，这是湿热、化学、拉力对毛角蛋白共同作用的结果。

2. 导热性 毛的构造决定了毛纤维密度较小，导热性低，能吸收紫外线，保温性好。

3. 电容率 各种毛纤维干态的电容率很小，干态的毛纤维是良好的绝缘材料，但在吸湿后，电容率明显增加，电阻明显下降。

三、毛被更换和原料皮季节特征

动物的毛都有一定的生长期和更换期，在一定气候条件下，动物的毛陆续脱落，在脱落的同时或脱落一段时间后，又长出新毛，组成新的毛被，这个过程称为毛被更换。

动物毛被在更换过程中所呈现的特征是鉴别原料皮质量的主要依据。因此，了解和掌握动物毛被的更换规律对毛皮加工很重要。

（一）毛被的更换

当毛成长结束，进入换毛期，毛乳头萎缩，毛球组织则发生深刻变化，毛球上部和中部细胞逐渐硬化，迅速与附着在毛乳头上的毛球基底部的活细胞分离，此时毛囊收缩，使毛根逐渐上升停留在毛囊的上部直到脱落，旧毛脱落之前毛乳头细胞又开始繁殖形成新毛。

毛被更换分为生理更换、季节更换和病理更换三种类型。季节更换是研究的重点。多数野生动物的更换速度较快，家畜较慢，冬眠动物和水陆两栖动物则更慢。动物毛被的季节更换有以下几种情况：

1. 一年更换两次 大多数非冬眠动物的毛被每年更换两次，春季更换冬毛，生长夏毛；秋季更换夏毛，生长冬毛。冬毛一般在立春后开始脱落，夏毛一般在立秋前后开始脱落。

2. 一年更换一次 冬眠动物如熊、旱獭等的毛被更换比较特殊，一年只更换一次，更换时间较长，一般是在冬眠醒来后一个时期就开始逐渐脱去较丰厚的毛绒，同时缓慢地长出新毛绒，新毛绒要到下次冬眠前才能完全成熟。

当年出生的幼畜、幼兽，有些在出生时无毛，经过一段时期才开始生长毛被；有些出生时毛被已覆盖很好。不论是胎毛被还是后生毛被，均称为胎毛。胎毛一般只在秋季更换一次，当年幼畜、幼兽毛被的更换时间要比正常更换期迟。

3. 长年零星更换 两栖动物和长毛兔等，没有明显的毛被更换期，而是经常零星脱落，经常零星补充生长。两栖动物如水獭、鼹鼠等，穴居于陆地、活动于水中，因洞穴很深，冬暖夏凉，常年温度变化不大，所以毛被脱落不很明显，换毛期特别长，几乎终年不断。在春季，毛绒开始从颈部或其他部位不断地零星脱落。随之，在毛绒脱落的毛囊内又长出新的毛绒，直到晚冬才成熟。春季毛绒比秋季脱落得多，补充生长得少；老弱动物比壮年动物脱落得多，补充生长得少。

4. 一年更换三次 有资料报道有的动物毛一年更换三次，例如家猫。

5. 不脱换 指毛绒生长期很长，一般超过一年以上，多达十几年不脱换。目前在野生动物中还未曾发现，只是经过人工定向培养的少数毛皮动物如细毛绵羊、半细毛绵羊、高代改良羊等有此情况。美奴利细毛羊10年不进行剪毛，未发现脱毛，只是毛绒生长速度减慢。

（二）毛被更换的更换的先后顺序及部位

因季节不同毛被更换的先后顺序及部位也有差异。

1. 春季更换毛被顺序 春季毛绒一般是从前向后脱落，最先是颈部、头部和前腿，其次是两肋和腹部，然后进一步扩展到背部，最后是臀部和尾部。夏毛也按此顺序生长。

2. 秋季更换毛被顺序 秋季换毛是脱去夏毛、生长冬毛，夏毛一般是从后向前脱落，即先从尾部、臀部开始，然后是背部和两肋，再逐渐扩展到腹部和颈部，最后是头部和腿部。冬毛也按此顺序生长。

（三）毛被成熟期

了解毛被成熟期利于掌握猎取屠宰最佳时间，以便取得优良原料皮。按动物品种、生活习性及气候等因素，毛被成熟期分为四类：

1. 早期成熟类 指毛被在霜降前后至立冬前（即农历9月上旬至下旬）成熟的动物。例如灰鼠、银鼠等。

2. 中期成熟类 指毛被在立冬至小雪（即农历9月中旬至10月中旬）成熟的动物。例如紫貂等。

3. 晚期成熟类 指毛被在小雪至大雪以后（即农历9月中旬至10月下旬）成熟的动物。例如狐狸、虎、狗、雪兔、紫貂等。

4. 最晚期成熟类 指毛被在大雪以后（即农历10月下旬以后）成熟的动物。例如麝鼠、水獭等。

（四）皮草材料的季节性

由于季节的不同，皮草材料质量也有所不同。一般分为冬季皮、秋季皮、春季皮和夏季皮。

1. 冬季皮 由立冬至立春所产的皮。这段期间气候寒冷，家畜、野兽为抵御寒冷的侵袭，全部换成冬季毛绒，特点是针毛稠密整齐，底绒丰厚，色泽光亮，皮板细致，质量最好。冬季皮为季节皮，其余均为非季节皮，激素皮也非季节皮。

2. 秋季皮 由立秋至立冬所产的皮。这段期间气候逐渐转冷，畜、兽的夏毛逐渐脱落，开始长出短的冬季毛绒。特征是早秋皮针毛粗短，夏毛未脱净，皮板硬厚；中秋皮针毛较短，底绒丰厚，光泽较好，皮板较厚，质量较好。

3. 春季皮 由立春至立夏所产的皮。这时候气候逐渐转暖，畜、兽丰厚的冬季毛绒逐渐脱落，换成稀短的夏毛。特点是早春皮的底绒稍差，皮板稍厚；正春皮的针毛略显弯曲，底绒已显黏结，干涩无光，皮板较厚。晚春皮的针毛枯燥、弯曲、冷乱，底绒黏结，皮板硬厚。

4. 夏季皮 由立夏至立秋所产的皮，特点是仅有针毛而无底绒，或底绒较少且稀短而干燥，皮板枯薄，大部分没有制裘价值。

四、影响皮草材料质量的因素

（一）影响因素

1. 性别因素 动物的性别不同，皮张的品质也有一定差异。一般公皮要比相同年龄母皮的张幅大一些，皮板厚一些，尾巴也粗大。母畜、兽繁殖和抚育幼子，致使营养不能充分满足自身，形成皮板薄，不均匀，毛绒较稀疏，毛纤维的弹性较差。

2. 年龄因素 幼龄、壮龄和老龄的毛皮，皮张品质差异较大。幼龄皮，皮板薄弱、毛绒胎毛色泽较浅；壮龄皮，皮板足壮、有油性、毛绒丰足、色泽光润；老龄皮，皮板厚硬粗糙、毛绒粗涩、色泽暗淡。毛被光泽与动物生长期密切相关，例如小湖羊皮、滩羊二毛皮、胎牛皮等毛的光泽比其成年皮好。

3. 环境因素 生活地区土壤的不同其皮张品质也不相同。一般产于沙土地带的毛皮，毛被光泽好、针毛色节分明、斑纹斑点清晰；产于黄土、黑土地带的毛皮，光泽稍差、色节及斑纹、斑点欠明显。但毛被颜色较深的毛皮，则是产于黑土地带的好。

4. 气候因素 一般说，产于寒冷地区的毛皮，毛绒丰厚、斑纹斑点欠清晰、色泽稍差、皮板较薄；产于温暖地区的毛皮，毛绒短平、斑纹斑点清晰、色泽较好、皮板细韧。

5. 饲料因素 饲料的质量与毛皮的品质有着密切的关系。通常是食肉动物的毛皮比食草动物的毛皮质量好，皮板油性大，毛绒有光泽；吃精饲料的比放牧的质量好，皮板坚实、细韧、厚薄均匀，毛被光亮。

6. 疾病因素 畜、兽内脏等有病，造成皮板瘦弱，无油性，毛被粘乱，光泽差。另外畜、兽生有癣、癞、疮、疔等皮肤病，对皮张质量也有不同程度的影响。

7. 饲养管理 管理不善，圈舍不卫生，也造成各种各样的伤残缺陷，降低皮张的质量。

（二）皮草材料的伤残缺陷

1. 自然伤残缺陷 是由畜、兽的性别、年龄、生长环境以及气候、饲料、疾病等原因形成的伤残缺陷。包括癣癞、疮疤、痘疤、自咬伤、食毛症、虱叮、咬脖子、白毛针、白毛撮、毛峰勾曲、夏毛、旋毛、擦毛、塌脖、塌脊、刺脖、粘脖、病瘦皮、龟盖皮、鸡鸽毛、杂色毛、圈黄等。

2. 人为伤残缺陷 是由饲养管理、捕捉工具、捕捉方法、捕捉季节以及剥皮、晾晒、保管、运输等原因形成的。包括缠结、捕捉伤、剥皮缺陷、防腐贮藏缺陷。

本章小结

重点讲解了各种皮草常用材料的种类、结构以及各种皮草材料的特点和形成原因。

案例与讨论

如何评价毛皮原料皮的品质?

思考题

1. 简述毛的组织构造。
2. 比较水貂皮、狐皮的不同特征。
3. 比较獭兔皮与家兔皮

第三章 皮草材料的生产

FUR MATERI L PRODUCTRION

皮草服装的原材料从一开始的猎杀野生动物来获取，到后来通过毛皮畜牧业的开展进行大批量生产，经历了数百年的变迁和发展。目前，由于各个国家对野生动物保护政策的加强，全球大概80%的皮草原料来自人工养殖，现代畜牧业技术的飞速发展，为皮草业的发展提供了坚实的物质基础。接下来，皮草原皮将通过拍卖的形式销往全球各地，世界各地的知名皮草拍卖行肩负着皮草原皮拍卖的重任，来自世界各地的买家根据拍卖行组织的原皮目录来评估皮草原料的价格，每一季的拍卖会都会提供皮草流行趋势的预测报告。皮草原料通过拍卖进入购买者手中，首先要对这些原皮材料进行加工处理，原皮材料的加工处理工序复杂，每个工序都有相应的加工设备，牵涉到物理的和化学的制作工艺，在这一过程中，任何工艺技术上的闪失，都会影响皮草成衣的质量。皮草材料的生产为后期皮草服装、配饰和家具产品的设计制作提供了坚实的物质基础，没有皮草材料的生产、加工和处理，就不会有现在款式新颖、花色品种繁多的皮草服饰。

第一节 皮草动物养殖

FUR ANMIAL BREEDING

一、国外皮草动物养殖

皮草养殖行业是从1900年左右在美国开始的，之后几年的时间之内到达了亚洲以及欧洲等地区。其养殖的主要种类包括狐狸以及水貂，另外还有貉子、紫貂以及紫兰等动物。如今在世界范围内水貂皮每年产量大概有三千五百万张，而其中丹麦的水貂产量每年有两千万张，在世界产量之中占据了五分之三。另外是美国、荷兰以及芬兰等国家，每年有两百多万水貂皮的产出。在中国以及俄罗斯等国家的产量约有六百万张左右。在其他少数欧盟国家比方说南非以及阿根廷等，也有这些水貂皮的产量，每年大概有两百七十万张左右。丹麦、挪威以及俄罗斯也属于产量大国。

国外的皮草养殖现状基本为现代化农场管理，包含了毛皮动物的住宿、食物、环境质量、健康和疾病控制、运输及安乐死等方面精细的管理制度。在这样的条件和环境下，毛皮动物能够得到精心的饲养和培育，皮质自然针长绒足、色彩鲜艳、光泽感强。此外，相关的科研机构会和毛皮协会组织合作，对毛皮动物的房屋、疾病防治、营养、育种和选种方面进行研究，从而进一步提高毛皮质量。

二、国内皮草动物养殖

我国皮草动物养殖主要是在辽宁、黑龙江以及山东等地区，养殖的种类包含了狐狸、水貂以及獭兔等。水貂皮的年产量达到了六百万张，而狐狸皮有两百万张。目前，我国皮草动物养殖业属于集体和个人共同发展的情况，而且大多数都是个体发展。养殖数量从过去几千只到了如今的几千万只，饲养品种也渐渐发生了变化。管理模式也从过去的统一型转变为如今的分散自主经营方法，产品贸易方式和世界皮草贸易接轨转变为自由交易。我国北方很多地区的冬季气温比较低，而且时间比较长，所以说具备皮草动物养殖的气候以及养殖的条件。在1980年之后，我国畜禽养殖业得到了一定的发展，也研发了一些皮草动物养殖过程中所需要的饲料，因此皮草动物养殖获得了非常丰富的饲料来源。

随着皮草制品进入越来越多普通百姓家中，全球的皮草服装产业及消费结构方面发生了改变，大幅度提升了皮草的销售量，同时也带动了中国皮草养殖业的发展。我国皮草养殖企业和相关经营企业也与市场之间展开了良好的互动，进一步推动了相关行业的发展。这些年来受到动物权利保护意识以及环境保护方面的影响，欧美国家对于皮草动物的养殖以及饲养进行一定的限制，这对于欧美国家的饲养业产生了重大影响。相反，我国则对于养殖业的发展加以鼓励，很多农民有这些方面的积极性。因此，在欧美国家皮草养殖业每况愈下的同时，我国则在世界皮草养殖地位上得到了一定的提升。

我国每年都有狐狸皮以及水貂皮等原料的

进口，进口量属于世界第二位。也就是说中国属于一个比较大的皮草生产国家，但并非皮草生产强国。我国皮草动物养殖业的发展只是个体小农经营，有乱引乱种等情况，养殖技术科技含量低，也没有一定的对抗风险的能力，无法提升产品质量，导致在国际市场当中，中国皮草养殖的竞争力并不是很强。相对于丹麦等国家的皮草动物养殖来说，中国的皮草动物养殖业差距很大，而且在全国范围内，并没有较为权威的机构以及行业对于全国范围内的养殖业发展起到一定的统领作用，在管理的过程中缺乏头绪而且不够规范，因此没有相应的战斗力以及凝聚力。如今我国只有几个比较大的养殖场使皮草定向销售得到了实现，很多皮草原料皮在收购的过程中有非常大的随意性，缺乏相应的标准进行衡量，往往会导致相关产业以及主业之间的脱节状况存在。

总的来说，我国皮草动物养殖的特点表现为面广场小而且较为分散，品种之间有较大的质量差异。因为饲养人员没有较为整齐的素质，场内建设也是多种多样，产品质量、生产水平以及经济效益方面有非常大的差异，饲养方式也比较落后，往往是依靠手工进行操作没有较高的机械化程度，因此劳动效率以及生产定额并不是很高，饲养水平落后。

目前，我国皮草动物养殖企业也逐步意识到发展中存在的问题，已经在设备管理以及先进环境技术方面取得一定的进步，对皮草动物养殖的大量研究一直在进行。在屠宰的过程中借鉴了一些国际上较为先进的经验，并遵循相关法律法规规定。随着我国皮草产量愈发增大，在动物福利方面也有了更高的关注度，同时，大量研究国外毛皮动物检验、养殖等过程，也使皮草产品出口避免受到质量标准差异的阻碍。

三、皮草养殖的相关法律法规

一方面为了保护动物资源和人类生存的环境，一方面规范皮草养殖业的发展，国际上制定了《濒危野生动植物国际贸易公约》，用来检测和控制一些动植物产品的国际贸易活动。此外，欧美发达国家对饲养毛皮动物的福利与饲养环境上都制定了相关法令，各个国家毛皮协会不仅要遵循公约的条例，还要遵守各国对毛皮动物养殖业制定的法令条款。例如欧洲毛皮饲养协会就为整个欧洲的毛皮养殖业制定了一系列的国际规则称为《执行守则》。此外各国在皮草养殖业的环保方面不断加以研究，制定相关规则，确保建成的皮草养殖场符合环保要求，为人和毛皮养殖之间建立一个良性的规则。

随着中国皮草行业的快速发展，我国也在皮草养殖方面做了大量研究，颁布了相关各项法令和环保标准来规范皮草养殖业，为进一步提高毛皮质量，优化皮草产业提供政策保证。

第二节 皮草原料分等系统

THE SYSTEM OF FUR RAW MATERIAL CLASSIFICATION

一、北欧皮草分等系统

皮草分等方式有很多，其中斯堪的纳维亚分等方式是全世界范围内比较著名的一种分等方式，这种分等方式是挪威奥斯陆毛皮拍卖公司所发明的。各个地方的养殖场按照斯堪的纳维亚分等方式检验并划分等级之后出现了统一而且较为准确的标准。这种分等方式与国际皮草贸易的要求相结合，并且在整个北欧的相关皮草产品交易的过程中进行使用。如今分等系统主要包括了貂皮以及狐皮两种，依照手感经验以及专业眼光，根据尺寸大小、种类以及性别进行分等，把分等之后的皮草进行打捆以及编目过后，表明原产地等信息，然后送入到拍卖行之中进行拍卖。

（一）种类和性别

依照图3-1和图3-2之中的步骤以及要求，可以把貂皮和狐皮进行一定的快速划分，能够发现所有不正确的皮草性别和种类划分，并依照分等程序进行重新的调整以及处理。

（二）尺寸的大小

测量皮草的长度的方法是从鼻子顶端点到尾巴根部，宽度因为比例问题不会有非常大的差别。在国际化范围之中，皮草的尺寸标准有着非常统一的规定，貂皮长度是六厘米作为一个段落。这种标准在俄罗斯以外的各个国家都能够进行使用。而在丹麦的相关销售中心，使用皮草测量仪器不但能够准确的进行尺寸测量还能够快速测量，图3-3是以狐皮为例的尺寸测量规格。

（三）颜色的分等

依照上述尺寸大小展开分类过后就可以进行相关颜色等级的划分。这个工作需要具有一定资格以及经过专业训练的分等员来进行。这属于首道分等程序，在确定尺寸之后，依照色度展开一定的分类。首先应当保留颜色较深的皮草，再挑出其他的颜色进行等级的划分，最后根据测试皮板发现皮草的不同色度。

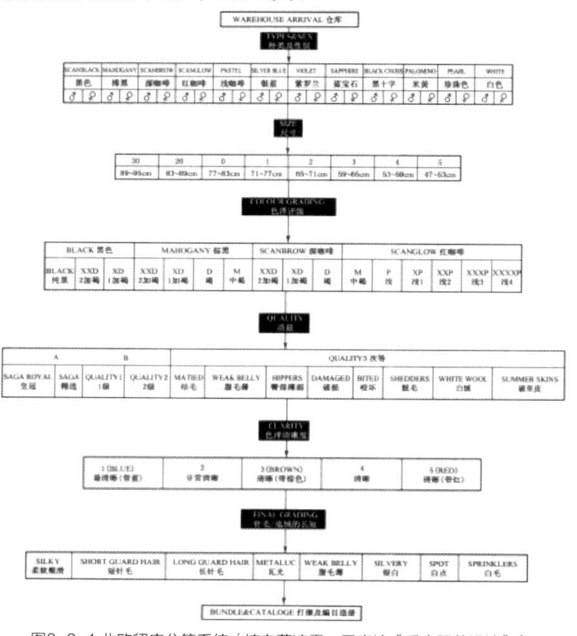

图3-2-1 北欧貂皮分等系统（摘自蔡凌霄，于晓坤《毛皮服装设计》）

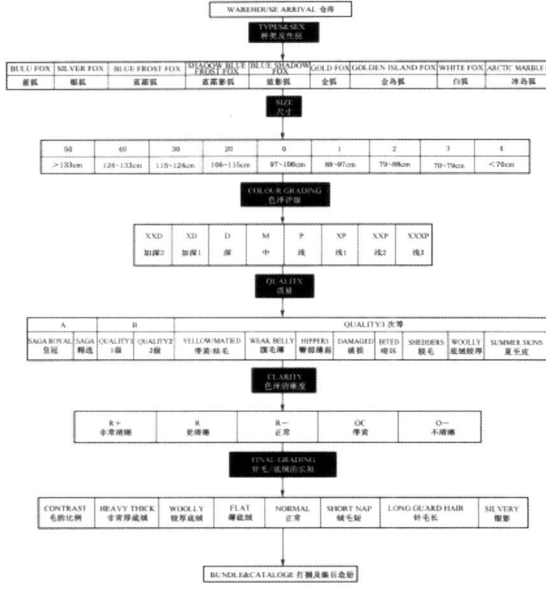

图3-2-2 北欧狐皮分等系统（摘自蔡凌霄，于晓坤《毛皮服装设计》）

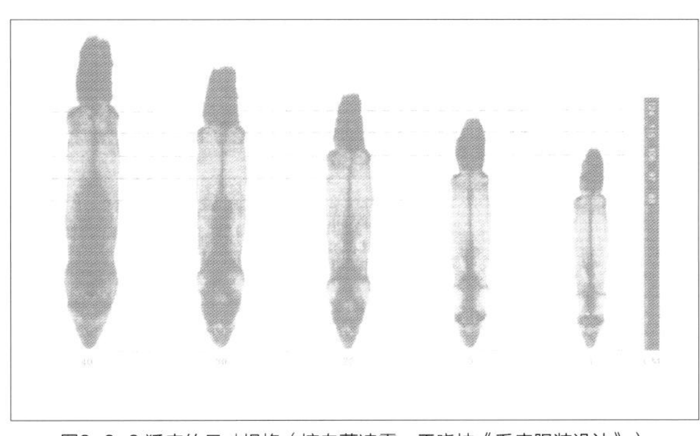
图3-3-3 狐皮的尺寸规格（摘自蔡凌霄，于晓坤《毛皮服装设计》）

（四）质量的鉴定

在颜色分等之后就要进行一定的质量等级划分，这属于真正意义上的皮质分等，需要水平较高的分等员来进行，在对于皮草质量进行判断的过程中应当注意依照毛绒的韧性、长度以及密度等内容，进行一定的质量测评，找到不同皮毛之间的差别并进行一定的编码工作。

在质量鉴定的过程中应当包含两个阶段的内容，第一个阶段是对于皮草进行两个组别的划分，分为优质以及良好两种类型。对于良好组别的皮草再依照相关质量进行划分。第二个阶段则是清理相应的受损皮草。

（五）花色清晰度

依照皮草花色的清晰度进行分等，这对皮草的使用十分重要。皮草依照花色附加等级以及清晰度进行划分。通常分等往往是围绕皮草脊背斑纹花色来进行的。附加等级则指的是天然皮草所特有的特征。

（六）低级毛类型

虽然说相对于正规皮草而言，低级皮草的分等方式有一定的不同，但是就算是在这些较为低级的类型当中，也有较为细致的皮草等级的划分。

总的来说，北欧在皮草分等方面有着非常规范而严谨的要求。无论是十万张还是一百张，在分等制度当中工作程序都不会有什么变化。只有经过了严格的分等过后，皮草才能够被允许进行编目和打捆，并进行原产地以及供货者等相关资料的标注，最后送到拍卖行当中。也正是因此才能够保证貂皮以及狐皮的质量优秀从而拥有较高的品质。消费者在进行狐皮以及貂皮产品购买的过程中也应当认明这种标签从而得到一定的品质保障。

二、质量标签

为了皮草定价规范和质量保障，国际皮草生产联合会发起了有关行动并进行了质量商标法的确定，要求所有出售的皮草上注明一定的商标等内容。

比方说世家皮草“SAGA”对于皮草等级方面有非常严格的规定，符合相关标准的皮草具有一定的标签内容，也就象征着优质的狐皮、貂皮以及其他皮草。

“SAGA MINK”代表貂皮的外形美观没有任何破损，有着弹性和光泽，而且绒毛较为柔软，有着相应的绒毛以及枪毛比例。

“SAGA FOX”代表的是狐皮没有破损，整体匀称而且较为完美，枪毛鲜明柔软有着均匀的色泽。

皮草属于一种奢侈品，其品牌定位也依照消费者的消费定位有一定的区分。比方说有些公司就对于拍卖产品进行严格的区分，并通过不同颜色的商标进行质量等级的划分，每种色彩所代表的标签都具有独立的编号，对应不同品质的皮草原料。

第三节　皮草原料拍卖

RAE FUR AUCTION

在现今全球贸易中，大部分的皮草原料都是通过拍卖的形式来进行交易的，这是经过三百多年长期贸易过程而产生的，同时也是给皮草进行定价的最为有效的方法。

一、皮草原料拍卖

拍卖行可以依照皮草的大小、尺码、颜色以及种类等标准进行原料质量的检验并进行等级的制定。依照不同的质量标准对原料皮进行标签的标注，参与拍卖的拍卖者来自各个皮草加工厂以及批发商等购买者，一切皮草原料都是被拍卖行的相关等级体系所控制的。

对于一些皮草拍卖中心而言，每年秋天的时候都会在东亚、欧洲以及北美等市场进行调研。一是吸引用户到相关拍卖中心展开一定的交易，二是通过调研可以了解市场趋势以及消费结构方面的信息，让拍卖中心在市场定位的过程中对于一些价格走向以及时装趋势进行评估，制定出相应的销售方针与下一个季节相迎合。而这一系列的信息又会传递到相关皮草养殖商的手中，从而调整下一步的相关饲养计划内容。

拍卖的过程可以说是与买主以及卖主息息相关，双方都应当在一瞬间对相关拍卖信息进行反应，因此原料皮的交易形式对于双方来说都有一定程度的可取之处。

（一）时间安排

在一切西方大型的拍卖活动当中，时间安排都经过了一定的排序，在每年刚刚进入夏天的时候，一些拍卖公司共同聚集，围绕相关利益展开一定的工作，从而让一些皮草贸易加入到相关计划当中，对于下一季度的相关拍卖进行一定的策划。这种时间表对于国际皮草交易有着非常重要的作用，其能够在时间上进行一定的协调，从而确保购买者在参与的过程中没有时间上的冲突。购买者能够依照相关计划在尽量短的时间之中进行拍卖场的转移。往往在确定拍卖时间表之后，工作人员就会宣传一些相关内容，对于客户需求以及市场动向等信息进行了解。

（二）货源充足

在拍卖会之中，因为进行了一些原料皮草的集中，就可以保障相应的货源，从而让购买者增加一定的选择机会。在实际进行操作的过程中，因为在拍卖公司得到相应的货物之后，每张皮草上都已经表明了相关原产地以及供货商等信息。拍卖公司依照相关系统进行一定的登记以及分类，并发送相应的目录内容，购买者不仅能够依照需要进行相关原料质量以及种类的选择，还能够得到具有相同外观而数量比较多的皮草。

（三）价格公正

皮草交易过程中采用了拍卖这一形式，从而造成买卖双方之间的买卖氛围较为兴奋。尽管拍卖让皮草买家无法进行价格预测，但同时也保障了购买者接受的皮草价格比较公正。

（四）目录详细

拍卖会上为了让皮草买家购买到合适的皮草原料，事先都要对所有的皮草原料进行准确的质量等级分类，对相同尺寸、颜色、等级、毛长、色头的同类毛皮进行登记，编辑成目录。目录是买卖双方的成交依据，是拍卖会能否顺利进行的关键。

二、世界知名的皮草拍卖机构

皮草拍卖行通常都是与皮草的生产地区比较接近的，世界上比较著名的拍卖行包含了芬兰的赫尔辛基拍卖行、丹麦的哥本哈根拍卖中心、挪威的奥斯陆拍卖行、美国的西雅图和新泽西拍卖行、加拿大的多伦多拍卖行、北美裘皮拍卖行（NAFA)以及俄罗斯的圣彼得堡拍卖行。

芬兰赫尔辛基拍卖行的总部是在芬兰万塔附近，与赫尔辛基临近，是在1938年成立的，同时也是拍卖行之中具有领导地位以及规模的一家，属于唯一上市的拍卖公司，每年都会有五次到六次的拍卖会举办。其服务范围包含了整个皮草的销售以及生产过程，不仅包括依照国际标准进行相关评级，还包含了相关财务以及保险等方面的服务，这个拍卖行销售的皮草是通过两千家饲养场所进行提供的，客户包含了时装以及皮草等各个公司，主要市场是在俄罗斯、欧洲以及远东等地区。这个拍卖行主要拍卖的是生皮，有较多的种类，大部分属于繁殖类的皮草。其狐皮销售占据了全世界五分之四的市场份额。另外，拍卖行主要销售的品种还包括羔羊皮以及貂皮等皮草，所出售的毛皮均带有世家（SAGA）毛皮标签。

丹麦哥本哈根皮草拍卖中心属于皮草界的一种权威，成立于1946年，全世界50%的皮草交易是在这里所完成的。原料皮的价格也属于在这个拍卖会上所进行制定的，作为标尺对于皮草行业的发展有一定的作用，其中一些分拣系统可以说是很多地区进行模仿以及进行学习的榜样，这个皮草拍卖中心是源于丹麦皮草饲养商协会的。哥本哈根拍卖中心如今已经发展成为了世界上销售量最大的一个皮草拍卖公司，其拍卖中心属于集体所有制，旗下有两千多家被称作是集体所有制之中的辉煌会员，在拍卖以及养貂方面都是一体的，农户与拍卖会之间可以说是唇齿相依，在中心当中有一定的设备以及技术人员，从而使相关长度分拣以及货物跟踪过程得到实现。因为提高了相关分拣技术，貂皮在加工的过程中也避免了浪费，从而让水貂的养殖者以及拍卖行都能够从中得到一定的保障。如今哥本哈根的皮草中心每年大概有一千多万张水貂皮的拍卖以及其他皮的拍卖。每年在总部有五次拍卖会的举办，其中90%以上都是水貂皮。哥本哈根拍卖中心最为著名的“四色质量分等系统”，即四种颜色代表皮草不同质量水平的皮草原料。

北美毛皮拍卖行是北美最大的毛皮拍卖行，也是世界最古老的拍卖行和第三大的毛皮拍卖公司，主营业务是拍卖生皮。毛皮养殖户和狩猎猎户委托北美毛皮拍卖行将他们获得的生皮拍卖给世界各地的毛皮服装生产厂家和毛皮经销商。拍卖会每年在加拿大多伦多市举行四至五次。北美毛皮拍卖行和中国毛皮相关单位举行过多次毛皮服装设计大赛，以宣传和推动拍卖行的业务发展。

第四节 皮草原料加工处理

FUR RAW METERIAL PROCESSING

皮草的原料皮也就是生皮应当进行一定的加工和制作才能够生产出相应的成品。在这之中可以说是经过了几十道工序甚至经过上百道工序，其中需用用到很多机械设备以及化学原料，属于一种比较复杂的化学过程和物理过程。习惯上，可以将皮草原料制作分为三大工段，分别是鞣前准备、鞣制以及整饰。

一、鞣前准备

原料皮从组织构造方面可以说是利用了表皮、真皮以及毛皮等部分内容，从化学组织成分来说就是利用了角蛋白以及胶原部分内容，原料皮往往是比较脏的，而且较为油腻，有泥沙和肉渣的附带。此外一些原料皮需要去除不容易加工的头部、腿部以及尾巴。原料皮经过机械和化学处理后的，能够使其转变成为容易进行染整以及鞣制的状态，这个步骤称为鞣前准备。

鞣前准备工段所要完成的也就是创造鞣制的条件，应当通过组织生产批量加工、脱脂以及去肉等复杂工序渐渐达到相应的效果。

（一）组批

皮草原料由于有着较广的产地以及较多的种类，有不同的防腐方法等原因导致皮草原料之间有非常大的差别，因此在加工的过程中应当进行一定的分类，使同一批皮草的皮性保持一致，从而进行加工的控制，所以这个阶段是比较重要的。

（二）初步加工

决定原料皮之中带有头尾的一些部位去留，比方说兔皮的头部和尾部是没有作用的就应当剁掉，而水貂皮的头部以及尾部则应当小心的进行保护，因为它的价值就是整体的作用。此外还要整理相应的毛体，用抓毛方法把混乱、粘连在一起的毛梳开，但是并非所有的皮草原料皮都要进行抓毛。

（三）浸水

皮草原料皮的浸水方法分为传统浸水、盐浸水和酸浸水。原料皮在防腐以及储存的过程中会出现水份缺失，从而导致皮纤维的粘连，失去了滑动性。皮板变薄、变硬，容易折断。在浸水之后皮板可以充分的进行回软，从而使皮纤维结构以及水分含量恢复到基本的状态当中，在这个时候可以将皮上的防腐物以及污物洗去，并进行纤维的松散，剥离相关组织，为去肉创造条件。

（四）去肉、洗皮、去脂

手工以及机械去肉是将皮下组织的去除，同时进行皮纤维的拉伸，让皮板更加柔软。洗皮是为了将毛被上的油脂洗掉，从而使毛被的松散性以及光泽度得到提升。去脂经常使用的材料包含了有机溶剂、洗衣粉以及洗涤剂等将皮板的油脂去除，顺便起到洗皮的效果。通常情况下，这三道工序是交替进行，相互之间有一定的辅助作用的。

（五）脱毛

制革应当进行一定的脱毛操作，而制裘则需要进行保毛操作，不过在现代皮草处理工序中也包含了相应的脱毛工序，这在制革过程中是经常使用的方法，在制裘过程也适用。这些方法在制裘的过程中有不同的操作，通常只是有局部脱毛的要求，提供相应的半成品，这种时尚而且个性化的毛革一体的原料皮也就因此而出现。

（六）酶软化与浸酸

通常是结合浸酸与酸软化两道工序，提高原料皮的延伸性、柔软性、可塑性和卫生性能。将原料皮在酶制剂溶液之中进行一定的软化，也就是包含浸酸等操作，其根本目的就是要将纤维间质去除，同时进行胶原纤维的松散，使纤维间隙大大增加，创造后期鞣制的相关条件。浸酸同时将皮板之中的肌肉以及弹性纤维组织进行破坏使其更加柔软，终止酶软化从而进行PH值的调节，创造相应的鞣渗透条件。比较好的软化酸是一种综合制剂，在肌肉组织以及弹性纤维之间有一定的作用，对于毛以及毛根则不会产生什么破坏作用，这种目的的实现与生物酶技术的发展息息相关。

二、鞣制

在经过鞣前准备工学的处理之后，生皮之中的无用组织也就被除掉，不过纤维编织结构也有些疏松，胶原链受到破坏，导致皮的稳定性大大降低。鞣制则是要利用鞣剂中的相关化学成分与胶原分子发生反应，在分子链之间进行相关联系的建立，从而提高皮板结构所具有的稳定性特点，使生皮向熟皮进行转化。

鞣制工序是皮草原料皮加工最主要的工序，这个过程不仅可以毛与皮板的结合牢度，增加皮料的柔软度，使皮板不易曲折，不易断裂。鞣制后的皮板耐微生物作用提高，湿热条件下不易腐烂，此外皮板的耐化学试剂的能力提高，在化学药剂作用下也不易被破坏。鞣制后的皮板成型性和抗张强度得以提高，透气性和透水性增强，卫生性能变好。鞣制后的熟皮比生皮更易保存。

原料皮的鞣制在皮草行业属于高度机密，工艺师的技巧和经验至关重要，鞣制技术的好坏直接关系到皮料最终质量，从而影响皮草服装的质量。

依照鞣制过程中的不同鞣剂，可以将方法进行多种划分，分别有不同的效果以及特点。按照鞣剂的化学性质，将鞣制分为无机鞣、有机鞣和结合鞣，见表3-1。

鞣制方法	无机鞣	铬鞣
		铝鞣
		锆鞣
		铁鞣
		钛鞣
	有机鞣	醛鞣
		油鞣
		合成鞣
		植物鞣
	结合鞣	铝铬、醛铝、醛油、铝油

表3-4-1 毛皮鞣制方法分类

（一）铬鞣

在各种无机鞣剂中，综合性能最好的是铬鞣剂，用它鞣制成的毛皮具有很好的耐储藏和耐湿热稳定性，而且手感柔软，具有良好的染色、磨皮和涂饰性能。自19世纪开始，工艺师们就开始利用铬盐鞣制毛皮，距今已经有一百多年的历史。铬盐的稳定性好，铬鞣工艺成熟，加工成本适中，虽然铬鞣剂对环境存在一定的污染，但是目前它仍然是制造轻革最好的材料。

（二）铝鞣

传统的铝鞣又称为硝制，在铬鞣出现之前，铝鞣是古老传统的鞣制方法之一。铝鞣法鞣制的毛皮，皮面洁白、柔软，出皮率高，对环境污染小。但是水洗后容易脱鞣，导致皮板变硬，且容易发生霉变，不易存储。铝鞣操作简单，但实际生产中，多和其他鞣制剂相结合使用。

（三）甲醛鞣、戊二醛鞣

甲醛鞣也是最古老的鞣制方法之一，甲醛鞣性最强，戊二醛鞣制效果最好。甲醛鞣制的毛皮仍然具有天然颜色、耐光、耐汗、耐碱、抗氧化，但是皮板容易变脆，对湿热作用的稳定性较小。但是甲醛鞣制不可避免的使得毛皮里含有游离甲醛，对人体产生危害。

戊二醛鞣制的毛皮手感柔软，革身丰满，耐汗、耐碱、耐洗涤，染色均匀，既可以单独作为鞣制剂，也可以与铬鞣及植物鞣剂相结合。戊二醛价格很高，多适用于高档皮张的鞣制中，不适合鞣制浅色皮料。

（四）油鞣

油鞣也是最古老的鞣法之一，基本为手工操作，就是用动物油脂作为鞣制剂来处理皮草原料。油鞣后的毛皮特别柔软，皮板密度小，透气性好，而且耐水洗和耐皂洗，卫生性能良好。因此油鞣尤其适用高档毛皮，例如水貂皮、狐狸皮等细皮种。现代毛皮行业的油鞣都是采用踢皮油，在踢皮机里进行油鞣，生产工艺复杂，周期长。

（五）植物鞣

植物鞣剂用于皮草原料处理的历史相当悠

久，其中真正起到作用的是植物多酚，植物多酚又称栲胶。真正将栲胶技术完善的是德国人，之后这项技术被全世界开始采用。植物鞣一直是皮革鞣剂，但是近年来，随着毛皮产品的应用范围不断拓宽，许多毛皮材料也需要用植物鞣来增强毛皮材料的填充性，因此植物鞣在毛皮生产中也已经得到实际应用，并将大规模投入使用。

（六）结合鞣

结合鞣顾名思义，就是将两种或者两种以上的鞣剂结合使用来鞣制皮草原料。结合鞣确切定义为：应用两种或者两种以上的鞣剂按照特定方式作用于皮，从而获得比仅使用任何一种鞣剂单独鞣制时更好的性能，这种协同效应使得不同鞣制方法优势互补。结合鞣能够减少环境污染，生产出生态毛皮。

毛皮鞣制中最常用的结合鞣有铝铬结合鞣、醛铬结合鞣、铝醛结合鞣、铝油结合鞣、醛油结合鞣。随着植物鞣研究的不断深入，将植物鞣制结合其他鞣剂的方法也将应用到毛皮鞣制中。

三、整饰

皮草原料在鞣制之后虽然说稳定性增强，但是并不能达到相应的使用要求，而是需要进行一定的整理和装饰。在鞣制之后，整理包含了干湿两种，其中湿整理包含了复鞣、漂白褪色、染色以及加脂等过程，而干整理则包含了干燥以及涂饰等过程。在制作之后整理由于品种的不同会有较大的工艺差距。

（一）复鞣

复鞣则指的是对于已经鞣制好的皮草坯又一次进行鞣制，能够弥补第一次鞣制过程中的缺点，使稳定性得到提升，从而对应于后期操作有一定的帮助。复鞣可以采取与前期相同的方法，但是操作手段、配方以及用量方面有一定的区别。

（二）漂白和褪色

通过漂白和褪色使杂色毛皮除去杂色，使之变成非常浅淡的颜色，甚至是白色，然后通过染色染成产品所需要的颜色。

（三）染色

如今皮草市场之中将皮草本身御寒的作用弱化了，对皮草服饰的需求成为了一种时尚追求，因此这就对于皮草产品有色彩、种类以及个性方面的要求。染色成为了一种不能缺少的工序过程，利用染色可以进行皮草产品外观的改变，从而使其花色以及品种得到改善，使消费者的需求得到满足，使产品附加价值得到提升。

供皮草染色的染料应当具有一定的溶解性特点，能均匀的着色而且不容易出现变色或者褪色的情况。经常使用的方法包括印染、刷染以及浸染等方法。

通常认为天然动物皮草没有较为丰富的颜色，往往是不同深浅的咖啡色或者褐色。虽然说有人觉得天然色泽具有保存价值，完美的皮草不需要进行染色。但是对于一些目光敏锐的消费者来说，毛色变化有一定的限制，无法满足时尚需要，而染色皮草则有一定的吸引力，同时能够通过染深色而掩盖天然皮草的瑕疵。

染色工艺分为皮板染色和毛皮染色，皮板染色的染料不同于毛皮染料，但是工艺手法类似，因此这里介绍如下几种常见的毛皮染色方法：

1. 单色 毛皮呈现出一种均匀一致的颜色，单色印染是制作各种花色毛皮的基础。

2. 草上霜和微风效应 草上霜和微风效应都属于喷染技术，草上霜效应又称雪花膏霜效应，就是毛被中低部染色，而毛尖仍然保持毛被原来的本色。目前制作草上霜效应主要采用拔白法，先用草上霜燃料 （染料）对毛被进行染色，干燥理顺毛被后，喷拔色剂，利用汽蒸或者阳光下晾晒，使得拔色剂被氧化，从而使有色染料转变为白色。

不同于草上霜效应，微风效应的毛尖不是白色，是和毛下部的颜色为同一色相，但是明度上有很大对比，从而赋予毛皮一种朦胧的感觉。制作微风效应主要是对毛尖进行防染处理，然后再对毛被染色，由于防染剂的阻隔，毛尖颜色就会很淡，从而形成和毛下部明度区别很大现象。

3. 渐变色 通过渐变染色可以制作很多毛皮品种的渐变效应，这项染色工艺对技术要求很高，一旦掌握不好，就容易造成颜色渐变出现断层，从而影响美感。

4. 印花 皮草印花实际就是将毛被的局部染成“一毛双色”、“一毛三色”或者通过套印的方法做成毛尖多色，从而形成一定的图案。

5. 扎染 扎染是最富有变化的表现手法之一，通过精心扎制和反复套染，能够形成各种不同形状和不同颜色的图案。对于皮草扎染来说，为了确保各种扎制方法能产生不同的艺术效果，还需要不同染色工艺给予配合，对染料配伍、染色时间调整都有一定的要求。

（四）加脂

加脂也被称作是加油，属于是皮草湿态整饰之中的一种工序特点。加脂能够防止皮板变硬，能够使纤维滑动性增强，同时使皮板的防水性提高。在如今的制作工艺之中，加脂往往需要分不同阶段进行，在加工过程中可以进行四步从操作，包含油脂乳化，乳液吸收以及油脂分布等内容。

（五）干燥

在皮草进行湿整理之后，水份含量增加，所以应当进行相关干燥工序，使皮草中的含水量达到成品或者半成品的标准，同时增强皮草中毛被的润滑感。

（六）毛层处理

皮草工艺技师发挥自身创造力及想象力，利用不同的工艺方法，进行拔针、剪花、剪毛和蚀花等毛层处理工序，让皮草的外观更加特殊，从而达到令人满意的效果。

（七）涂饰

皮草产品通常不用进行涂饰，往往只是光面毛革一体产品以及半脱皮草才需要这涂饰工艺措施。

第五节 皮草原料加工工具及设备

FUR RAW METERIAL PROCESSING TOOLS AND EQUIPMENT

皮草原料加工工序主要包含四个主要步骤，包括鞣制、染色、剪烫和梳整。这里介绍一些主要的皮草原料加工设备：

1. 划槽 属于制革和皮草湿加工过程中的重要设备，在皮草原料加工过程中使用的较多。通常用于进行浸水、鞣制和染色等工序。毛皮在划槽中能够染色均匀，效率高，并且设备在运转过程中，可以随时观察皮草原料的加工情况。

2. 抛干机 通过电机能够带动甩干桶进行一定的高速旋转，从而产生离心力甩掉相应的水分，类似洗衣机的转筒。

3. 干燥机 也被称作是皮草滚转干燥机，能够进一步处理相应的皮草。

4. 转鼓 也被称作滚桶，往往属于制革厂经常使用的一个重要设备，用来干燥皮草材料，鼓内能够进行大批量操作，经过相关步骤之后，转鼓加工使皮草外观光滑，亮泽，染色均匀而且能够节省用料。

5. 转笼 也被称作是铁丝笼，属于一种铁丝构成的铁笼。皮草从转鼓中拿出来后，仍然有很多木糠在毛中，在转笼之中要进行多次旋转才能去除毛中的木糠。

6. 去肉机 被称作削匀机，属于一种皮革加工机械。去除皮下多余的脂肪，使皮板厚度一致。

7. 踢皮机

利用踢皮机所具有的机械作用，能够让油脂分布更加均匀。

8. 翻皮机 属于皮草拉伸定型过程中的一道工序，在这个过程中可以翻制貂皮等小毛细皮筒。

9. 撑宽机 能够创造加脂的条件，属于对皮草的拉宽用剪式撑宽机。

10. 拉长机 可以定型以及加工相应的小毛细皮和杂皮草，从而使皮张使用面积大大提升，使成本得以节约。

11. 脱脂机 在皮革加工的过程中需要非常专业的脱脂设备，在相应的处理之后，皮草原料手感比较柔软而且不容易被虫蛀。

12. 拉软机 可以在生产流程之中进行皮张的拉伸以及拉软，属于皮毛一体加工之中的一个重要设备。

13. 烫毛机 属于对皮毛表面进行定型的设备，能够调节相应的接触面积以及压力，从而获得一定的定型效果。

14. 剪毛机 可以加工一定的低档皮或者仿制皮，能够进行相关压力的调节从而得到长短相同的毛绒。

15. 梳毛机 梳毛机之中有工作辊的存在。在皮草经过鞣制以及染色过后可能会有纠结的毛的出现，在梳理之后能够去除相应的杂质，从而使其有一定的方向性的存在。

16. 剪花机 剪花机用于毛层处理这一工序上，结合了数字化和自动化技术，从而实现相关操作作业，同时能够依照客户的有关要求进行图案制作，在表面进行一些花型的修剪。

17. 喷涂机、拔色机 皮草染色机器，往往是用于一定的拔色或者喷染作业，在机器之中经过喷染之后可以通过输送带进行输送，并进行固色处理，最后达到烘干效果。

18. 电子量革机 属于一种高效率机器，能够进行皮草以及皮革的面积测量，从而提供裁制工段的依据。

19. 切条机 能够切掉整张皮草，依照相应的方向进行一定的切条作用。

20. 压衬机 利用热压作用，在皮草皮板面进行加烫效果，从而起到一定的加固作用。

思考题

1. 国内国外皮草动物养殖的现状如何?

2. 国内皮草养殖的趋势和缺陷?

3. 北欧皮草分等系统是什么方式，其貂皮和狐皮如何分等?

4. 皮草拍卖行的职责是什么，世界知名的皮草拍卖行有哪几家，分布在哪些地方?

5. 简述毛皮原料制作的主要工序。

6. 什么叫毛皮加工的鞣前准备? 鞣前准备包括哪些工序?

7. 鞣制的定义是什么? 鞣制的方法有哪些? 鞣剂的种类有哪些?

8. 毛皮染色有哪几种常见的方法?

9. 皮草原料加工工具及设备有哪些，分别在哪些工序中使用?

第四章 皮草制作工艺

THE MAKING PROCESS OF FUR

本章主要讲解了皮草服饰的制作工艺，包括皮草服饰制作的常规生产工艺、皮草基础制作工艺、皮草材料的创新工艺、复合工艺等内容,要求了解皮草工艺的基本知识，掌握皮草工艺的特点，理解皮草的主要工艺手法，为更好地进行皮草服饰研发打下基础。

第一节 皮草常规生产流程

THE CONVENTIONAL FUR PRODUCTION PROCESS

在《圣经 · 旧约》里，有耶和华用羊皮制作成衣服，给偷吃禁果后的亚当和夏娃蔽体的说法，足见皮草是非常古老的服装种类之一。在几千年来的历史长河中，积累了大量的皮草服饰工艺制作方法，使得皮草作为最华贵的服饰，不仅由于原材料的珍贵难寻，也由于皮草制作工艺的独特精湛，造就了每一件皮草服饰本身就是一件艺术品与工艺品。皮草的制作完成，需要经过很多工序，每道工序都是相互连贯、相互作用的，生产时要考虑到各工序之间的前后衔接关系，进行及时合理的调配。

一、款式准备

（一）确定款式

皮草款式的来源，有可能是设计师的新品，也有可能是传统经典的畅销品种。皮草生产的第一步就是确定皮草款式，由于皮草材料的珍贵和皮草服装本身制作工艺的复杂，皮草款式的确定与普通时装款式的确定相比，需要更周密的规划和反复的推敲，需要凭借高超的设计借鉴能力、深厚的艺术造诣和丰富的市场经验，通过预测、收集信息、策划、开发计划、设计与制作、销售、信息反馈、总结等环节的推敲，才能确定出优秀的皮草款式。确定皮草款式，需考虑以下几方面内容：

1. 顾客范围 明确皮草消费对象信息，其所在区域的地理条件、气候条件，民族民俗喜好、消费对象的年龄、性别、身材、社会地位、经济水平、性格、爱好、修养和心理特征等因素，综合顾客的实际情况，把握皮草品牌特有的精神内涵和设计思路；

2. 流行元素 根据国内外的时尚流行趋势，将流行元素与设计需要相结合；

3. 质地因素 皮草材料本身的纹理、质地、色彩、张幅，对于皮草款式都有提示或制约；

4. 工艺因素 在皮草设计中，需要考虑皮草的制作工艺。皮草款式是由皮草工艺去实现的，同时，皮草制作时不同的工艺手法，往往为款式设计带来更多的灵感。

（二）确定用料

对于不同的皮草款式，需要选取适合的皮草材料，在款式设计的时候，已经确定了用料品类，但由于每一款皮草是由多张皮草材料制作而成，就需要为每一款皮草选择足够的用料。确定用料有如下要求：

1. 确定皮草材料的种类 根据皮草设计效果要求，选用不同的皮草材料。例如：银狐材料可以表现松软飘逸的穿着效果、蓝狐材料可以表现密实丰厚的穿着效果、水貂或青紫蓝材料适合表现斯文柔美的穿着效果、貉皮材料适合表现狂放不驯的穿着效果。

2. 确定品种之后的挑选搭配 这是指皮草材

料在张幅、毛长、毛色、纹理等方面的搭配。不同皮草材料的外观效果是不同的，即使是同一张毛皮，不同的部位之间，毛质毛色也有明显的差别。这就涉及在皮草服装不同部位使用皮草材料的组合安排，在皮草服装的主要部位采用什么样的材料、次要部位采用什么样的材料，在皮草服装的对应部位定格、定形，以便确定皮草用料，见图4-1-1。

图4-1-1 确定用料

（三）确定纸样

皮草纸样是皮草外观造型的依据，是皮草从设计构思到工艺实施的中间环节，起着重要的承上启下的作用。在皮草纸样设计时，要考虑以下因素：

1、皮草款式的要求；

2、皮草材料天然皮张的特点；

3、皮草制作工艺状况。

皮草材料的珍贵决定了皮草服装在制作时不可以随意分割剪裁，所以皮草纸样在设计时，需要考虑以上因素。与普通时装纸样相比，皮草纸样在结构设计分割、省道位置以及省道转移等方面都受到了限制；另外，皮草材料的毛干越长，纸样尺寸设定与实际尺寸差距越大；毛干越短，纸样尺寸设定越接近实际尺寸，见图4-1-2。

图4-1-2 确定纸样

（四）试样

皮草纸样绘制完成后，需要经过白坯布试样阶段。将缝制好的白坯布样衣，在人台上试穿，或请身材特征接近该皮草产品消费者类型的模特试穿。用这样三维立体的穿着方式试穿，能展现出服装整体和局部的状况。因为白坯布和毛皮的效果相差很多，白坯布样衣与实际皮草服装差距很大，所以此环节需要由经验丰富的设计师和板型师进行工作，以便确定新款皮草服装的造型是否符合时尚、外观线条是否流畅、结构分割位置是否美观、各部位尺寸是否合理，就穿着效果、合适度及结构尺寸等问题给出具体意见，为板型师修板提供依据，见图4-1-3 。

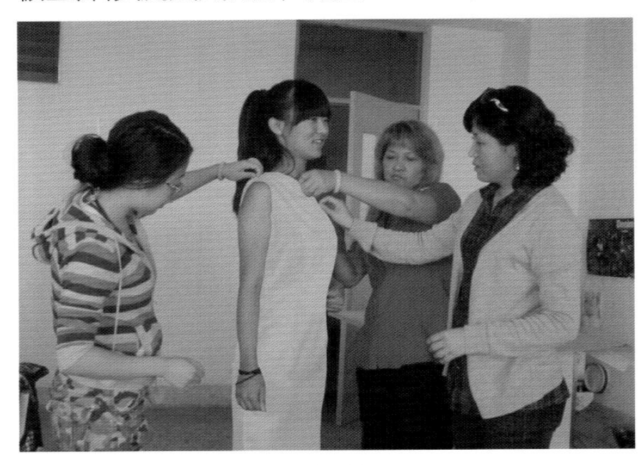

图4-1-3 试样

（五）修板

白坯布样衣试样之后，要对样板进行再次修改。修板是根据立体试样的效果和设计师的修改意见，由板型师对纸样再做逐条的平面修改。同一件皮草的试样、修板工作有时要经过多次反复地推敲修改，以确保所存在的问题能得到真正的解决，直至制成可用于生产的标准样板。

（六）算料

算料是对皮草的耗材成本进行控制，对市场的价格定位也起着重要作用。算料由富有经验的皮草算料师进行，根据所确定的皮草材料品种、裁剪成相应衣片尺寸、视具体款式和工艺打出适当损耗等，进行合理的统计、控制与计算，得出皮草材料的用料数量，见图4-1-4。

算料的方法：衣片面积YS=（上底+下底）*高/2

皮张面积PS=（上底+下底）*高/2

用皮数量=YS/PS

二、制作准备

（一）配皮

配皮，决定了皮草服装整体统一协调的视觉效果。配皮环节贯穿在确定用料到制衣完成后吊制前的每个操作环节中，是需要不断调整和完善的环节。

在确定了款式和纸样后，需要为每一件皮草准备相应的皮草材料。不同种类的皮草材料外观有显著差异，同一种类的皮草材料也有很大差异，所以，配皮环节是很重要的，配皮的好坏将会影响整件皮草作品。

初次配皮是指确定用料后，按算料的数量对所需要的皮草材料办理出库时，将所需要的皮草材料做粗略的比对初配，然后做各种出库手续，取走皮张。

（二）开皮

开皮，是将毛皮由筒状形态裁开中线成为皮张的过程。可以将筒状毛皮套在木板上，用裁皮刀从毛皮腹部切开，形成皮张；有经验的师傅，也可以用剪刀开皮。

开皮工具 见图4-1-5 、图4-1-6

特制裁皮刀 是专用于切割毛皮的工具，用于皮板部位单面切割。中国传统的裁皮刀整体呈斧头形、扇形刀刃，手柄部位为长方体。

（三）钉皮（钉头皮）

钉皮是对每一张毛皮进行定型的环节，是

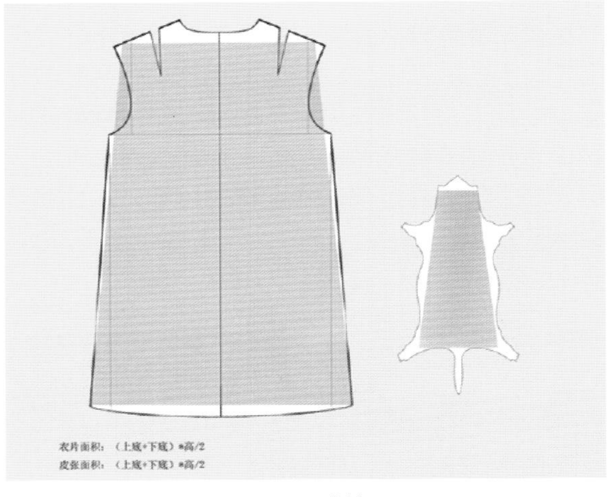

图4-1-4 算料

图4-1-5 裁皮刀

图4-1-6 皮草匠人的工具箱

用来扩张和展平皮张的，目的是为了定形，改变皮张的天然伸缩性，获得一张平整、规则的皮张，为下一步工作打下基础。

1.钉皮具体步骤

（1）开皮后的皮张，画出中心线；

（2）在木板上划出所需的基本形状与中线；

（3）将毛皮的皮板喷湿后平铺在钉皮的木板上；

（4）毛皮中线与木板上划出的中线重合；

（5）固定毛皮臀部位置，再纵向拉伸至头部；

（6）再拉伸前后腿，注意前腿要拉伸至一定宽度，然后向四周拉伸延展皮张至几乎无弹性状态；

（7）用小型铁钉沿皮板边缘钉牢；

（8）风干数小时后，皮板彻底干透，取下钉子，毛皮则保持被钉时的形状。

2. 钉皮环节需要注意的是 钉皮时，由于是皮板朝外，毛朝里，就需要注意贴近木板那面的毛的走向，在有拉伸动作时更要注意是否戗毛。通常钉皮环节的皮板头部都是向下的，这是因为在钉皮时，常有向下拉伸皮板的动作，皮板头部向下可以保证毛向顺畅，见图4-1-7。

3. 钉皮专用工具 钉子、钉枪、钉皮钳子、起钉器、钉皮板、气泵等。

（四）配皮

经过开皮、钉皮之后的皮草材料，又进入配皮环节。此环节配皮需要在有黑色遮光窗帘的、光线不变、且为冷光（日光灯）的室内进行操作，将皮草材料从皮草服装纸样的前门襟中心线开始，向左依次将所用的皮草材料进行排列，标记出顺序号，直排列到后中心线。

1.在配皮的过程中需要注意 毛干的长短、毛干的走向，皮板的质量、皮板的尺寸大小、底绒的厚薄、针毛与底绒色调的明暗关系，以及毛皮拼合方式，不同毛皮对应在皮草的不同部位、对称效果、衔接效果等内容。

2.具体的配皮方法是 把毛质、毛干长短相近的毛皮挑选出来，将毛色明度和色相最接近的毛皮挑选出来，依据款式要求，按顺序进行排列，使每张相连的毛皮之间差别降低到最小，或产生自然的过渡感,见图4-1-8 。

3.配皮要求工具：黑色遮光窗帘、日光灯。

（五）切皮

钉皮之后的皮张，进入切皮环节，这个环节是去掉皮张的头、爪等部位，切皮之后的皮张变得规则而便于使用。切皮使用的工具不是普通的剪刀，普通剪刀在裁剪过程中，会使被裁剪处的毛绒受到破坏和损伤，切皮必须采用专用特制的裁皮刀，只在皮板面进行单面切割，才不会破坏其毛绒。即使用了专用设备，在切皮时也要

图4-1-7 晾钉头皮

图4-1-8 配皮

格外地小心谨慎，尽量避免绒毛的脱落，见图4-1-9 。

切皮的专用工具为特制裁皮刀。

（六）缝皮

缝皮环节，在古代是用手针缝制，现代缝纫机诞生后也产生了适合皮草缝合的专用设备，

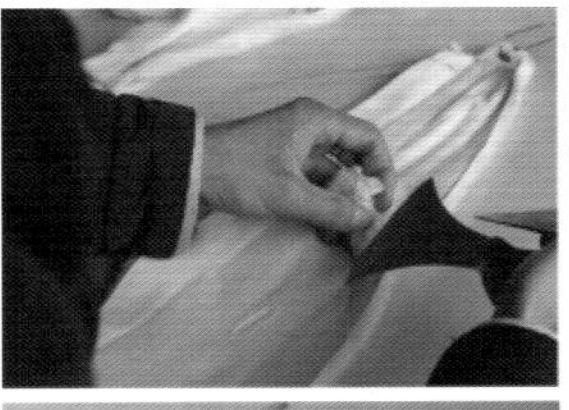

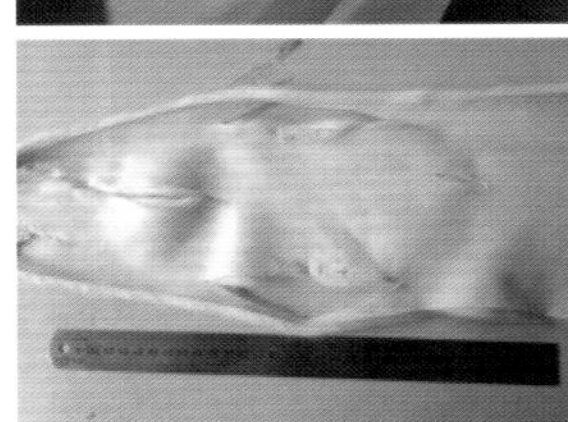

图4-1-9 切皮

缝皮需由高水平的缝制技师来完成。此环节的缝皮是将切皮切掉爪子等部位的皮张缝隙缝合起来，形成完整的长方形皮张，见图4-1-10。

缝皮专用设备为毛皮锁缝机，也叫裘皮机、毛缝机，是毛皮专用缝合机。裘皮机有两个水平的齿盘，被缝合的毛皮毛面相对，从左侧垂向进入两个齿盘之间，齿盘送料，两层毛皮向右

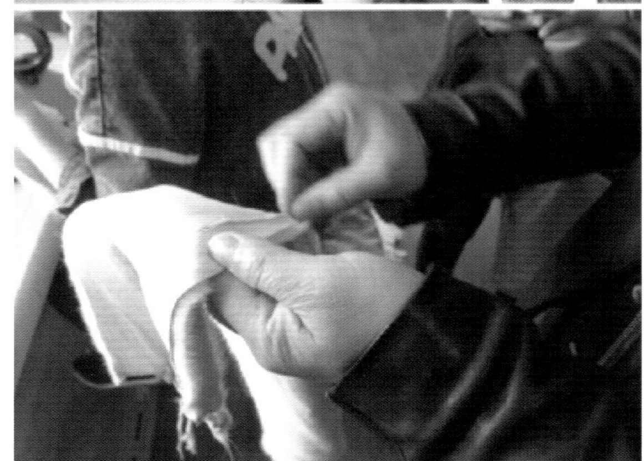

图4-1-10 缝皮

侧移动的时候，机针带线就将两层毛皮的皮板缝合在一起，而且不会对毛面构成影响；毛皮的缝合不需要在皮板上预留缝份，裘皮机缝合两张皮板边缘后，张开展平的缝合后新形态等同于两张皮板缝合前的尺寸。裘皮机的使用，大大提高了缝皮的效率，见图4-1-11。

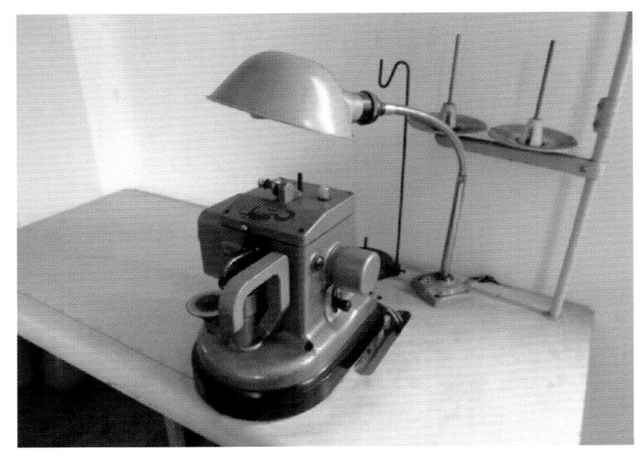

图4-1-11 毛皮锁缝机

三、皮草制作

（一）配皮

在之前的配皮环节是将皮草服装所使用的毛皮挑选出来，或做出排序。此配皮环节是针对皮草服装的不同部位，确定使用哪些皮草材料。这个环节，通常是将皮草材料对照纸样进行的，将纸样铺开，纸样上所体现的服装部位由哪几组毛皮实现，在这个配皮阶段得到最后的确定，见图4-1-12。

（二）裁皮

皮草服装的裁剪不同于普通的梭织服装裁剪，由于皮草材料的珍稀性，导致不能像裁剪普通梭织面料一样，长短宽窄直接裁剪。皮草材料的裁皮环节，常用抽刀的方式切成毛条，抽刀是最能体现皮草独特工艺的环节，属于皮草基础制作工艺的范畴（详见第二章节）。

1. 裁皮的专用工具 特制裁皮刀

2. 毛皮切割机 用于抽刀类特定的条状裁剪，依据特定的方向和倾斜角度裁皮切条,见图4-1-13 。

（三）缝皮

此环节的缝皮，是将裁皮过程中切割的抽刀毛条进行缝合。

（四）配皮

此环节的配皮，是在暗房里将经过裁皮缝合后的毛片，进行审视，是衣片缝合前的准备。

（五）缝合衣片（车皮）

缝合成衣片的形态，例如前衣片、后衣片、领片和袖片等。

通常对于皮板牢度强的水貂、狐狸等品种

图4-1-12 配皮

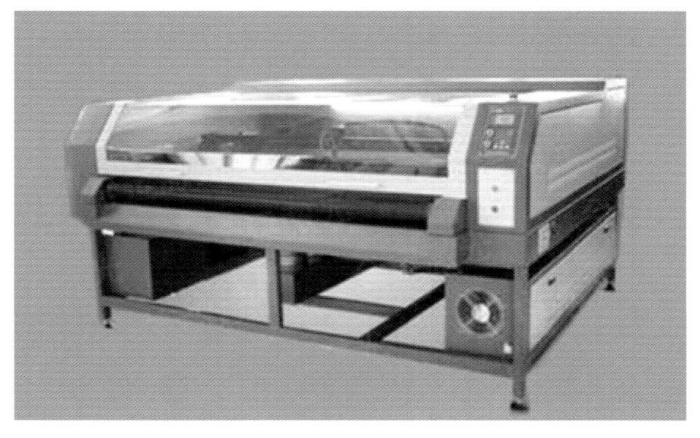

图4-1-13 裘皮专用开条切割机　图片来自：南京禄口伊斯特皮草小镇提供

的皮草服装，采用裘皮机进行缝制，缝制效果极佳。但在缝制皮板薄而脆弱的猾子皮或兔皮时，需要用普通平缝机进行缝制。在缝皮时，针对不同的毛皮品种，还需要调整缝针的粗细、缝线的粗细、缝合针距等。

缝皮设备

(1)毛皮锁缝机。

(2)工业平缝机：用于缝合皮板牢度低的毛皮，缝合皮草服装的里布、受力部位以及毛与其他材料组合设计的服装。图4-1-14。

（六）清理

缝合衣片后，要将缝合后的衣片放入转笼转鼓里，清除浮毛、断毛，同时放入柔顺剂等，促进毛皮的清理。转笼转鼓清理的过程，有时候在缝皮之后也需要使用。

清理使用工具 毛皮转鼓，见图4-1-15。

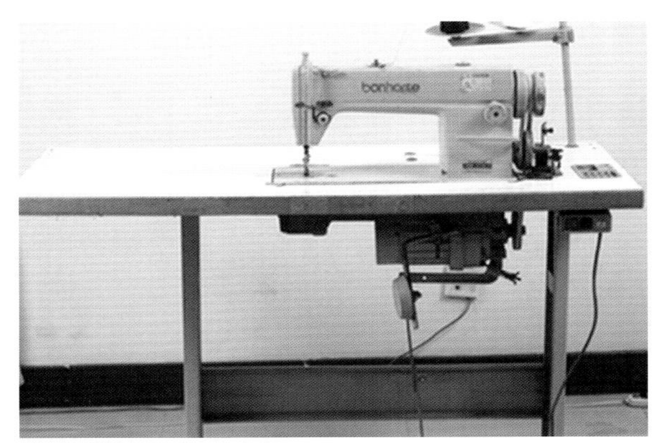

图4-1-14 工业平缝机　图片来自：南京禄口伊斯特皮草小镇提供

（七）定型（钉衣皮）

经过缝皮工序缝合后毛皮衣片，在缝合过程中易出现不平整的现象，需要进行定型处理。由毛皮定形师将毛皮衣片重新进行喷湿，牵拉抻展后固定在钉皮板上，待风干后取下。

这一环节，需要注意的是不能过分牵拉毛皮，要照顾到缝合接口处，还要照顾到毛皮衣片对称问题，以防毛皮衣片对称的纹理变形走样，见图4-1-16，图4-1-17。

图4-1-15 毛皮转鼓　图片来自：南京禄口伊斯特皮草小镇提供

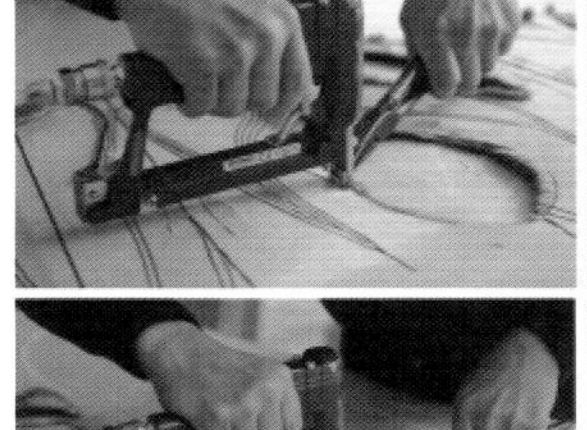

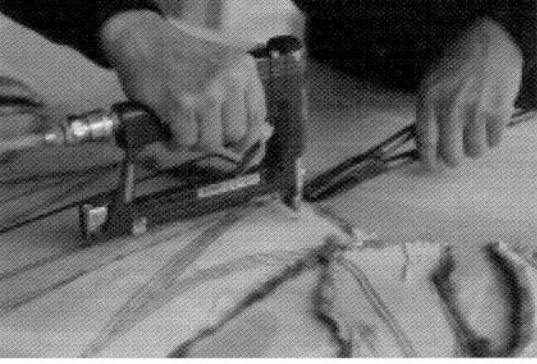

图4-1-16 钉衣皮　图片来自：南京禄口伊斯特皮草小镇提供

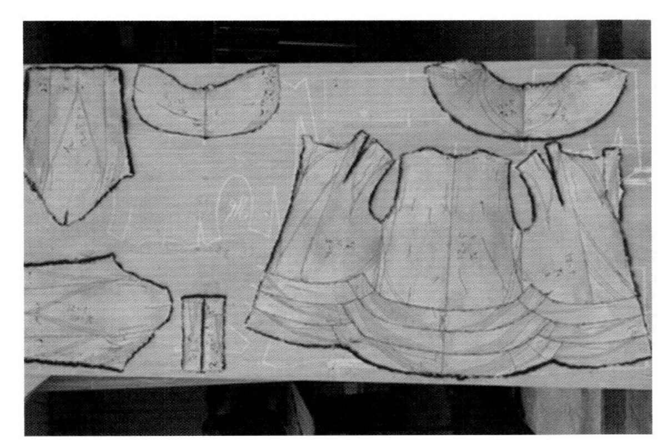

图4-1-17 晾衣皮　图片来自：南京禄口伊斯特皮草小镇提供

（八）配皮

此环节的配皮，是在皮草服装整体缝合前，对毛皮衣片进行审视，查看毛皮衣片的底绒色泽、光泽、底绒的紧密松散程度等。

（九）修整

按照纸样的要求，进行的毛皮衣片边缘的修整裁剪，以使毛皮衣片平整标准地符合纸样的形态和尺寸要求，见图4-1-18。

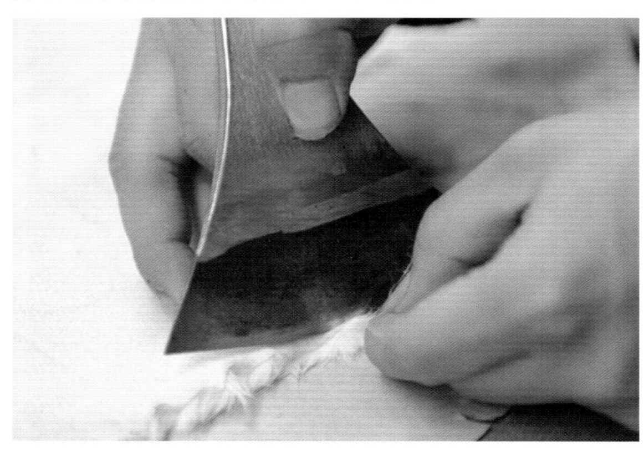

图4-1-18 修整 图片来自：南京禄口伊斯特皮草小镇提供

（十）制衣（车壳）

制衣环节是指将已修剔完毕的毛皮衣片进行整合缝制，形成皮草服装雏形。在此环节，需要在门襟、袖窿、肩缝、领口、袋口、袖口等关键部位加嵌条或衬料，使之坚固、稳定而不变形。

（十一）清洗

经过制衣环节后的皮草衣壳，在未上里布前要进行清洗。清洗环节在专门的皮草洗衣店进行，目的是去除皮草服装上在毛皮鞣制处理时残留的制剂，以及在皮草制作过程中产生的断毛、浮毛等。经过清洗后的皮草制品，蓬松柔软，气味芬芳，见图4-1-19 。

（十二）熨烫

通过用蒸汽熨烫的整理程序，使在钉皮和缝皮过程中被挤压的毛被得以舒展和恢复。

图4-1-19 裘皮清洗机 图片来自：南京禄口伊斯特皮草小镇提供

(十三)配皮

最后一道配皮环节，以穿着的立体效果，再次查看皮草服装的各部位毛色质量是否有差别，以便进行替换和修补。

（十四）缝里

缝里是将皮草衣壳与里布进行缝合的工序。分如下步骤进行：

（1）在皮草衣壳的边缘部位手工缝合衬料和填充物，以使其丰满而牢固；

（2）在肩点、领口、袖口、袋布、下摆等部位做牵条固定处理；

（3）按照纸样的要求缝合里布，里布多选用柔滑细密的材料；

（4）缝合里布和毛皮衣片，手工将牵条与里布缝合，手工或平缝机车缝将里布与毛皮缝合，挑出被缝压住的毛，见图4-1-20。

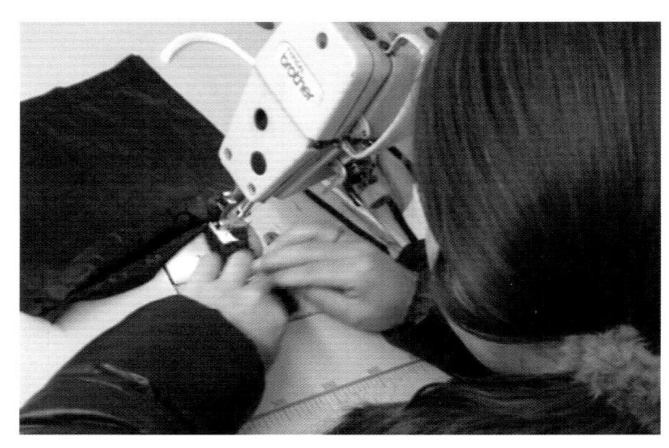

图4-1-20 缝里

（十五）后整理

后整理环节，是对皮草成品的最后检验整理。

1. 常用的后整理方法有 熨烫、剪毛、刀毛、找补、除灰等。

2. 后整理工具 人台、毛梳、镊子、剪刀等。

附：皮草企业皮草工艺部门分配

在皮草企业里，皮草制作工艺是由三个部门协作完成的：

1. 裁制部 集中了各个精通皮草工艺的老师傅们，主要任务是裁剪切割毛皮。包括：开皮（筒皮打开）、钉皮（钉头皮、钉衣皮）、抽刀、裁皮等。

2. 机缝部 按照裁剪师的要求进行缝合，包括：车皮（拼合衣片）、车壳（初步成型）等，多用裘皮机进行缝制，也叫裘皮机缝部。

3. 吊制部 完成各类手工、检验、熨烫、整理等。

第二节 皮草基础制作工艺

BASED ON THE PRODUCTION PROCESS OF FUR

一、皮草材料的特点

皮草材料来自于天然的毛皮，毛皮的不同区域，毛的质量、长度、厚度都是不同的。通常毛皮脊背部位毛针较长较厚、颈部的毛相对较短较薄；肩部毛针短、底绒薄，局部有逆向毛；臀部毛厚而密集，毛针较为粗硬；腿部内的毛绒稀少，皮板薄。毛皮的背部毛份均匀，毛针整齐，毛向明确，是制作皮草服装的最佳部位；头部、腿部、尾部，较少被采用，见图4-2-1。

二、原只工艺

原只工艺又称为整只工艺，是最古老、最常用的毛皮拼接工艺之一，也是皮草服装制作工艺里最初而常用的手段。原只工艺保持了动物毛皮原始的外观形态和可用区域，缝制前只要稍修饰皮张边缘就可以直接拼缝成服装，见图4-2-2。

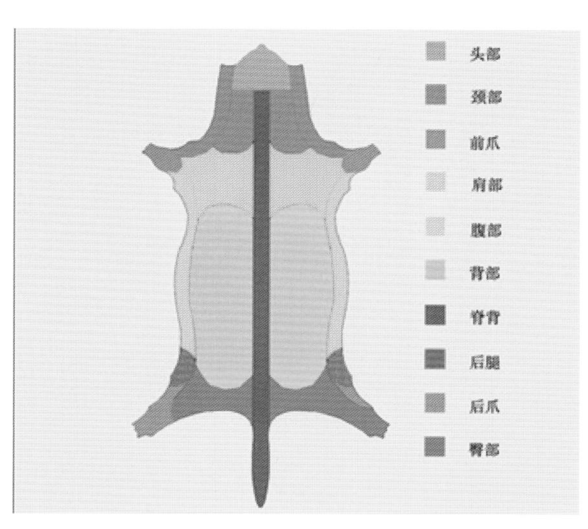

图4-2-1 毛皮部位

图4-2-2 运用原只工艺的皮草成品 图片来自：思齐之家品牌提供

原只拼接工艺较适用于水貂皮、黄狼皮、麝鼠皮、卡拉库羊皮等皮张较小，针毛较短的毛皮种类。由于毛皮具有头部附近毛较薄短、尾部附近毛较厚长的特点，所以在毛皮头尾相接拼合时，会产生很明显的接缝，这就需要控制接缝的不平整是在款式要求的范围内，或者设计师利用不平整的接缝，产生粗犷和原始的设计效果，见图4-2-3。

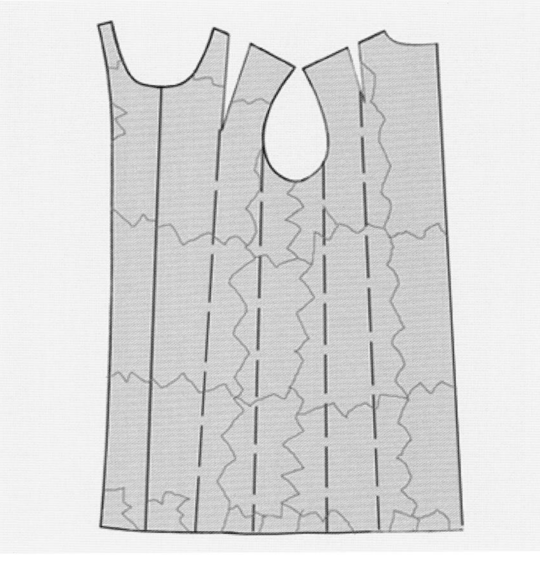

图4-2-3 原只拼接工艺

原只工艺里，利用毛皮的自然形态，保持毛皮原有的上小下大的形状，将修整好的毛皮首尾纵向相接，再将多条纵向拼合好的毛皮做横向连接，这时多采用左右错位的形式，上下1/2长度的错位放置，使整体拼接所产生波浪形，称为原只波浪工艺，见图4-2-4。

图4-2-4 原只拼接工艺皮草服装成品
图片来自:Dennis Basso 2015 PF 蓝霜狐皮整只拼接长款大衣

原只工艺里，利用毛皮的自然形态，保持毛皮原有的上小下大的形状，将修整好的毛皮首尾纵向相接，再将多条纵向拼合好的毛皮做横向连接，这时多采用左右错位的形式，上下1/2长度的错位放置，使整体拼接所产生波浪形，称为原只波浪工艺，见图4-2-5 。

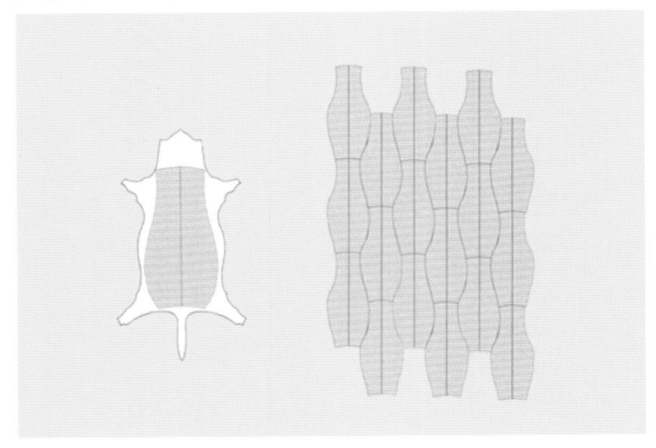

图4-2-5 原只波浪工艺

原只波浪工艺可以做大面积拼接，能充分利用皮张，又无需大量的车缝作业，容易符合多种款式和尺码的需要。原只波浪工艺制作后的毛皮表面呈现舒展的波浪式曲线，毛皮的纹理接续、形态吻合、整体感强，具有独特美观的视觉效果。

三、半只工艺

半只工艺，是原只工艺的另一种表现形式。工艺方法是从毛皮脊背的中间部位纵向一分为二裁开，再将脊背区域与肚腹部位进行拼接，是毛皮工艺里的“脊肷合”。脊背的高毛份与腹部的低毛份，在长短和色泽方面都有差异，形成了明显的阶梯形对比和凹凸纹路，赋予了皮草服装新颖独特的外观，见图4-2-6。

图4-2-6 运用半只工艺的皮草成品 图片来自：思齐之家品牌提供

四、抽刀工艺

抽刀工艺是独特的皮草材料制作工艺，也皮草基础制作工艺中最具代表性的工艺，见图4-2-7 。

图4-2-7 抽刀工艺 图片来自：第十三届真皮标志杯获奖作品 作者：李颖

（一）采用抽刀工艺的原因

1、皮草材料形态改变、皮相不变：皮草材料是珍贵的动物毛皮，原料昂贵，在皮草制作时，要做到毛皮利用的最大化，尽量做到分毫不弃。抽刀工艺可以在保持毛皮面积的同时，改变毛皮的形状，使之适应样板的要求。比如，在毛皮长度不够样板的衣长时，不可以随意截取另外的毛皮进行拼接，而是采用抽刀的技术，将原本不够长度的毛皮拉长，得以达到样板的需要；同理，当毛皮长度超过样板长度的时候，也不能够随意减掉，也采用抽刀的技术（使长度缩短的抽刀技术，俗称钝刀），使毛皮长度缩短，迎合样板的要求。

采用抽刀工艺，能使毛皮固有的形态产生变化，达到所要的长度，同时保持毛皮天然皮相不变，见图4-2-8 。

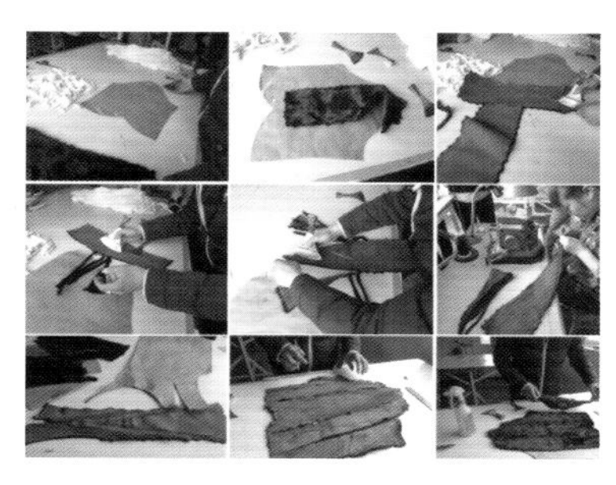

图4-2-8 皮板吻合袖片的抽刀工艺

2.皮草材料纹理图案的天然一致感和变化自然感 抽刀法处理的毛皮，可以不露接痕地保持动物脊背条纹外观一致，或以不同的排列方式进行拼接，形成全新而自然的花纹图案。

有经验的皮草师傅抽刀前往往不需要画线，全凭经验用裁皮刀直接在毛皮上进行切割；现代的皮草企业多使用裁皮机裁毛条，这就需要事前经过计算，将切割斜线的角度、数量、位置确定好，再进入裁皮机裁制毛条，见图4-2-9。

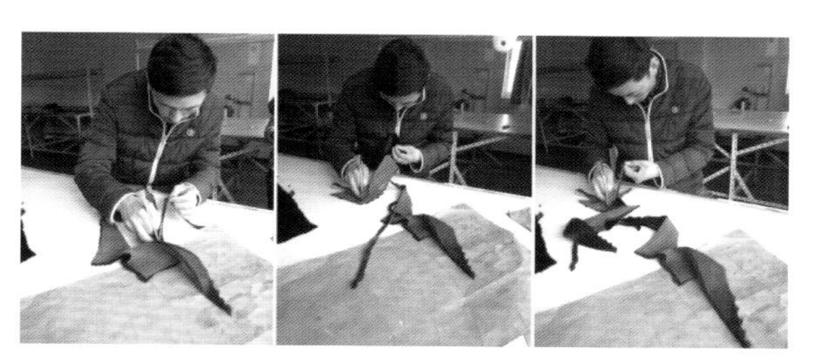

图4-2-9 手工抽刀

（二）抽刀工艺的原理

皮板长度是毛皮的天然长度，而纸样要求的衣片长度是设计长度，当纸样的设计长度长于皮板长度时，如前所言，这时候不能采用另外截取一段毛皮做拼接的方法，这会造成不必要的浪费，是皮草制衣里的大忌。在毛皮上做斜线切割和重排拼合，使毛板长度和形状符合纸样的要求，用的就是抽刀的方法。在一个固有的形态上，要改变它的长度和宽度形态，可以在该形态上做斜线分割，分割成很多密集排列的细条，再将每个细条错位重排，这样，就会改变原来的形态，或者变窄、变长，或变宽、变短，见图4-2-10。

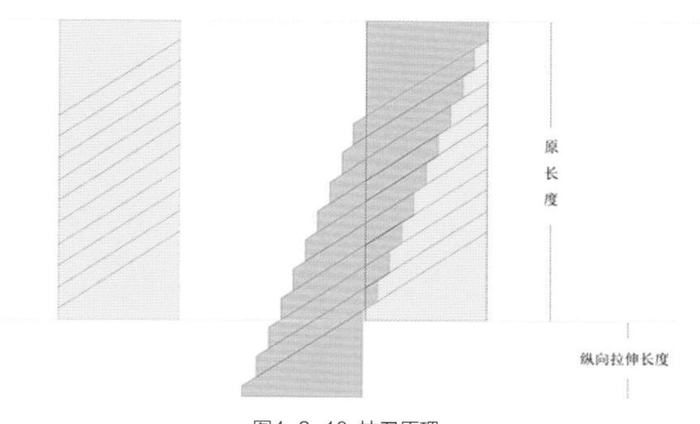

图4-2-10 抽刀原理

抽刀的目的是把原来的皮草材料经过抽刀处理后，使其长度和形状均发生变化，以满足衣片的需要。抽刀的原理是在原皮草材料上，按照一定的角度切割一定的刀数，将切成的毛条按一定的尺寸错位重新排列，来获得所需要的长度和形状。

1. 数学推导 抽刀处理后能够获得新的皮材形状是由不同的切割角度、不同的切割刀数和不同的皮条错位距离组合而定的。在这里解读抽刀改变长度和形态的基本原理，这些原理可以通过数学公式推导演化，试用一块长方形毛皮举例。如图，经过抽刀处理的长方形，变为长度增加的平行四边形，长度改变、形态改变，面积可视不变。在这里增加的长度，取决于切割斜线的角度、切割的数量、错位量，其关系如下，见图4-2-11。

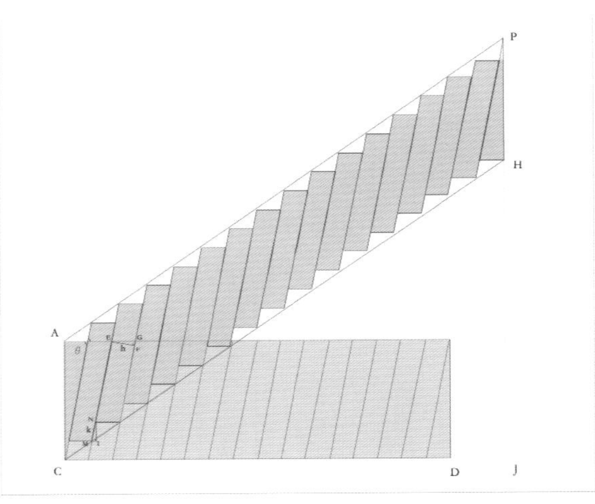

图4-2-11 抽刀公式推导

假设：原长度$CD=L$；原宽度$AC=W$；毛条数=n；切割刀数=$(n+1)$；切割角度=θ；错位量=K；毛条宽度=h

由此得到：

切割角度 $\theta=\arccos(h/W)$

切割刀数 $(n+1)=L\cdot\sin\theta/h$

水平方向拉伸长度为

$CJ=L+(L/W)\cdot K\cdot\sin\theta$

垂直方向拉伸高度为

$HJ=K\cdot L\cdot\sin^2\theta/h$

拉伸后长度

$CH=\surd\{[L(L/W)\cdot K\cdot\sin\theta]^2+(K\cdot L\cdot sin\cdot\theta/h)^2\}^2$

最大长度

$CP=\surd\{[L+(L/W)\cdot K\cdot\sin\theta]^2+(K\cdot L\cdot\sin\cdot\theta^2/h+W)^2\}$

附：推导来源

①切割角度 $\theta=\arccos(h/W)$

切割间距$EG=h/\sin\theta$

$tg\theta=W/(h/\sin\theta)=W\cdot\sin\theta/h=\sin\theta/\cos\theta$

$\cos\theta=h/W$

则：$\theta=\arccos(h/W)$

②切割刀数$(n+1)=L/(h/\sin\theta)=L\cdot\sin\theta/h$

③水平方向拉伸长度为$CJ=L(LW)\cdot K\cdot\sin\theta$

$CJ=L+(n+1)\cdot K\cdot\cos\theta$

$=L+(L\cdot\sin\theta/h)\cdot K\cdot(h/W)$

$=L+(L/W)\cdot K\cdot\sin\theta$

④垂直方向拉伸高度为 $HJ=K\cdot L\cdot\sin^2\theta/h$

$HJ=K\cdot\sin\theta\cdot(n+1)$

$=K\cdot\sin\theta\cdot(L\cdot Sin\theta/h)$

$=K\cdot L\cdot\sin^2\theta/h$

从公式来看，抽刀拉伸变形量，取决于切割斜线的角度、切割的数量、错位量。如果角度越大，毛条切割得窄，刀数增多，错位移动量大，毛皮形态拉伸变形得就更明显；如果角度越小，毛条切割得宽，刀数少，错位移动量小，毛皮形状改变就小。当增加切割的刀数,也就增加了拼合缝纫量和造成皮草材料的浪费（错位锯齿形位置视为浪费的位置）。所以要达到改变毛皮的形态，适应衣片要求的目的，就要平衡切割斜线角度、切割的刀数、错位量大小和皮条宽度。

以上借用数学公式推导的是抽刀拉伸变形的基本原理，在实际应用中，要根据实际需要进行抽刀处理。抽刀的切割斜线角度、切割的刀数、错位量大小、皮条宽度的选择，由实际衣片的需要而决定。当需要使用在长而窄的间隙时候，可以通过切割的毛条宽度窄、错位量大，毛皮就被拉伸，变长变窄；或者毛皮与衣片差别不大的时候，寥寥几刀就可以完成毛皮形状的改变而适应衣片的要求。

2. 常用计算方法 为了简便计算，皮草企业里抽刀工艺的常用简便计算方法如下：

假设：衣长=YL；毛皮长度=ML；错刀量=K；抽刀损耗按照毛皮长度的10%=F；抽刀数=N,

则：$N=(YL-ML+F)/K$

例如：衣长=110cm、毛皮长度=60cm、错刀量=1cm；抽刀损耗按照毛皮长度的10%=6 cm

则：抽刀数N=（110−60+6）/1=56刀

（四）抽刀工艺说明

将貂皮或狐皮，通过计算，从脊背中心开始，在皮板上画出某角度的排列密集的斜线，按照斜线进行切割，使之形成若干毛皮窄条，再将毛条进行错位排列，拼合毛条。经过错位排列后的皮板新形态，宽度缩减为更窄，长度增加至更长，达到所需要的长度

1. 抽刀工艺适用材料 抽刀工艺适合于皮板柔韧度强、底绒密度高的带针毛皮，如水貂、狐狸、貉子皮等。从经验上看，水貂皮的切割宽度大约为0.5厘米左右，狐狸皮的切割宽度大约为1厘米左右。

2. 错刀量与毛皮部位 通常，毛皮前腿部位抽刀错位量较小，约为0.8cm，头部约为1cm，

身体部位错刀量可达到1.2cm，可根据实际皮草服装的要求调整错刀量大小。

3. 抽刀形式 抽刀形式有W形、M形、A形、V形、弧形等切割形式，其中A形、V形是最常见的抽刀形式。

（五）抽刀工艺的分类

1. 一般抽刀工艺 一般抽刀工艺是指将毛皮以脊背中轴线为准，沿中心线进行斜线切割，再进行缝合，见图4-2-12 。

2. 对角抽刀工艺 对角抽刀工艺是将配对的两张皮板，按照计算好的角度和宽度，进行A形切割，再缝合毛条。对角抽刀工艺的毛条宽度是普通抽刀的两倍，同时减少缝线和皮板拉力，得到的成品脊背中心纹理略弯曲，产生新的花纹图案效果，见图4-2-13。

3. 分刀工艺 分刀工艺是将一张毛皮分别分开为两张长度、大小一致的皮张，常用于服装的袖子部位。将毛皮从中脊线分开，以V形抽刀成毛条，再将奇数毛条拼合成一张毛皮，另将偶数毛条拼合成另一张毛皮，两张毛皮即具有相似的色彩纹理，图4-2-14。

4. 抽刀变形工艺 利用抽刀工艺的特点，将切割的毛条改变排列错位移动的方式，使毛皮以不同的新形状适应设计要求。

5. 倒毛抽刀工艺 倒毛抽刀工艺源于美国水貂毛皮工艺，是经典的由工艺促进设计的实例之一。由于美国黑貂毛皮没有明显脊背纹，利用抽刀工艺，顺毛光泽，倒毛绒黑，用“倒顺毛”可以作出条纹与块面的变化，见图4-2-15。

6. 双面抽刀工艺 双面抽刀工艺是在抽刀工艺形成毛条后隔行反转缝制，形成毛条、皮板条相间隔，双面外观一致的效果。双面抽刀工艺适应于狐皮、貉皮等长毛原料或中长毛带针水貂皮和麝鼠皮，通常采用45° 斜线 V型切割，根据设计需要选择毛条宽度。

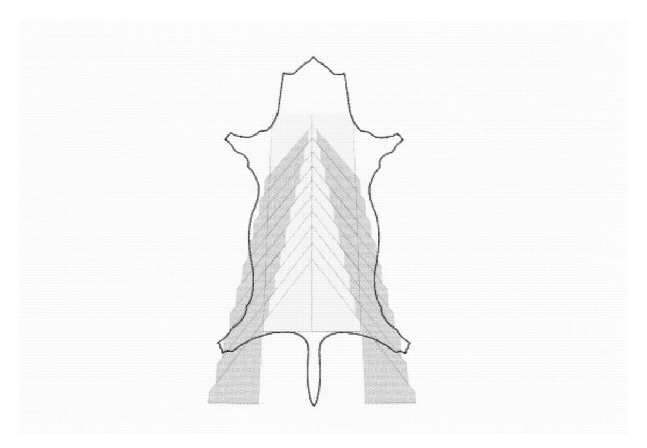

图4-2-12 A形抽刀

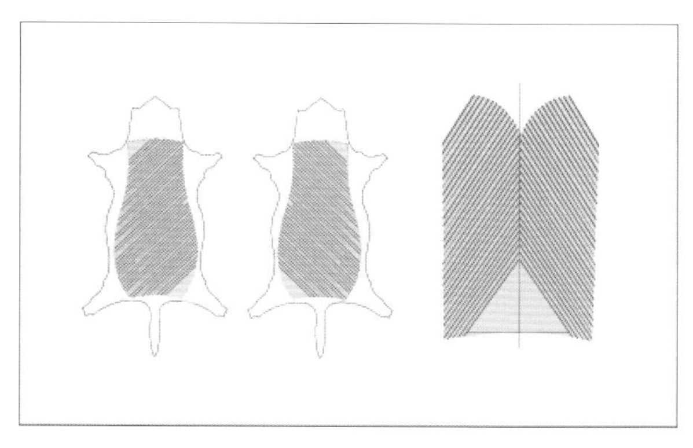

图4-2-13 对角抽刀

图4-2-14 运用分刀工艺的皮草成品

图4-2-15 运用倒毛抽刀工艺的皮草成品

第三节　皮草材料的创新工艺

BASED ON THE PRODUCTION PROCESS OF FUR

一、镂空工艺

镂空工艺是将毛皮材料通过切割的手法，出现镂空的形态，产生皮草新颖的外观效果，适用于蓝狐、水貂、獭兔等皮板韧性较好的毛皮。

（一）镂空延长或加宽工艺

镂空延长或加宽工艺，是在毛皮表面做出不同的切割形式，制作出一种有规律的图案，形成镂空网状效果，增加了毛皮设计的趣味和新颖性，也可以扩大毛皮的使用面积，降低生产成本。

1.镂空延长工艺切割方式按照设计好的切割形态，进行以横向为主的切割，经过拉开拼合使毛皮通过镂空的方式延长其长度，见图4-3-1。

2.镂空加宽工艺切割方式按照设计好的切割形态，进行以纵向为主的切割，经过选择拼合使毛皮通过镂空的方式加宽其宽度，见图4-3-2 。

3. 镂空加宽和延长工艺切割方式 在加宽切割后，用循环拼接的方式，使毛皮通过镂空的方式加宽和加长，见图4-3-3。

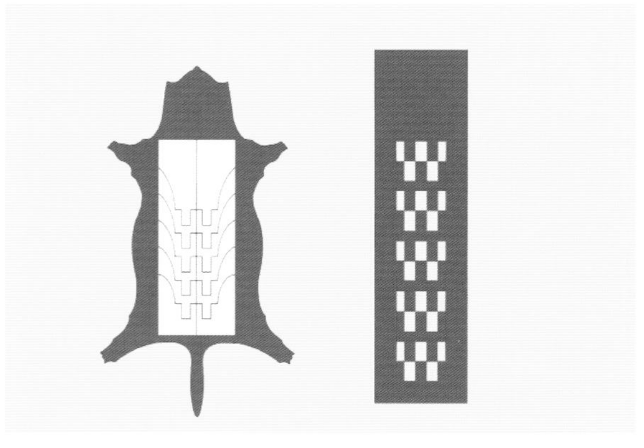

图4-3-1 镂空延长工艺　来自SAGA工艺　宋湲绘制

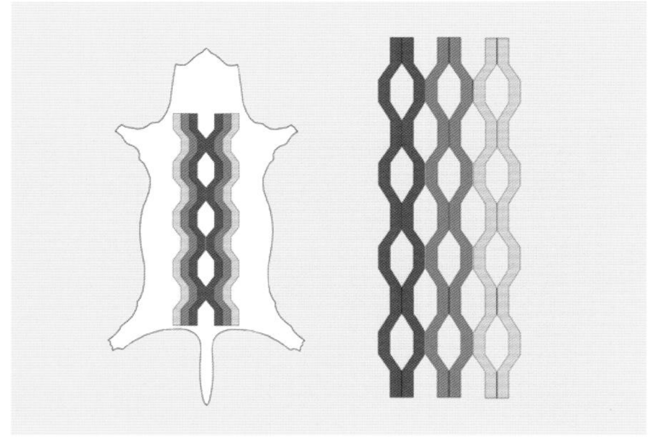

图4-3-2 镂空加宽工艺　来自SAGA工艺　宋湲绘制

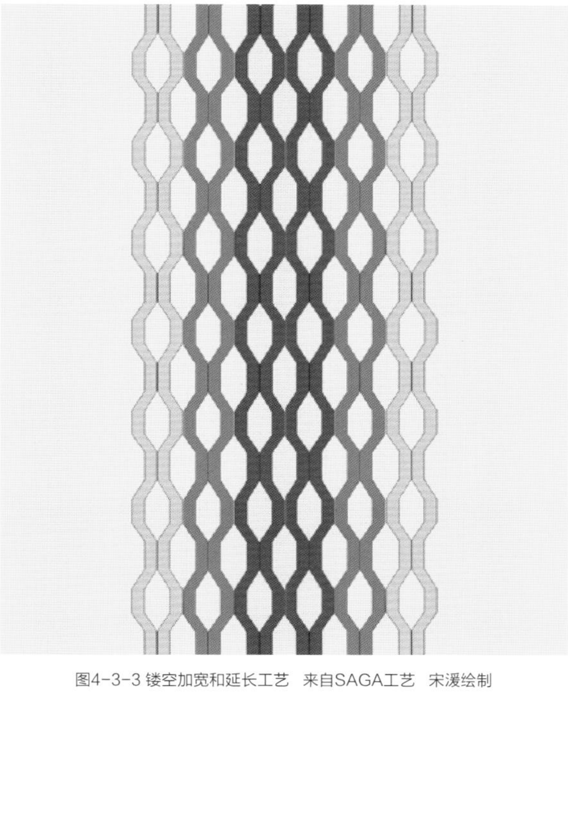

图4-3-3 镂空加宽和延长工艺　来自SAGA工艺　宋溪绘制

（二）气孔工艺

1. 切割气孔工艺（来自SAGA工艺） 气孔工艺是在皮板上，进行有规律的直线线段交错切割方式。可以采用切割线段长度1.5cm，线段间隔1cm，下一行需要交错切割位置，重复切割步骤。经横向切割后的毛皮，其伸展后增加了长度，但宽度会减少；纵向切割后的毛皮，其伸展后会宽度增加，长度减少。使用气孔工艺时切割线段的距离与长度会对皮板牢度产生影响，切割拉伸后需要钉皮工艺来固定皮板新形状，或在皮板上粘贴粘合衬，保证皮板牢度，见图4-3-4。

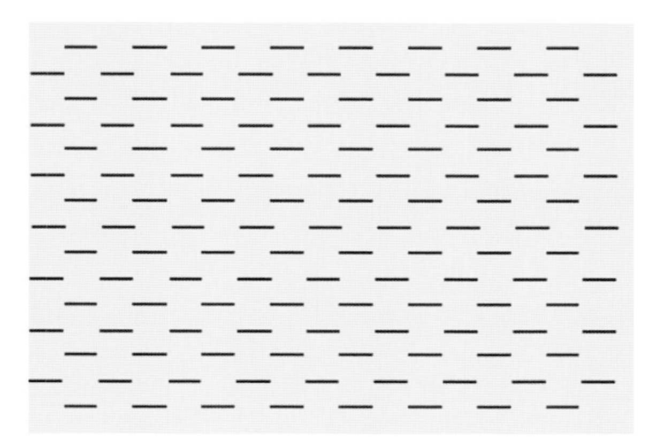

图4-3-4 气孔工艺

（三）窗口工艺

窗口工艺可达到毛皮双面穿用的效果工艺。窗口工艺是在皮板上切割出连贯性的重复图形，将切口处的毛皮翻转毛面，再沿边缘缝合。毛面形成窗口状镂空图案，皮板面也有规律性的毛片，形成双面外观，类似编织的肌理效果,见图4-3-5 、图4-3-6 。

见图4-3-5　方形窗口工艺 来自SAGA工艺　宋溪绘制

见图4-3-6　梯形窗口工艺 来自SAGA工艺　宋溪绘制

图4-3-7 运用阴阳互补工艺的皮草成品 图片来自：思齐之家品牌提供

图4-3-8 运用图案镶嵌工艺的皮草成品 图片来自：思齐之家品牌提供

二、镶嵌工艺

毛皮镶嵌工艺，是指通过镶嵌的手法，使毛皮外观产生新的视觉效果。

（一）镂空镶嵌工艺

将镂空工艺处理过的毛皮，镶入其他皮草材料，拼合成有凹凸效果的形态。

（二）任意形镶嵌工艺

1. 阴阳互补镶嵌工艺 适用于种类相同、色彩不同的皮草材料，分别在皮板上，切割下绘制好的图案，再互换图案，进行缝制，形成两个皮张图案一致，色彩迥异的全新的效果，而没造成皮张的丝毫浪费，见图4-3-7。

2. 图案镶嵌工艺 图案镶嵌工艺，是皮草工艺里常用手段，是将设计好的各类图案进行绘制、切割后，镶入对应的毛皮中。为使镶嵌的图案清晰，要求毛高一致，毛面平整，常会将毛皮做剪毛处理，一般貂绒的毛高为0.7~0.9cm，而水貂半剪绒的毛高为1.2~1.8cm，见图4-3-8 。

三、流苏工艺

（一）流苏切割工艺

采用流苏切割工艺，须将皮板面必须经过染色或做绒面、光面效果的处理，再进行流苏切割。

1. 直线切割 确定毛皮中脊线位置，左右对称进行直线切割，使中心线不被切断，即制成流苏，此工艺可在服装的门襟、衣摆、袖口等位置制作毛皮饰边，见图4-3-9。

2. 弧线切割 在流苏直线切割工艺的基础上，采用弧线切割，可以使流苏产生长短不一的效果，见图4-3-10 。

3. 毛皮流苏围巾 用毛皮流苏直线或弧线切

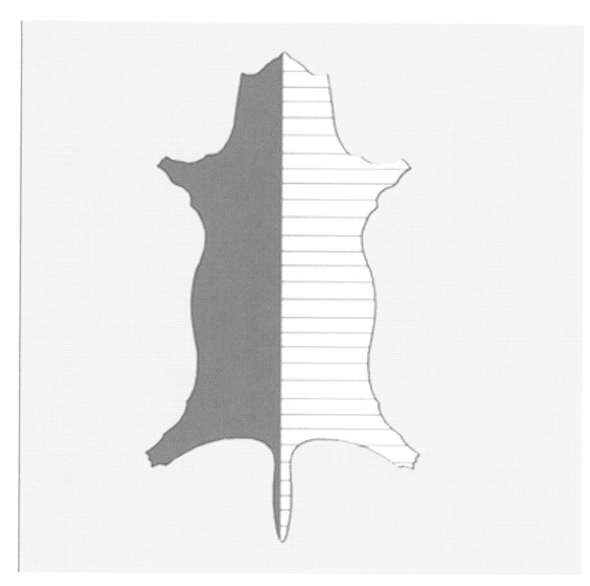
图4-3-9 流苏直线切割工艺

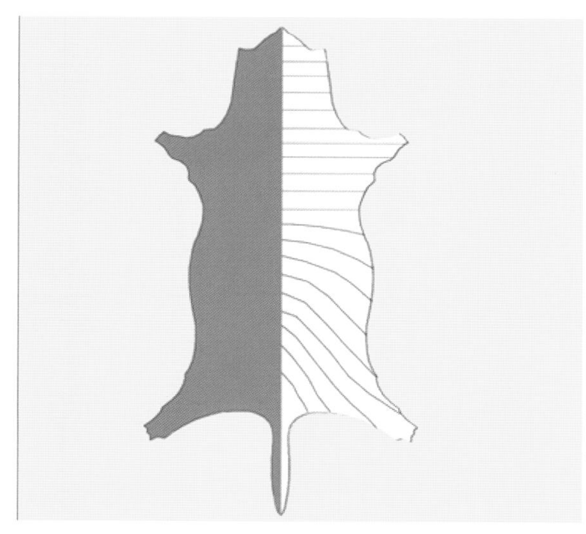
图4-3-10 流苏直线切割工艺 来自SAGA工艺 宋湲绘制

割工艺，可以制作毛皮流苏围巾。将毛皮按照设计的长度拼接起来，保持毛皮自然的形状进行钉皮；在定型后的毛皮脊背中线位置上粘贴上0.5cm宽的毛皮专用胶条，防止毛皮切割后出现移动；再将毛皮以中脊线为中心左右对折，在距离中线0.75cm的皮面位置进行缝合。将毛皮未缝合的两面，割成0.4cm宽的流苏,清洁整理后，即完成。

（二）流苏加捻工艺

流苏加捻工艺(来自SAGA转转转工艺)适用于长狐毛类或水貂类毛皮，将毛皮裁剪成0.5cm宽的长条，皮板略加润湿后，使用电钻或类似转动功能的工具进行旋转，然后将其固定在钉板上晾干。可将两条不同颜色、或不同毛长的毛条混合捻转在一起，得到的是四面环毛，不露皮板的毛条，排列成为丰盈的毛绒流苏。

流苏加捻工艺里有“八爪鱼”工艺，是将两只公貂皮颈部预留颈9cm，然后将貂皮纵向切成0.5厘米宽的皮条，将皮条轻微弄湿，用电钻类转动工具，将貂皮条扭转，再在钉板上固定风干；然后将两张貂皮的颈部位置对接缝合起来，再将貂皮进行对折，使之呈现两面均为毛面的状态；清洁整理后，即可完成，见图4-3-11。

图4-3-11 运用流苏加捻工艺的皮草服装成品
图片来自：Givenchy 2015 FW八爪鱼工艺收腰外套

四、编织工艺

随着科技的发展，毛皮处理技术更加完备，毛皮编织工艺可以改变了毛皮的厚重面貌，使毛皮服饰变得轻巧起来，具有柔软的效果和双面的特性，备受设计师的青睐，适合于披肩、围巾类饰品和编织类皮草服装，见图4-3-12。

图4-3-12 运用编织工艺的皮草饰品
图片来自：思齐之家品牌提供

（一）编织工艺的步骤

1. 开皮条　毛皮编织工艺可以选用同类毛皮编织，或异类毛质组合编织。同类同色编织可运用剪毛工艺，呈现高低毛效果；选择不同毛质进行编织设计时，常以毛质的长短与高低变化为表现效果。

编织工艺的开皮条有两种方式，纵向开皮和横向开皮。纵向开皮方式较常用，需注意头毛和尾毛密度不同，如果毛份对比太过悬殊就要进行修剪；横向开皮时毛向是向下的，底绒易显露，但编后的图案层次感强；脊骨毛色对编制图案会有影响，编织工艺打乱了原有的毛皮纹理，重新进行混合重组，利用好这一特点，可以获得全新的美感。

2. 选择底网　皮草编织是毛条在底网上进行编织的，底网决定了编织后的牢度，常用底网有棉质或晴纶等化纤质的粗纱网，需要根据设计效果和毛份大小选择底网。常见的底网，有如下几种形式：

（1）梭织底网：机织网格布，有不同的形状和大小密度区分。最常用的是0.5cmx0.5cm的方格网，用于水貂和獭兔等中长度的毛皮编织；狐狸或貉子等长毛类毛皮，需要稍大尺寸的网格布。

（2）弹力底网：具有较强的弹性，围度和长度均可变化，可做出贴身的效果。

（3）手工底网：用传统手工钩针技术和手工编织技术制作的毛皮编织底网，带有图案组合和设计变化，可以生动地彰显设计师的设计要求，见图4-3-13。

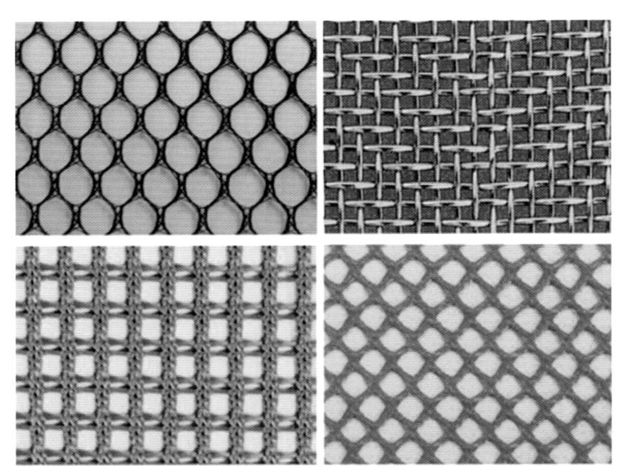

图4-3-13 编织底网　图片来自：南京禄口伊斯特皮草小镇提供

3. 手工编织　毛皮编织工艺是手工操作。先将底网按照设计要求裁成裁片，再将毛条在底网上沿某条纱线进行环状缠绕，直至毛条将整个底网均匀地缠绕，蓬松的毛可以遮挡底网，将缠绕好的裁片缝合成衣。依照设计意图，确定编织的方向和纹路变化，可以采用斜向编织、横纵交叉、人字编织、菱形花纹编织等，也可以编织出曲线纹路和较为复杂的纹样，见图4-3-14。

图4-3-14 运用毛皮编织工艺的成品
图片来自：第五届中国国际裘皮大赛获奖作品　作者：郭远舟

（二）编织工艺的分类

1. 同种毛皮编织　同种毛皮编织是采用同类毛皮进行编织，以编织的肌理纹样为设计点。

2. 异类毛皮编织　将不同毛质进行编织，以原材料不同的特点，注意色彩、肌理的设计分布，产生特别的编织风格。

3. 系带工艺　用系带的方式，将毛条系在网状底布上，出现更丰富的立体效果。

4. 仿刺绣编织　在底网上或已经编好的编织毛片上，用毛条模仿刺绣的效果，编织出图案。

五、毛皮绮缝工艺

毛皮绮缝工艺，是将毛皮按照一定的规律排列，绮缝在革皮或梭织、针织面料上。毛皮绮缝工艺富于层次和肌理感，成品呈现新颖的外观，同时，绮缝工艺减轻了成品的重量，也降低了皮草服装的成本。

（一）毛条绮缝

将毛皮切割成毛条，绮缝在不同质地的材料上。长毛类切割的毛条要窄，短毛类切割的毛条略宽，在绮缝时，要计算好遮住底布的毛条间重叠量，或需要显现底布时的毛皮遮挡程度。其中的狐皮砌砖绮缝工艺是将小块毛皮按一定的顺序错位排列，绮缝在其他材料上，可以出现双面效果，一面是别致的狐皮质地，一面是绮缝线迹图案效果，成品轻盈保暖，成本较低。

（二）图案绮缝

图案绮缝是在毛条直向绮缝的基础上演变为曲向盘绕绮缝的工艺，可以制作出花朵或其他图案效果。

（三）几何形绮缝

将毛皮切割成圆形、方形、三角形等等几何形态，绮缝于不同质地的材料上。

六、其他工艺

（一）皮草材料表面立体效果

像面料处理一样，对皮草材料进行打褶、抽系、填充、剪切等方式，使皮草材料出现全新的立体的凸凹效果。

（二）毛皮褥子工艺

1. 普通毛皮褥子 按照60cmx120cm尺寸的国际通用皮草原料规格，将同类的毛皮，稍微修饰边角后进行拼合，即可正常使用，见图4-3-15。

2. 毛皮碎料褥子 利用毛皮的边角碎料，如制作时切下来的毛皮的头、前腿和后腿等部位，进行切割展开，拼合制成60cmx120cm的毛皮规格。碎料拼接能产生厚薄不同的纹理效果，像普通面料一样进行设计使用即可，经济实惠，牢度较差，见图4-3-16。

图4-3-15 采用毛皮碎料拼接工艺的皮草服装成品
图片来自：Marni 2015 PF 五彩山羊毛拼接长款马甲

图4-3-16 采用毛皮碎料拼接工艺的皮草服装成品
图片来自：San Andres 2015 AW 白色、米色、土黄色等狐狸毛碎料混合拼接

第四节 复合工艺

COMPOSITE TECHNOLOGY

毛皮的复合工艺，是指毛皮和其他材料设计组合的工艺。

一、毛革工艺

通过毛革双面的硝制技术，对毛皮的皮板面进行深加工，从而形成双面都可以使用的毛皮面料，毛革两用毛皮设计，没有里料、衬料和填充物，使成品更轻盈适用，见图4-4-1。

图4-4-1 运用毛革工艺的成品服装
图片来自：思齐之家品牌提供

加工方式

1. 材料 毛革产品常用整皮进行加工，如兔毛革、羊毛革、鼠毛革以及水貂毛革和黄狼毛革，不适合长毛类狐皮或貉皮等材料，长毛类毛皮适合毛朝外单面穿着。

2. 设备 在缝制上，既可以用毛缝机毛缝，又可以用普通缝纫机平缝。可根据不同需求，采用不同的设备。

3. 拼合

（1）多采用毛革双面重叠压线法，对毛面和革面具有同样良好的压缝效果，革面自然显露出边毛，而毛面只需挑出被压缝的毛即可。

（2）在毛革缝纫时，常采用0.7cm—0.8cm宽的不同弧度及形态的皮装饰条，用毛缝机夹在两块毛革之间缝在一起，处理平整，再在皮板面，用平缝机在皮装饰条上辑明线。缝皮需要注意缝针粗细、缝线拉力、线迹长度、缝线色彩等问题。

4. 细节

在毛革服装设计处理上，要注意服装的衣领、襟、纽扣、袋口等部位，既要美观，符合毛革服装双面的特点，又要实用，牢固耐用。

二、创新工艺里的复合工艺

（一）间隔抽刀工艺

间隔抽刀工艺是在抽刀工艺基础上演变发

展而来的，将抽刀工艺的毛条，与革皮条或丝带或其他品种毛条，间隔拼合，产生全新的视觉效果。

将水貂皮或狐皮进行抽刀切割后，在相邻的两条貂皮或狐皮之间镶入革皮或丝带或其他品种毛条，再进行车缝拼合。间隔抽刀工艺改变了毛皮的外观、结构及毛向，从而产生形态的变化，形成流动感的线条和羽毛层次的效果。在面积相等的条件下，减少了貂皮或狐皮的用量，减轻了产品的重量，降低了生产成本。

(1)切割角度：尽量以45° 切割毛皮；

(2)毛条宽度：根据设计需要，选择毛条宽度；

(3)视毛皮的种类和设计效果来确定间隔品种的宽度：水貂皮毛短，可选择较窄宽度的间隔品种；狐狸皮毛较长，毛覆盖程度大，可选择较宽宽度的间隔品种，见图4-4-2。

（二）毛皮镶嵌复合工艺

在毛皮镶嵌工艺里，镶嵌其他材料进行缝制，可以产生更加丰富的外观效果。

1. 镂空镶嵌复合工艺 将镂空工艺处理过的毛皮，镶入貂绒、革皮，或其他材料，采用毛面缝合或皮面缝合的车缝方法，连接缝合成有凹凸效果的形态 。

图4-4-2 运用毛皮与缎带间隔工艺的皮草成品
图片来自：第五届中国国际裘皮大赛获奖作品 作者：罗慧

2. 任意形镶嵌复合工艺

（1）鹅卵石镶嵌工艺:是貂皮与羊皮结合的工艺。将绘制好的不规则的鹅卵石图形，描绘在貂皮皮板上，切割皮板，得到貂毛的鹅卵石部分；将绘制好的排列完整的鹅卵石图形，描绘在羊皮皮板上，切割皮板，得到羊皮的鹅卵石之外的垫底部分；将鹅卵石貂皮毛片和羊皮垫底缝合在一起，皮板刷水、钉皮、熨烫、整理，即可完成，见图4-4-3。

图4-4-3 运用毛革镶嵌工艺的皮草成品
图片来自：思齐之家品牌提供

（2）鱼鳞镶嵌工（来自SAGA工艺）：是貂皮与狐皮相结合的工艺。将不同颜色、同毛高的水貂皮切割设计成鱼鳞状，按照不同的色彩渐变或对比要求进行缝制，沿边缘镶人0.5cm银狐皮边，貂皮与狐皮的鱼鳞镶嵌工艺层次丰富、色彩美观，见图4-4-4。

3. 马赛克镶嵌复合工艺 是毛皮与革皮、或者其他材料进行镶嵌。

（1）将毛皮切割成一定宽度的毛条，与其他材料的等宽条子拼合；

（2）拼合后做拼合方向的90° 垂直裁剪，裁剪条的宽度同原毛条宽度；

（3）将裁剪好的有方格间隔的条子之间错位缝制拼合，产生马赛克效果；

（4）在拼合时，还可以加入等宽度的皮条，形成皮条穿插在马赛克中的新效果,见图4-4-5 、图4-4-6 。

图4-4-4 运用鱼鳞镶嵌工艺的皮草成品
图片来自：Emporio Armani 2015 FW 水貂毛鱼鳞

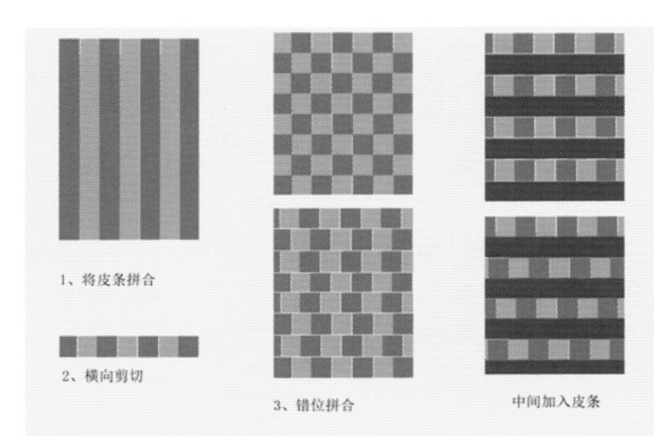

图4-4-5 马赛克镶嵌复合工艺 来自SAGA工艺 宋湲绘制

图4-4-6 运用马赛克镶嵌复合工艺的皮草成品
图片来自：Givenchy 2015 FW 马赛克工艺收腰上衣

4.种花镶嵌工艺　是在毛皮表面镶嵌波浪状荷叶边的花朵形态。在毛皮皮板上描绘设计好的花纹图案，按照花纹图案，不挖掉皮张，只是切割出切口；将皮革或其他材料切割成有曲度的条状物，缝制镶嵌到毛皮的切口上。条状物的曲度，与切口的曲度吻合度不同，导致条状物呈现如波浪状的荷叶边，像花朵一样立体地绽放在毛面上，见图4-4-7、图4-4-8。

(三) 混合编织工艺

1.毛革条编织　毛皮编织工艺里，毛皮条和革皮条或丝带进行混合编织，可以为毛皮编织增加了质地肌理上的变化效果，见图4-4-9。

2. 蕾丝底网 将编织底网换成蕾丝，在编织时候使蕾丝的花型和色彩显露出来，不全部铺满，是皮草得厚重与蕾丝的灵动形成对比。

3.　串绳编织　把小块裘皮先制成毛球或卷筒，再用细绳串连或编结起来。

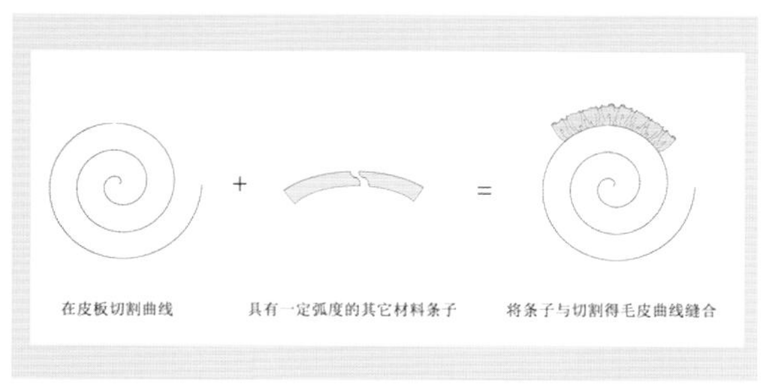

图4-4-7 种花工艺　来自SAGA工艺　宋湲绘制

图4-4-8 运用种花工艺的皮草饰品　图片来自：思齐之家品牌提供

图4-4-9 运用混合编织工艺的皮草饰品　图片来自：思齐之家品牌提供

三、毛皮与多种材料组合使用

毛皮可以与多种材料进行结合使用，产生独特的外观效果，赋予毛皮设计更多的风格和灵感。

1. 皮草材料与梭织面料结合，见图4-4-10。

图4-4-10 皮草材料与梭织面料组合
图片来自：俄罗斯国际服装大赛获奖作品　作者：宋湲

2. 皮草材料与真丝面料结合 将皮草材料按照设计意图，切割成方块或细条，按顺序缝在真丝面料上，可以制成双面。多用狐皮与真丝相结合，产生柔软轻巧的效果，见图4-4-11。

3. 皮草材料与皮革结合 皮草材料与皮革相结合，使皮草材料的华丽感中融入现代因素。青紫兰獭兔皮和皮革结合可以产生很好的视觉效果，见图4-4-12。

4. 皮草材料与针织结合 将皮草材料切割成条,缝坠在针织材料表面；或用针织材料制作皮草服装的领子、袖口和下衣摆等，见图4-4-13。

5. 皮草材料与蕾丝结合 皮草材料切割成条，与蕾丝间隔使用，产生新的肌理外观，见图4-4-14。

皮草服饰的华贵艺术品与工艺品，既来自其原材料的珍贵，也表现在其制作工艺的精湛。皮草工艺经过千百年作坊式的发展，在当今时代，与现代科技相结合，皮草工艺不断地在传统中推陈出新，与其它服饰类型相比，皮草是工艺带动设计的最好典范，工艺的每一个进步，都带动皮草设计理念的进一步更新。当艺术与技术不断融合，丰富多彩的皮草制作工艺，必将赋予皮草服饰更加异彩纷呈的面貌。

图4-4-11 皮草材料与真丝面料结合
图片来自：第六届中国国际裘皮大赛获奖作品 作者：谢芸洁

图4-4-12皮草材料与皮革结合
图片来自：Barbara_Bui 2015 FW 黑色羊羔毛加革拼接中长款大衣

图4-4-13 皮草材料与针织结合 图片来自：思齐之家品牌提供

图4-4-14 皮草材料与蕾丝结合
图片来自：第四届中国国际裘皮大赛获奖作品 作者：王瑜

本章小结

对皮草制作工艺做出简明的介绍，主要的知识点是皮草常规生产工艺、皮草基础制作工艺、皮草材料的创新工艺、复合工艺等，其中，抽刀工艺是本章的难点。

案例与讨论

1. 试以一款皮草制作为例，讨论皮草常规生产工艺。

2. 从皮草商品上，寻找皮草创新工艺的使用。

复习思考题：

1. 为什么采用抽刀工艺，即抽刀工艺的存在原因。

2. 复合工艺对现代皮草业的意义。

第五章 皮草设计
FUR DESIGN

皮草是人类使用的最古老的服装材料之一，皮草设计经历了漫长的历史过程，经典的皮草设计多以皮草的天然色泽、斑纹和丰厚的毛绒作为表现主题。如今，皮草的发展不再仅限于常规的技术革新，皮草设计已经完成了从传统到时尚，保守到开放，实用到装饰的转变，逐渐趋于年轻化、时尚化的设计理念，更使皮草成为时尚与华贵融合最完美的流行元素，不再是贵妇彰显雍容的专属品。越来越多的时装设计师们正将皮草作为一种普通面料进行设计思考，并不断地利用皮草增加服装产品的附加值以提升品牌的整体形象。为此，在高等院校设计专业的教学中特别是研究教学我们越来越重视皮草材料及其服装的设计。

通常情况下根据皮草使用的方式和效果，皮草设计一般可分为着重功能性的全皮草服装设计，着重装饰性的皮草饰边服装设计以及兼顾功能性和装饰性的皮毛一体服装设计。皮草配件设计与皮草服装设计有着紧密的关系，是皮草服装产品中的重要品类之一，所以把皮草配件设计也列为单独的一类。皮草设计包括色彩、款式、材料、工艺、图案和细节等方面的设计，皮草在其设计图的表现技法上也具有独特性，主要是由皮草所特有的体积感、绒毛感以及独特的斑纹效果所决定的。

学习要点：在对皮草原料深刻认识和熟练运用，以及掌握皮草制作工艺的基础上，把握好皮草服装的设计，关键是对皮草设计原则、不同分类皮草设计进行通盘考虑，始终对皮草服装的总体风格有明确认识和把握，对设计表现技法熟练应用。

重点：皮草设计原则、表现技法。

难点：皮草设计原则。

第一节 皮草设计理念

THE IDEA OF FUR DESIGN

在进行皮草服装的设计时，要注意把握设计理念。服装所具有的实用功能与审美功能要求设计者首先明确设计的目的，要考虑到地域性、生活环境以及生活方式和生活态度等内容，它们左右着消费群体的穿着导向，根据穿着对象、环境、场合、时间等基本条件，去进行创造性的设想，同时将现代人的着装观念作为设计的基本出发点，融合品种多样、质地独特的皮草面料结合多元化的款式与色彩，从而展现皮草自身华美另类的质感、独特的价值和不断创新的工艺。随着经济与文化的发展引领时尚的变革，中国皮草服装设计理念也在不断刷新，消费者审美与消费观念的改变，皮草服饰在多元化的社会环境中不断得到新的诠释。

一、走向平民的奢侈品

随着社会观念的变迁与加工工艺的革新，中国国民的皮草服饰购买能力在不断提升。根据国际皮草协会在2013年伦敦发布的全球皮草行业的相关零售数据统计，2012年度全球皮草零售总额为156亿美元，与2011年相比，增加了5亿多美元。2013年1~12月我国皮草服装的累计产量达456万件，比去年同期累计增长48.01%。过去十年整个亚洲地区的销售增长了三倍多，目前已经超过欧洲市场。皮草文化作为独特的服饰文化，推动着我国艺术以及时尚思想的新趋势，这种趋势转变了当代人的消费观念，它将皮草市场从上层社会逐渐推向更广阔的中层社会，其中相当一部分有时尚见地的年轻人正是皮草服饰推广的主力。著名时装设计师让·保罗·高提耶（Jean-Paul Gaultier，1952~）说过："皮草现在不只是与奢侈联系在一起，它还等同于现代感。"皮草文化在年轻的市场得到普及，越来越多的消费者愿意为皮草的高端奢华埋单，作为皮草家族中的獭兔毛更是以其中端的价位、多样化的产品设计赢得众多消费者的青睐。

皮草设计从贵族走向平民，从高雅走向休闲。设计师们从材料到款式，从工艺到技术进行了大胆的探索，打破了皮草传统的设计理念，使皮草抛开一贯的虚荣与矜持，变得更加简洁和轻便，顺应了社会变革带来消费心理需求的变化。消费者越来越注重自身着装的感受，在追求审美的同时，更加注重穿着的舒适性。人们需要的是看似平常又能体现品质，与人体最亲和又能透出与众不同，轻、薄富于动感，又能足够暖和和庄重，见图5-1-1。皮草具有与生俱来的亲和力，天然的毛感与大自然融为一体，"自然"无疑是人们最能亲近的元素之一。"自然元素""实用主义"的设计理念真正使皮草走向平民，同时也满足了人们在社交，工作、运动、休闲、娱乐、等不同场合用显示高品位、高品质。

图5-1-1　蔡凌霄设计的皮草与针织面料相搭配休闲风格的皮草作品

二、从冬季走向四季

当今面料技术的进步为皮草设计提供了更大的发展空间，新型的面料技术使得皮草服装不再是冬季的专属。著名设计师们都非常沉迷于新型皮草面料的开发，这种将皮草与薄型面料的组合，从设计层面上赋予了原本厚重的皮草一种全新的设计理念，使得皮草服饰的穿着季节从冬季走向四季。设计师将轻盈的蓬松皮草点缀在透明硬纱上，人们对于这种新型皮草面料大加赞赏，并称之为用克衡量大衣的重量。如今，皮草服装也打破了整体式大衣的局限，如将皮草点缀在礼服裙上领口和肩部的边饰等，运用水貂的灵动和真丝飘逸的质感相结合，见图5-1-2。让皮草变成四季的宠儿。不管是在微凉的春季和秋季，还是空调中的夏季和寒冷的冬季，它都可以运用自如，且时尚高雅。这些设计理念都改变了人们对皮草服饰冬季专属的观念，从此皮草服饰的生命在四季绽放。

三、从整体到局部的装饰

随着皮草服装设计时尚化、成熟化的进程，其设计风格呈现多元化的趋势。由最初仅用于保暖功能的全皮产品，延伸至感性、装饰、现代的多元化。皮草原料的天然美融合皮草精湛的加工工艺，例如，运用染、印、剪、切、拉伸和折叠等新的工艺逐渐改变了皮草雍容华贵的单

图5-1-2 真丝与水貂结合的礼服裙

品质，成为一种展现年轻、活力和多变的材料，使其设计风格更加多元化。皮草在与不同服装材质、款式的搭配中变化莫测，演绎出多重的性格

一美。它可以装饰在高级时装、礼服、运动装、街头时装甚至是内衣或泳装的设计中；可以和羊绒、牛仔、针织、蕾丝、真丝、雪纺等多种材料结合或搭配，通过材料的重构与混搭，创造出微妙含蓄的视觉和触觉的不同感受。条状皮草也可以被针织或编织在一起，制成的服装既耐磨又实惠。轻盈的、女人味十足的设计，通常是用不同类型的皮草结合丝绸、绢纱、公爵夫人缎或使用贴花镶嵌技术的蕾丝花边（如羽毛、树叶、毛茸茸的花边和时尚先锋类花边），制成游丝礼服和轻薄纱裙，见图5-1-3。

图5-1-3条状的貂皮装饰在轻薄纱裙上（Roksanda Ilincic）

四、从单一向多元化转变

当代皮草的设计理念是“一切皆有可能”。皮草材料的应用也由单一的服装转向服饰品和家居饰品的使用范畴。一些个性化、时尚化的家庭装饰品，在大量皮草工艺技术的支持下，其设计方兴未艾。无论是在浴室、客厅、书房、化妆间还是卧室，珍贵的皮草将以皮草玩偶、地垫、坐垫、靠枕……等独特的方式丰富着人们的生活，皮草材质柔软的特质以及图案的应用烘托出温馨的家庭氛围。随着皮草时尚化产品的发展，会由寒冷地区走向更广阔的时尚城市，皮草产品会随着时尚的潮流不断扩大它的市场。

第二节 全皮草设计原则

THE PRINCIPLE OF FUR DESIGN

皮草服装在传统意义上是以全皮草为主，即整件服装用皮草材料制成。由于它大量消耗珍贵的皮草材料，同时加工制作过程费工费时，导致全皮草服装的价格相对昂贵。全皮草服装更注重穿着的功能性，其设计特点还体现在设计与皮草材料和皮草工艺技巧的完美结合上。全皮草设计是服装设计的一个组成部分，所遵循的基本设计原则与一般服装设计相同，都要注重比例、平衡、韵律、强调、统一。由于皮草材料的特殊性，设计师在开始设计前，必须明确目标客户类型或具体的设计对象，及任何可能影响服装选择的因素；并清晰这类服装的设计目的；然后以预算确定服装的价位；考虑季节因素，是否符合那个季节的时装潮流，确保为这些客户设计的服装是适合和恰当的。

一、全皮草服装设计原则

主要遵循 角色明确、用途清晰、定位准确三个原则。

（一）角色明确

角色是指皮草服装穿着的对象。设计皮草服装前，首先要明确穿着者是男性、女性还是儿童。此外仅仅按性别、年龄划分穿着者类别仍是比较抽象的，还应该对穿着群体的社会角色、经济状况、文化素养、性格特征、生活环境等进行分析。批量生产的服装是求得穿着者在诸多方面的共性，单件定制的服装则要找出穿着者的个性，并且要注意穿着者的身体条件。除了设计角色外还要进一步明确设计用途，没有明确的用途，设计构思将是盲目的。

（二）用途清晰

这里的用途是指设计的目的和服装的去向。设计者为什么要设计这件皮草服装？是参加服装设计比赛用，还是投放市场销售用？是作为日常成衣，还是作为社交服装等等。服装的去向决定了服装存在的环境条件。即使同样是作为日常成衣，但是消费群的性别、年龄、喜好及消费水平都不尽相同，因此设计构思前要综合考虑服装穿着者及用途。设计不能概念化、程式化地进行，明确了服装用途，设计才能有的放矢。

（三）定位准确

皮草服装的定位包括风格定位、内容定位和价格定位。风格定位是皮草服装的品位要求，成熟的穿着者明白自己需要什么样的风格，体现什么样的品位。内容定位是皮草服装的具体款式和功能，不能给穿着者张冠李戴的服装。皮草服装的款式可以千变万化，其内容却要相对稳定。皮草服装价格定位将涉及生产者和消费者的经济利益。定位过高虽然利润丰厚却会引起滞销，定位过低虽能畅销却利润微薄，因此，合理的服装价格比值是设计者应该了解的内容。

掌握了以上三项皮草服装总的设计原则之后，具体的设计才能根据具体要求展开。

二、皮草男装设计

（一）皮草男装设计的概述

相对于女装设计来说，男装设计在大多数人的观念里是一种简单的重复设计，其款式大同小异，毫无新意。而男式皮草服装也相对保持着传统型，风格变化也较为单一。皮草特有的华丽和虚饰，常常习惯上被认为是女人的专属衣物，太过女性化，不能表达男性的价值。皮草只是成为了寒冷地区男人着装的一部分，因此皮草男装一直被忽略，使得当今的皮草市场，仍然主要聚焦在女性身上。随着时代的变迁，人们对男性着装的理念也发生了转变，设计师也认识到男士冬装本来就应该有一定的厚实度才能凸显质感，如果是较薄的面料，哪怕设计的再时髦也会觉得与冬日的严寒天气格格不入，而高质感的皮草，除了保暖，还能提升气场。因此皮草出现在每年秋冬各大国际T台上，尤其在各大男装秋冬时装周上皮草轮番登场，让人应接不暇。设计师们为男装皮草设计指出了两个明确的方向：时尚文雅的都市风和寒冬探险的狂野范儿。Saga Furs世家皮草的工艺技术被设计师们广泛应用，让皮草男装的适用性得到了前所未有的拓展——实现了每个男人心中的皮草梦。

男装设计大多数讲究的是经典、简洁和可穿性。廓型变化不大，着重在细节上的表现。细节是服装设计成功的决定性因素，微小的不同会形成最大的不同。创造大众化、有特色、具功能性的且有精致细节的皮草男装产品，才能被广泛地接受。

从设计要素的角度上讲，皮草男装与皮草女装并无太大的差别，设计时主要应考虑皮草材质的选择，廓型设计、细节设计、工艺要求以及图案等要素，进行有的放矢的研究。由于皮草材质特有的柔软、华丽、高贵，尽显皮草女装优点的外观形态，成为了设计制作皮草男装的障碍，使男士皮草服装设计有一定的局限性。例如皮草男装较之女装皮草就不能太华丽，皮革面亦不能太炫目；裹成个大毛球似乎不太适合，毕竟不是所有地方都是西伯利亚。所以在皮草男装的设计中，需要找到一些适当的切入点，一方面仍可保留皮草的优势，另一方面又能体现男性化的特征。可以从以下三个方面进行考虑：

在廓型设计上，可采用整体、大气、含蓄的设计技巧，使皮草在男性身上凸显尊贵、简洁的个性。例如干净、利落的皮草小外套或是短款黑色皮草大衣就是秋冬不变的主打单品。

在服饰搭配上，利用经典、利落的层次，将皮草搭配的重心转移到手套、包包、帽子等一些配饰上，这样既不会让皮草配饰显得突兀，更可以强调整体性。

在细节处理上，采用灵活多变的工艺手法和装饰手法进行细节设计，通过对细节的深入刻画提高皮草男装的个人品位，突出时尚化和年轻化。

（二）皮草男装设计要素

1、廓型方面

皮草男装的廓型相对皮草女装设计来说，男性的曲线并不明显，因为男性的体格健壮、肌肉发达、上身躯干造型线条较直，呈明显的上宽下窄的倒三角形。在廓型处理上除了要讲究人体肩部、腰部、臀部等部位的合体性，更要充分体现出男性或阳刚或柔美的外形特征。由于皮草材质厚实的质感，皮草男装的廓型比较适合采用宽阔的H型、V型、O型、T型、正方体等几何造型

图5-2-1全皮草男装服装廓形

的特点。

1. H 也称长方形廓型，服装呈直筒形，是皮草男装常见的廓型，是需要放腰处理的典型廓型。标准的长方形一般为黄金分割，也基本符合人体躯干比例，具有很强的视觉美感。一般我们又将其在皮草服装中出现的形式分为箱形和桶形。箱形指上下宽度夸张不大，背和胸两侧有些宽余量，纵向要求线条挺直简练清新。桶形指上下收口，中间膨胀似酒桶的外轮廓造型，特别是其短造型似气球或灯笼，多用于夹克衫。

2. V 也称倒三角形廓型，肩部或领部夸张，截短款式，收紧下摆，如将服装的领子设计成大型披肩翻领。常见的倒三角形廓型是有运动款收腰皮衣、酷酷的机车皮夹克，能满足男人偶尔想要叛逆的那颗不安分的心。

3. O 主要集中体现在温暖的观感效果上，宽松造型，通过结构线的裁剪，使服装两侧外观呈现圆弧状，多应用于大衣或短外套上，宽松随意的轮廓处理给大家呈现男子活力一面，展示出一个随意粗犷的男性复古时髦风情。

4. T 是指上宽下窄，形如字母T的服装外形，也称倒三角形或倒梯形的服装轮廓型。它具有上大下小的特点和活泼潇洒充满青春活力的风格，这种廓型的服装一般比较宽松，具有宽大的体积，厚实的材质，强调了肩部的特点，整个衣身则采用平滑自然的流线型线条造型，烘托出男性稳健、魁梧、健壮的感觉，主要集中在半长外套与及膝皮草长外套等。

5. 正方体 廓型的皮草服装外形轮廓呈四边相等长度的四边形，夸张肩和胸围，缩短服装的正常长度，能烘托出男性庄重和健壮的特点。典型的款式就是皮草短夹克。

（三）皮草男装设计要素：材质

皮草男装可以充分体现实用与流行美观的完美结合，尽显男士独特的品味。皮草在与各种纺织面料组合搭配中扮演着不同的角色，从而呈现男装不同的风格。传统的动物皮草有狐狸毛、水貂、貉子毛、兔、羊毛绒、水獭等，尤其是滩羊毛的材质，气势磅礴充满了原始质朴气息，做成独立的皮草围领或皮草颈圈，不仅可以搭配不同服饰，穿戴起来也比较方便，突出整体的休闲风。羊驼、羊皮、山羊皮加以染色，营造温暖与奢华感，鲜艳色彩则赋予穿着者更多年轻活力，优雅精致的剪裁打造出一种复古的绅士风。毛呼呼的巨型滑雪手套和毛茸茸的靴子，演绎了一种嘲讽感和幽默感，但是不可思议的是这些款都功能性十足。沙狐、海狸、卡拉库尔羊、滩羊皮、貂、狼皮等用于饰边或与上装局部结合进行巧妙的混搭设计等。混合或单独的皮草及羊毛成为打造袖子、身板衬里及衣领饰边的关键材质，结合皮革或精致的羊毛纤维，呈现出奢华外观。柔软处理的美利奴、托斯卡尼及卷毛羊羔等羊毛材质起到至关重要的作用，将滩羊毛、长短剪羊毛拼接外套、印花毛呢拼接嬉皮风衣、白色滩羊毛拼接蓝色牛仔风衣，与皮草进行搭配的面料还可以有尼龙、针织面料、毛呢、皮革、织锦缎、丝绒、牛仔布等，见图5-2-2。

随着前沿的科技处理与后整理工艺的发展，如度膜、抛光、水洗、打磨、压纹等，为皮革面增添了特殊的纹理，细腻的质感与精美的图案，使皮毛一体服装不仅拥有了保暖的功能，且质感分外柔软、光泽温润、色彩明丽；而皮草与针织物、布料结合的服装轻松自如，既能减少皮草给人的华丽感觉，又体现了轻松与随意。貂皮

图5-2-2　左至右分别为狐皮与皮革拼接（Fendi）；黑色滩羊毛、印花毛呢拼接嬉皮风衣（Marni）；狐皮领风衣（Moschino）

剪毛制作的轻便运动型外衣，款式实用性较强，正适应了男士购买服装时，通常更注重用途，其次才考虑服装质地的特性。

设计师除了掌握材质使用和搭配约定俗成的定式外，也该有打破常规的大胆使用。从皮草与不同质感的面料搭配中创造出独特的造型。皮草与光泽面料的组合，皮草的自然含蓄的光泽融合入到变幻丰富的光泽面料中，呈现出或高雅或时尚或前卫的服装风格。轻薄柔软型的面料舒适贴体，和皮草材料搭配轻盈潇洒，适合制作前卫和都市风格的造型。随着现代科技和纺织技术的发展，立体感的面料越来越多的使用在男装设计中。表面有明显肌理效果的立体感面料和皮草材料和谐搭配，彰显夸张的风格特点。

（四）皮草男装设计要素：色彩

在大多数人的印象中，男装色彩总体给人以灰暗的感觉。一般认为黑、灰、蓝等凝重的色彩似乎就是男装的主色调，根本不需要色彩设计，这个想法太过片面。在过去，这种片面的观点也影响到皮草男装的色彩设计中，流行色与流行元素在皮草男装设计上是个禁区，男装几乎是排除流行色元素的，在男装设计素材中也很难发现流行色的身影。事实上，男装也经历了巴洛克时代和上个世纪60年代的美国孔雀革命时代，男装领域探索性地呈现出一系列糖果般丰润鲜亮的色彩，比如明亮鲜蓝、华丽暗紫、致醇酒红、闲适灰绿、墨绿新贵、怀旧黄调、孔雀粉彩等等。在皮草男装设计中对皮草颜色的选择也是多样性的，有的颜色比较张扬，极具视觉挑战性；有的颜色要与搭配的面料颜色和谐一致；有的颜色则要衬托男性化的肤色特点。

男装正以鲜明的个性、强烈的印象给人以壮美的视觉感受，男装商品具有极强的“魅力附加值”，设计师早就预言，男装将流行轻松自在的休闲风格与时尚。进入21世纪的男装设计呈多元化的发展趋势,设计的创作思维和表现方法因时代变化而创新。在男装设计要素中流行色彩要素越来越显得突出地位。国内外服装设计师们根据皮草男装的搭配特点和自我风格，皮草男装品类的色彩特征可归纳为经典风格，优雅风格，奢华风格、休闲风格、中性风格、前卫风格、民族风格和运动风格。

1. 经典风格 是皮草男装重要的风格趋势，服装色彩主要有黑色、白色、不同明度的灰色以及较为深沉、沉暗的色彩。近年来率先流行于女装的裸色系也成为男装中配合黑白灰等经典用色的色系，这类色彩配合冷峻、严肃的无彩色系，增强了男装的品质感，为经典风格也融入进一步的亲和力。芬迪（Fendi）是意大利品牌，专门生产高品质的皮草制品，该品牌创新力量源于对完美工艺的极致追求，在不断追求新奇的款式和华丽的色彩的同时，也以一流的裁剪和长久保持的庄重、高品质特色。经典色调为黑色，也有米色、咖色、银灰色出现，见图5-2-3。

PANTONE 19-4007TC
PANTONE 19-4916TC
PANTONE 19-4025TC
PANTONE 18-1306TC
PANTONE 18-1411TC
PANTONE 17-1501TC

图5-2-3 灰色条纹羊毛大衣（Fendi）

2. 优雅风格 优雅风格相对于经典风格更具有时尚气息，适用性比较广泛。色彩比较侧重饱和度较低、中高明度的色系，例如中度的灰色、藕荷色、蓝灰色等淡色或淡弱色。不同于经典风格的硬朗，也区别于中性风的柔美，优雅风格的色彩具有低调的精致品味。登喜路（Dunhill）是权威男士的奢侈品牌，集优雅、功能、创新于一身的完美产品。正是这一优秀的传承和个性——以及对文化、旅行和工艺的衷心欣赏，超大码宽松捏褶的裤子，裁剪合体的黑色羊毛青果领、棕色兔毛剪毛外套，见图5-2-4。满足穿着的宽松度又同时外观显得苗条的大衣，处处留露这低调奢华的优雅风格，廓形裹挟这40年代男装的味道，让人遥想到当时明星汉弗莱·鲍嘉（Humphrey Bogart，1899-1957）的范儿。

3. 奢华风格 奢华风格有复古的气息，细节设计繁复且工艺精细，兼具时尚感和古典美，适用度较低，饱和度较高的色彩，并与高调的图案结合。Dolce &Gabbana品牌设计风格保持一种独特的风格，非传统豪华的表达，尤其在新一季的皮草秀场上，脱离了传统的黑灰棕等大家公认的“气质”色彩，使用饱和度较高的铁红色、墨绿构建了另一种高贵的气质，比如运用出挑的红色和绿色外套绝对能让你在一众凡人中脱颖而出，暗色的内搭能够平衡外套本身的浮夸感，质感和色彩紧凑配合都验证了D&G匠心的奇妙。见图5-2-5。这样的设计，将皮草提升到一个新的高度，提升了其风格、时尚度和品质标准。突破性的科技、前所未有的研究、玩味的色彩和创新的设计带来一场变革，将皮草变成现代且奢华的精美作品。

4. 休闲风格 休闲风格在造型、面料、色彩上给人的感觉通常是自在、随性的，对于流行时尚变化比较敏感。该类风格的包容性使其在皮草男装色彩上的表现更为丰富，可以通过高明度无彩色系搭配，也有如草绿、卡其色或中度偏高的饱和度之类鲜艳的色彩。Coach 2015秋冬系列以电影*My Own Private Idaho*为灵感，颜色沉稳内敛，皮革、羊羔绒等元素的拼接打造出色的质感，时髦又耐穿。整体色调是素白、草绿以及灰色，偏向休闲风格的装扮也依然流露出低调的奢华，见图5-2-6。

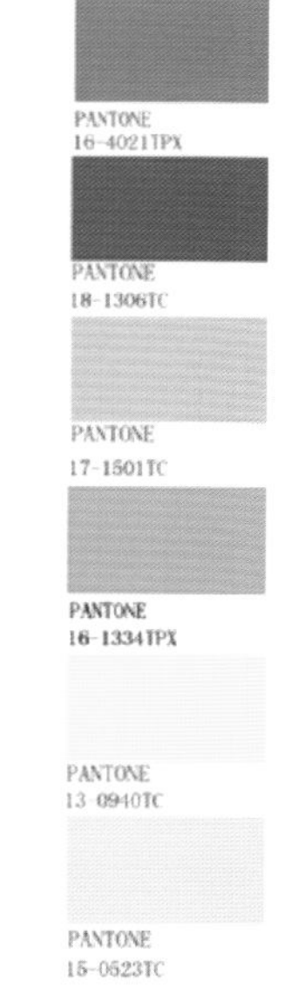

图5-2-4 黑色羊毛青果领、棕色兔毛剪毛外套（Dunhill）

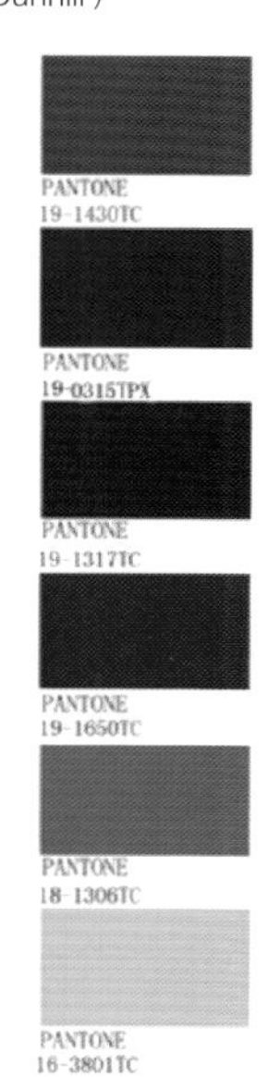

图5-2-5 皮草中大胆运用出挑的红色和绿色外套（Dolce & Gabbana）

图5-2-6 深草绿色休闲皮草外套（Coach）

5. 中性风格 中性风格以其简约的特点满足女性在社会竞争中的自信，以花俏温柔的特点使男性享受时尚的愉悦。随着流行的不断变化，近些年弥散在皮草男装设计中的阴气，高涨到了近乎井喷的地步，各品牌逐渐将男装时尚推离了“Masculinity”(阳刚之气)的轨道，呈现出怪诞妩媚的阴柔情绪。中性风格的男装色彩大胆地运用传统理念下女性化的色彩，如饱和度偏高的紫罗兰、荧光粉来体现浓郁的Dandy(花花公子)风潮；利用饱和度适中的粉灰色或珍珠色来体现温和的花样美男特质，展示了男装中性化甚至女性化的风向。英国服饰品牌Sibling由三位年轻设计师共同创立，致力于打造独具一格的美学气息。在2015年秋冬男装皮草设计中用粉红色的、颠覆性的设计，校园感强烈的装束，加上超大泰迪熊，这个系列的许多地方都十分令人着迷，特别是模特头上涂抹着过量的发胶和脚上穿着短靴，其间穿插针织、皮草、整场秀看起来有种薇薇·安维特斯伍德(Vivienne Westwood，1941–)似的跳跃感，粉红色的皮草、染成粉红色的头发鼓励着男性勇敢地展示出最张扬个性的一面，见图5–2–7。

6. 前卫风格 前卫风格的色彩注重夸张和对比，在男装常用色的基础上添加许多高纯度或高明度的色彩，或增加对比色在服装上的运用，具有强烈的个性化特征。莫斯奇诺(Moschino)是以设计师弗兰科·莫斯基诺(Franco Moschino，1950–)命名的已创立20周年的米兰年轻品牌，以设计怪异、前卫著称。常用不同款式的针织衫和羊毛外套不断重组搭配。彩虹色马赛克式羊皮和纤维纺织面料的拼接、电缆式针织、毛线衫、带有LOGO的内搭，最有趣的是将水洗丹宁图像化为印花面料再转印到牛仔裤以及其他款式，一些印染成斑马和猎豹皮效果的人造皮草，见图5–2–8。

7. 民族风格 民族风格的男装重低明度、低纯度的浓郁色彩搭配。约翰·加利亚诺（John Galliano）在皮草设计中延续以往野性、朋克、具有张力与爆发感的设计风格。皮草摒弃了原来单调的黑色、褐色，采用“缎染”手段的色彩突出民族风格，染出的颜色或从上到下逐渐减弱，或从中间到两头逐渐加重。米色、黑色红、淡红、驼色、米色等炫彩色系的皮草色泽，原色质感和宝石的天然纹理，粗犷的感觉也能体现民族风格。对于民族风格的演绎具有多元化、时尚感的特征，是民族文化精髓与现代男装普遍审美的高度结合，在一定程度上改变了适用度较低的现象，见图5–2–9。

8. 运动风格 运动风格是运动与时尚的融合，是穿着适用性较广且具都市气息的服装风格。该类风格在男装色彩中主要体现为明度、纯度较高的色彩组合。贝达弗（Belstaff）英国品牌，创建于1924年。由设计师哈利·格劳斯堡(Harry Grosberg)的防水外套以及适合作战的特性而享誉全球，自从Blastaff被德国奢侈品集团Labelux收购以来，品牌对机车夹克板块的设计有所增强。2015年由设计师迪赫尔（Dyhr）将英国100码飚车党作为灵感来源。作品亮点包括一些精美的剪羊毛外套——白色长款、反面毛黑色款、凤凰LOGO刺绣款，使运动风格的时尚气息得到充分体现 ,见图5–2–10。

PANTONE 19-2047TC
PANTONE 1815C
PANTONE 1895U
PANTONE 18-1550TC
PANTONE 15-1054TC
PANTONE 19-4007TC

图5-2-7 黑色粉色拼接长羊毛外套（ Sibling ）

PANTONE 18-1426TPX
PANTONE 16-1412TPX
PANTONE 19-1317TC
PANTONE 18-3840TPX
PANTONE 16-4404TPX
PANTONE 19-4342YPX

图5-2-9魅惑式印度风情的皮草大衣（John galliano）

PANTONE 18-1655TPX
PANTONE 15-1263TPX
PANTONE 17-4724TC
PANTONE 16-0439TPX
PANTONE 16-4535TPX
PANTONE 14-0847TPX

图5-2-8彩色方块羔羊毛拼接皮草大衣（Moschino）

PANTONE 18-0121TPX
PANTONE 15-0523TC
PANTONE 16-0710TC
PANTONE 13-0940TC
PANTONE 17-1501TC

图5-2-10 白色皮板大衣（Belstaff）

(五)皮草男装设计要素：图案

男装不仅在结构上以稳求变，在色彩上含蓄内敛，在图案上也较为谨慎和保守。由于人们对男装的需求日趋个性化，男装上的图案也日趋丰富、灵活多变。皮草多用于制作秋冬外套，图案在皮草中应用一般分为两种，一是皮草天然的肌理，二是通过工艺人为地制作出皮草的图案效果。首先皮草材料具有自然天成的魅力色泽和斑纹。利用皮草自有的色泽和斑纹，通过各种形式的切割、拼接和饰条达到装饰效果。皮草材料商很少再采用其他的装饰手段，以免装饰不当降低裘毛材料本身的美感和艺术效果。一般在高档经典类皮草服装中，材料上主要选择高品质的皮草，以皮草天然的背纹色泽变化，经过拼接所形成的花纹图案形式来表现。比如狼皮、狐皮身上的肩背部颜色较深，腹部较浅，原只工艺拼接后呈规则的色泽深浅分布，含蓄而生动；十字貂、狸猫皮、猞猁皮等动物皮草上都呈现出生动的天然纹样，见图5-2-11。同时在天然皮革中，尤其是爬行动物皮革，如蛇、蟒蛇、蜥蜴、鸵鸟等其天然的花纹图案随着染色的不同呈现不同的色彩，表面具有凹凸的立体花纹图案，美观大方，装饰效果明显。其次是通过工艺人为制作出皮草的图案效果，虽然皮草材质的特点局限了皮草服装的图案装饰表达，也同样可以通过如镶花、印花、染色、剪花等加工工艺制作出皮草男装的丰富图案效果，如虎、豹、斑马、鳄鱼、长颈鹿等动物皮草图案，见图5-2-12。都可以用工艺技术实现，一般在中档休闲类皮草服装中会运用，选择中、低品质的皮草材料进行工艺加工图案，且图案的设计要服从服装的风格，注重服装的功能性，要贴切服装款式和结构，更要关注图案的立体层次与肌理变异的表达。例如用拼接工艺将混合长和短毛纹理材质，V形图案及条纹包括在编织和组合皮草图案中呈现出时髦外观。

Fendi

Marni

Bally

图5-2-11 皮草男装上的皮草表面的天然图案肌理效果

Dries Van Noten

Dries Van Noten

Valentino

图5-2-12 皮草男装上的各种图案装饰效果

（六）皮草男装设计要素：工艺

设计与工艺密不可分，后者是前者得以实现的重要途径，工艺是设计的物质基础，而设计又是工艺的指南、目的。皮草男装的设计工艺性极强，它的设计与工艺是否能良好配合，显得比其他面料的服装更为突出。通过工艺手段可以使皮草服装造型更加完美，但是受到许多因素的限制，工艺对造型的作用有着极限性。皮草在男装中的应用已经不光是御寒功能了，齐利（Zilli）英国分公司总经理阿诺德·科尔班(Arnaud Corbin，1943-)说："皮草的知名度与日俱增——甚至在着装较为传统的群体中，比如说商界人士。"皮草服装的软、薄、轻、暖就成为了消费者新的追求目标。因此，对皮草工艺技术也提出了更高的要求。需要注意的是，无论使用哪种皮草原料和工艺，关键是要将皮草作为一种普通材料进行设计思考。可以讲纺织品面料的设计知识运用于皮草工艺设计中，不要受到皮草贵重珍惜特点的禁锢，以便能够自由地进行实验和创作。皮草男装多采用比较传统的皮草拼接工艺，比如原只拼接工艺、抽刀工艺、加革工艺或编织工艺等。这些工艺特点表达出的共性是皮草表面整体感强、大块面的拼接、硬朗的直线条，无疑是体现阳刚气质的最佳设计元素。

在皮草男装的设计中，不同的款式要求选择不同的制作工艺来表现。例如毛革两用夹克衫，在皮革一边处理分割辑明线，另一侧是雄性水貂皮草粗糙的外观，往往在袖山、门襟和袋口等受力部位使用平缝的方法缝制，以增强牢度。

（七）皮草男装设计要素：细节

与皮草女装多变的外形比起来，皮草男装的廓型变化相对比较小，其设计的亮点主要依赖于细节的构思，细节设计是体现男装风格的重要因素。构思巧妙的细节往往是设计的点睛之笔，能给观者以美的享受。和谐整体的细节设计不仅能与男装的造型、风格和裁剪技术融为一体，也能展现出皮草男装的独特品质。

一般来说，皮草男装的细节设计可以涉及到服装的每个部位，例如领形设计、衣袖设计、口袋设计、肩部设计、门襟设计等。皮草男装上线条的设计包括结构线、装饰线和分割线等。此外还包括连部件设计、装饰设计等。皮草男装的细节设计受男装总流行趋势的影响尤盛，比如德赖斯·范诺顿(Dries Van Noten)选择使用皮草装饰，灵感来自于大卫·鲍威（David Bowie，1947-）1960年代的华丽摇滚，独特的斜襟双排扣上衣，一侧领口镶上皮草，在不羁中散发出低调的奢华感。宽肩与大翻领是大衣中最显眼的细节元素，宽松西裤与夹克衫的搭配让皮草元素显得相当潇洒。见图5-2-13。皮草男装除了遵照普通男装的细节设计原理外，尤其要与皮草的特殊加工工艺结合展示与众不同的细节风格，并从服装辅料的细节装饰选择上，突出皮草服装的华贵的品质特点。扣件的材质有镀金、镀银、合金、有机料、天然料等，如与狐皮大衣搭配选择镀金金属扣会更显示高贵气派。

Dries Van Noten

Fendi

Fendi

图5-2-13皮草在衣领、帽子、手套和前襟的男装中的细节元素

三、皮草女装设计

（一）皮草女装设计的概述

皮草是女性心底最柔软的梦想，在风中绽放华美的花朵。作家西摩·希克斯（Seymour·Hicks）曾说过："男人买皮草送给女人，不是为了让她别受冻，而是让她欢喜。"一句话凸显了皮草保暖、稀有的特性，同时也不难看出这里面的"性别歧视"。女性的美丽优雅、窈窕多姿的身姿加上热情奔放、害羞腼腆、温和敏感的多变性格，构筑形成了女装特有的丰富多彩的模式。随着时代的变化，女性解放自我，参与到社会中，服装也越来越趋向简约实用，但较之男装而言，还是显得有些繁复矫饰。皮草女装是女装中的一个分支，它具备了女装的所有共性，例如，款式丰富多变、色彩艳丽明快、面料细柔优雅、装饰工艺繁复、配饰丰富多彩等。皮草女装的设计过程也需要遵照美的形式法则，如反复、韵律、均衡、对比、比例等。然而皮草材料的高贵和典雅依然赋予了皮草女装与众不同的精神理念。

皮草女装设计的基本要素指在设计过程中必须考虑的基础因素。一般会把设计概念、设计主题、设计定位以及廓型、色彩、图案、工艺和细节等方面都作为设计要素考虑。设计师要在了解设计概念的基础上，确定设计主题，运用形式美法则对设计元素进行相应的调整。使构成服装的廓型、材料组合、形式构成、图案配置等各要素统一，产生和谐之美。恰到好处地把握服装局部构成元素的大小、多少、强弱、轻重、虚实、长短、快慢、曲直等变化，让皮草女装产生韵律美和节奏美。由于皮草的材质特点决定了皮草女装的形态和工艺技术的特殊性，工艺技术又左右着服装的整体设计。因此，在皮草女装的设计开发过程中，要求设计师在发挥创造力的同时，对皮草原料的特点和皮草制作工艺有清晰的认识，结合材料特质对上述设计要素进行通盘考虑，同时要遵循女装设计的基本原则。

（二）皮草女装设计要素

1.廓型

皮草女装的廓型比较接近一般女装的廓型，它以表现稳重持久，优雅传统的造型为主，其款式变化多体现在长短、宽窄等方面。但由于皮草本身具有厚度，加之复杂的拼合缝制工艺，普遍廓型呈现简洁而舒展、自然而宽松，多采用H型、A型和O型等整体感强，外观自然宽松的基本廓形。此外还常用T型、X型、Y型、V型、沙漏型、正方体等造型，在人体的基础上形成一个立体的三维廓型，充分体现皮草原料天然纯粹的自然状态，配合长短毛、凹凸设计，使皮草服装的造型增添了无穷的趣味性。

1. H 也称长方形廓型，是传统全皮草女装的经典廓型。强调肩部造型，自上而下不收紧腰部，筒形下摆，直线造型，使人有修长、简约的感觉，是毛感厚实的珍贵皮草最适合表现的廓型。由H型派生出的瘦长型则是毛感短密或剪毛类大衣的外部造型。

2. A 从上至下像梯形式逐渐展开贯穿的外形，上窄下宽，下摆展开，腰线上升，肩部缩小，给人可爱、活泼而浪漫的感觉。

3. O 是连续球面组合成的形体，是由曲线结构线和分割线的作用塑造而呈现圆润的"O"形，上下口线收紧，整体造型较为丰满，可以掩饰身体的缺陷，充满幽默而时髦的气息，是皮草服装非常容易实现的一种效果。

4. T 是肩部夸张、下摆内收成上宽下窄造型效果，给人硬朗的男性化风格。

5. X 有自然的肩线，自然放开的下摆和收紧的腰身，X型廓型是最能体现女性优雅气质的造型，具有柔和、优美的女性化风格，纤细腰身是全皮草服装变得日益轻巧的一个必然需求。

6. V 肩部较宽，下面逐渐变窄，腰部至臀部内收的造型特征，形成似Y的造型。这种廓型的服装一般比较宽松，强调了肩部的特点，下摆收小。整体外形夸张，有力度，带有阳刚气，也能衬托出女性优雅、古典的美感。Y型与V型类似。

7. 沙漏型 表现为肩部圆润适体，腰部收紧，臀部适合体型的造型特征，形成似沙漏的造型。正方体的外形轮廓呈各边长度大致相等，放松肩和胸围，缩短服装的长度，能体现出个性、休闲的特点,见图5-2-14。

（三）皮草女装设计要素：材质

皮草是最天然的材质,它的质地、纹路与色泽等这些天然成分是最好的面料元素，为服装设计带来更多的创作灵感和创作空间。不同种类皮草的外观都具有鲜明的个性和特质，如银狐皮野性张扬；蓝狐皮华贵性感；貂皮奢华优雅；毛丝绒鼠皮高贵亮丽；波斯羔羊皮柔和含蓄……皮草呈现出自然的美丽、光泽、高贵、精致，都是皮草女装设计中不可或缺的材料。经过人工的染色和毛面工艺处理，巧妙利用倒顺毛的效果产生光感差异，将毛绒长度不同的材料混合使用，呈现出全新的皮草外观和个性特征，变幻出的更为精彩纷呈的表情语言。另外通过皮草和皮革、针织、梭织等各种材料的混合使用，使皮草服装变得更加容易接近，便于日常穿着，更具时尚性、更能适应季节变化的特点而使皮草成为女装设计中的时尚主流。如代表着柔美和浪漫主义风格

图5-2-14 全皮草女装典型廓型

图5-2-15皮草与不同材质搭配的设计

的雪纺、巴里纱、乔其纱、蕾丝与银狐搭配；有与柔美截然相反的质感坚实、挺括的华达呢、哔叽呢、花呢、法兰绒、皮革等面料与染色蓝狐毛搭配；能表现传统女装风格的优雅、高品位的缎纹织物、塔夫绸、织锦缎、天鹅绒等高级织物与貂皮搭配；也有运动风格的代表，牛仔布、针织布、弹性纤维等面料与羊羔皮搭配；朴素风格的代表，棉布、手织布、灯心绒、亚麻布与兔毛搭配；前卫风格的网眼布、皮革、PVC、涂层、闪光面料与貉子毛搭配等,见图5-2-15。

（四）皮草女装设计要素：色彩

色彩在皮草女装设计中是一个积极而重要的因素，相比男装设计，皮草女装更注重着装搭配的整体效果，更加风格化。风格化色彩主要从色彩的组合入手，通过不同色调的表现，传达特定的色彩情怀。

随着皮草的受重视程度越来越高，每年的秋冬季国际时尚舞台都有专门为皮草服装发布的流行趋势：当设计师们不约而同地用缤纷色彩包裹温暖顺滑的昂贵皮料，摩登而高调的风头被各种色泽和肌理的彩色皮草占据。黑色皮草是最安全的色彩，可以最大限度地降低臃肿的视觉，而各种材质的拼接或特殊的剪裁手法，让神秘的黑色有了更丰富的层次感，给女性增添了性感；充满低奢韵味的灰色让皮草呈现出优雅而理性的光芒，毫不张扬的色彩减少了皮草过度华丽，更加适合日常穿着；从最接近皮草本色的棕色到艳丽的红色，都呈现出皮草特有的高贵与雅致，无论是挑染过后的动物纹路，还是经过剪切重组后形成的特殊花纹，都让皮草的魅力无法阻挡，演绎百变风格的华贵气质；还有嬉皮士感觉的鲜艳富有激情的颜色如桔色、紫色的大块面运用，色彩的交汇融合形成清新的风格特点。设计师们应大胆地运用色彩的对比、色彩的明暗及深浅变化的关系来突出适合不同场合、不同用途、不同年龄段穿着的皮草服装的风格特征。

（五）皮草女装设计要素：图案

图案是女装构成要素中的重要组成部分，它的应用意义在于增强服饰的装饰性、艺术性和表现力。图案通过本身的美以及与色彩、材质、工艺的协调形成多种风格，协调女装的情调表现并烘托穿着者的气质涵养。皮草女装的图案主要有以下几种表现形式：

1.天然形式　利用动物皮草上天然的花纹图案直接表现，比如豹猫的皮草全身背面体毛为棕黄色或淡棕黄色，布满不规则黑斑点。胸腹部及四肢内侧白色，尾背有褐斑点或半环，尾端黑色或暗灰色，适用于野性而粗犷的风格；海豹呈现灰褐色且有暗褐色花斑，极富光泽，适用于休闲简约风格；猞猁背部的毛发最厚，身上或深或浅点缀着深色斑点或者小条纹，有乳灰、棕褐、土黄褐、灰草黄褐及浅灰褐等多种色型，猞猁皮草最昂贵的地方就是腹部奶白色的毛上点缀着灰色和黑色的斑点。

2. 印花形式 是通过丝网印刷将图案印在皮草的毛面或皮板上，多用于短皮草或剪皮草，一般情况是先染色，再印图案，这种形式的使用性很广，通过在毛质普通的皮草上做印染，获得五彩斑斓的仿珍贵动物的毛色花纹或人工装饰性图案。

3. 镶花或拼接形式 这种方法表现的单独纹样效果简洁明朗，整体明快醒目，图案清晰准确。

4. 剪花、蚀花形式 剪花使用专业剪花机，有选择地将皮草表面剪成形状、宽窄、高低不一的图案；蚀花工艺多用于水貂皮，是用设计好的丝网控制图案形状，利用强还原剂或强碱将毛纤维腐蚀掉留下痕迹而形成图案，也可以用激光将部分毛烧掉留下痕迹形成图案，一般在整个皮草服装上用此方法表现图案，赋予皮草全新的外观。

5. 其他形式 方法还有电脑绣花、镂空等工艺形式表现，这类型图案一般以二方连续或单独纹样的方式出现在女装上；采用扎染等防染手法在皮草上的表现，这种形式会产生自由随意的图案效果；当然，这些表现形式还可以相互组合使用，变化出更为丰富精彩的图案效果，见图5-2-16。

（六）皮草女装设计要素：工艺

皮草女装根据加工特点不同可以分为全皮草女装工艺、皮草饰边女装工艺和皮毛一体女装工艺。全皮草女装是皮草女装中工艺最传统、经典的一类。除了传统的原只裁剪、抽刀、加革工艺以外，还有很多不断开发出来的新型加工工艺。另外全皮草女装的装饰工艺也从普通女装中获得不少灵感，比如刺绣装饰、水钻装饰、铆钉装饰、垂缀装饰等。皮草饰边女装工艺越来越多地针对春夏季节的皮草设计，制作工艺主要采用具有皮草特色的工艺方法，如采用特殊的切割技术(“拼接法”“视窗法”和“网格法”等)和专业的切割、拉伸工艺（“镂空法”）使面料更轻盈。这部分内容在第四章已做详细论述，这里不再赘述。皮毛一体女装工艺的特殊之处在于它兼具了毛面和皮面的双重特征，而且皮毛两面穿的服饰也是皮草服装发展的一种趋势，直接使用皮草皮面作为服装的衬里，服装更加轻盈，粗犷的剪裁尽显本身的天然质感。皮毛一体的服装在设计中尤其要注重拼缝位置的工艺选择和缝线颜色与皮毛一体皮的搭配，此外还可以选择浮凸效果、窗口工艺等效果，与皮板面的染色、印花、

Schiaparelli

Schiaparelli

Roksanda Ilincic

图5-2-16皮草女装上的各种图案装饰效果

轧花、激光刻花、刺绣、手绘等图案装饰很好的结合成一体。

（七）皮草女装设计要素：细节

皮草服装强调整体设计，其造型轮廓通常舒展而简洁。服装中的细节处理是最能体现设计的匠心独具，又成为设计师彰显个性风格的重要手段。皮草女装的设计也一改传统全皮草服装大块面、长线条的设计理念，细节设计方面越来越受到关注。

1. 从对皮草材料的再创造上表现 设计师可以通过运用剪毛、剪花、拔针、雕刻、印刷、激光、拉伸、打孔、刺绣等多种工艺方法创造全新的感观效果，配合漂染、喷染、印花等染色技术改造皮草服装的肌理与质感，色泽与花型。比如将貂皮的针毛拔去，只留绒毛，不仅减轻了重量，同时在感官上少了一些奢华，多了一些含蓄和优雅。

2. 从结构的装饰上表现 服装结构上微妙的细节变化会让服装呈现平面与立体结合，而在结构线上进行镶边、撞色设计会成为整体服装的视觉中心，使结构线与装饰效果融合，在人体的基础上设计出超越形体结构的细节。

3. 从表现细节的部位上 皮草女装细节不只局限在领子、袖口、门襟、腰身、下摆、口袋等处，更在于打破常规，突破限制，做些吸引人眼球的非常规设计，例如在纽扣、带、袢、里布、织唛等辅料的选择上，起到画龙点睛的作用，又或将人造钻石、立体绣片、蕾丝、牛仔布等和皮草创意地组合，总之服装上的细节装饰也越来越丰富，一切的装饰语言都能成为皮草服装的细节来源，见图5-2-17。

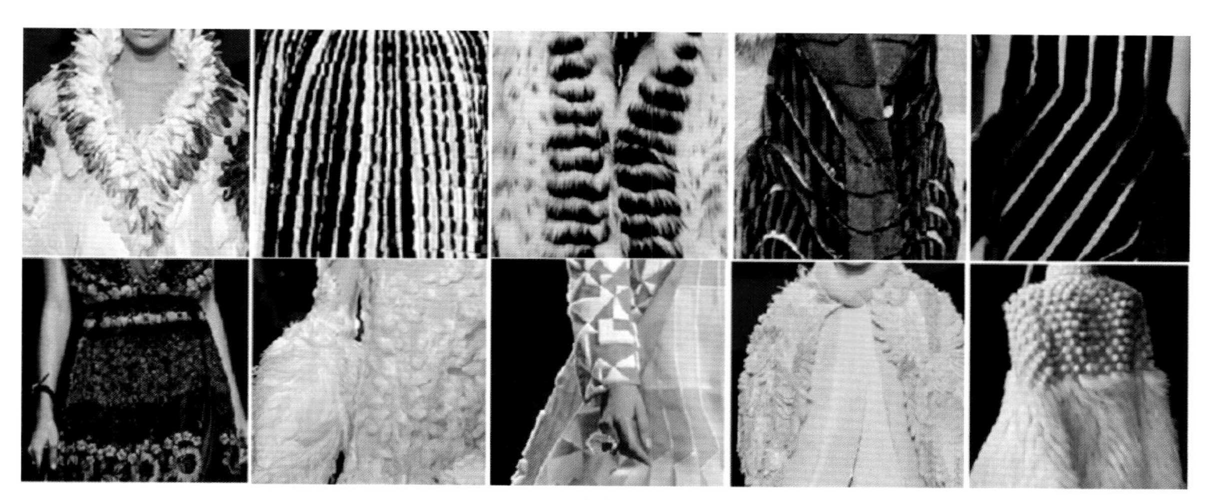

图5-2-17皮草女装细节设计

第三节 皮草饰边服装设计

THE FUR DECORATION OF CLOTHING DESIGN

皮草饰边服装设计是指皮草与皮草以外的其他面料相结合，起到装饰作用，大面积采用布料、皮革以及羊毛、羊绒、丝绸、雪纺、蕾丝、牛仔和针织等普通面料，局部使用皮草作为装饰点缀材料进行制作的服装设计。最常见的皮草饰边服装，是在服装的领口、前门襟、袖口或底边等位置镶饰皮草，这是最为传统的皮草饰边的应用方法。这里对皮草的使用，更多考虑的是在服装上的位置、面积、形式以及与其他面料的配搭效果。皮草饰边服装既可以塑造正式场合的庄重形象，又可以表现休闲娱乐的趣味性；既有高贵优雅的外观，又有多数人能够接受的适当价位。因其灵活性被越来越多的设计师所关注， 并广泛应用于现代服装设计中。

一、皮草饰边服装的特征

（一）兼具实用与审美两重功能

毕竟在大多数人看来，皮草太过于奢华，皮草使用的装饰目的已远远超过了最初的保暖实用功能，并不需要穿着大面积的皮草服装，可以选择一些不是以皮草为主的服装，而将皮草装饰的重心转移到边饰上，在皮草材料与主体面料相搭配的前提下，通过使用皮草强调、装饰或点缀在服装上，这样既不会让皮草配饰显得突兀，更可以强调整体性。

（二）摆脱皮草特殊工艺的制约

皮草饰边服装的设计，主要体现在皮草材料的应用占总体服装面积的比例上。通常皮草的用量仅占服装总体面积的20%～30%左右，一般不会超过50%。在小面积的皮草饰边服装的设计应用中，制作工艺接近于普通服装的制作工艺，全皮草的复杂拼接设计及工艺方法，因不易表现而可减少涉及，还可省去复杂的手工操作。在稍大面积的皮草镶饰中，任何应用于全皮草服装的工艺手法，都可以应用于皮草饰边服装的设计当中，这主要取决于皮草服装设计师的表现目的。例如：切割流苏的工艺，就可以将皮草进行弧线切割，做成流苏装饰在服装的门襟、下摆、袖口等位置。

（三）更加接近时尚流行的前沿

由于时尚流行趋势在普通纺织面料领域中更加敏感，因此皮草饰边服装的设计，也比全皮草服装的设计更易被时尚人士所接受。它既可以塑造正式场合的正规形象，又可以表现休闲娱乐的趣味性；既有高档的外观，又有多数人能够接受的价位。它可以在多种场合下出现，以其灵活的设计风格、多变的可塑性和普及化而成为现代皮草服装设计的重要组成部分。

（四）适用于更多季节穿着

面料技术的进步使皮草可以与不同服装材质、款式的搭配，皮草已不再专属于冬季。变轻工艺，使皮草变得轻飘飘，象蛛丝般，透明得象羽毛一样。用质量极佳的皮草和轻薄的面料结合，可以设计出轻巧和柔软的服装。使得皮草服饰的穿着季节从冬季走向四季。将皮草饰边设计成可拆卸、组合的形式，装饰在在丝绸、绒锦面料服装的领口、袖口或底边，既增强皮草服装华美的外观与雍容的气质，又降低了皮草的保暖性，适合春夏穿着；与毛呢粗纺类面料搭配，两者一薄一厚，一蓬一实，富于节奏美感，适合春秋穿着；与皮革类面料搭配，防风御寒，美观实用，与针织面料搭配，显示出舒适与休闲的风格，适合秋冬穿。

二、皮草饰边服装设计要素

（一）廓型设计

与全皮草服装相比，皮草饰边服装在造型设计上的余地较大，因此，其造型表现更为丰富多样，接近于普通面料的服装设计造型设计。这是由于饰边皮草在整件服装中所占的面积较小，不仅不会影响到其他纺织或皮革等面料对人体的造型塑造，反而还可以利用皮草材料特有的体积感局部强调、夸张或改变服装的造型，使其他的面料与皮草材料在质感和体积方面的造型起伏更加明显、更加富有张力。

从轮廓方面来看，皮草饰边服装接近于普通面料服装基本廓型的设计有以下几种类型：

1. 苗条线型 是女装的常用造型，其特征是外感呈现出贴合身体曲线，能充分展现出女性体态美，结构上以公主线、刀背缝和收腰省为主。这种类型在春秋季服装中较为常见。

2. 垂直线型 特征是修长严谨，又称箱形造型或矩形造型，比较强调肩的方正感觉，自肩端到下摆，整体呈现方正的造型，不收腰，适度宽松，又不失严谨、庄重。这类服装在男子服装中被广泛运用。

3. 宽松线型 这类服装外观宽大，加宽了胸部尺寸，罩在人体上，显得无拘无束、自由惬意，冬季的服装着装较厚，需要外面的衣服宽大。裘皮蓬松饱满，给人以雍容华贵的感觉，常使用宽松造型。

4. A型 具有流线感，上窄下宽呈金字塔状，下摆展开，腰位上升，胸部衣身尺寸较小，整体造型连贯、洒脱活泼。使用范围较广，常用于女上衣、连衣裙、女大衣、皮草服装。

5. Y型 又称倒梯形，服装上宽下窄，肩部伸展、宽阔、夸张，下垂线向下摆方向倾斜，强调上身肩部的造型，上身向臀围线方向收拢，胸腰部位大多收省、褶裥，下身较窄长、贴身，造型显得洒脱、大方，舒展，具有阳刚之气和军服元素，能体现女性的优美曲线，显得典雅时尚、帅气挺拔，是一种适用面较广的造型样式。在皮夹克、猎装、女大衣等服装中使用。

6. X型 用大领或蓬松袖来夸张肩部的造型，腰部收缩，下摆放出，比苗条线型更为夸张，显得俏丽妩媚、活泼可爱。在女装的外套、夏季的轻薄皮草服装中使用。

在纺织服装设计中，款式的造型可呈现出不同的长短、宽窄、曲直、动静等变化，以表现各种不同的造型风格。在皮草服装造型轮廓设计中不仅仅要注重正面的造型，还需要考虑到三维的立体造型，主要是侧面和袖子的造型应该和正面的造型相互协调，例如使用X型，前面两侧收腰，背后中线的造型也应该进行收腰，为了加大上部造型，袖子可使用泡泡袖的造型，这样整体造型才会协调一致，显得饱满，具有立体感。由于皮草本身具有的扩张性，使得皮草饰边部位在服装的造型中往往具有明显的扩展之感，它对整体服装的造型轮廓有着一定的影响。因此，在设计服装外形轮廓时，要同时考虑到皮草饰边的设计位置和面积的大小比例,见图5-3-1。

图5-3-1皮草饰边服装的各类廓形

（二）材料设计

对于皮草饰边服装来说，合理的材料搭配，从某种意义上看要比全皮草的服装更为重要。因为在全皮草服装的材料选择上，除了在服装外表不易看到的间皮或衬里的选择之外，一般是不涉及皮草材料与其他面料之间搭配问题的。而在皮草饰边服装的设计中，皮草材料作为点缀而出现，只起到辅助性的装饰作用。所以必然要考虑大面积的用料与小面积皮草之间的配搭效果。一般情况下，皮草饰边服装的主题面料多选择皮革以及比较高档、比较厚的纺织品，如：开司米、毛呢、织锦缎、新型高科技面料，与饰边材料狐皮、貂皮、貉子皮、波斯羊羔皮结合，使服装显得更加流动、华丽，具有魅力。这里涉及以下问题：

1. 不同服装面料与皮草搭配呈现不同的风格

（1）雍容华贵型：皮草+丝绸、锦绒织物，一般以柔光亮泽软滑轻盈的锦绒或羊绒为大身，搭配华贵、细腻、柔和、典雅的皮草，雌性的动物皮草以及经剪绒或拔针处理后的皮草更为合适，勾勒轮廓局部的方式，以收画龙点睛之效。

（2）庄重端淑型：皮草+呢绒织物，此组合往往以呢绒为主结构造型，皮草饰边在小范围内出现并以直短毛居多。

（3）实用多效型：皮草+皮革、绗缝织物，常利用各种类皮草修饰风帽、领、袖口、门襟、衣摆及局部衬里等部位，防风御寒，美观实用。有的皮草可毛革两用，所以这种组合往往在服装的双面穿着功效上巧用心思，饰边设计的正反相间互换成为最显著特征。

（4）时尚意趣型：皮草+针织物，表现贴体富弹性的针织材料与蓬松轻厚的皮草材料的强烈对比。通过针织结构表现细部编织的精致严谨，皮草饰边则可裁制出富有情趣的装饰造型。此类的反差多由弯长型毛及具有体积感、零碎感的皮草饰边完成。

（5）随意休闲型：皮草+牛仔类织物，这种设计所采用的皮草种类，取皮部位散、乱、杂、廉、碎，恰与牛仔织物桀骜不羁的豪放风格相吻合。

（6）浪漫唯美型：皮草+雪纺、蕾丝织物，由于两类材质在本质上截然不同，所以该形式已远离蔽体保暖的服用功能，而很大程度上以追求形式上的美感为目的，产生飘逸飞扬而又不失柔美婀娜的体面结合、虚实掩映的效果。

2. 皮草饰边材料风格与服装款式设计风格的统一性　服装面料及皮草饰边材料的选配除了彼此之间的风格一致以外，还要符合服装设计的总体风格。与普通的服装设计相同，设计师既有从面料着手进行设计，也有从想象构思着手做设计的。

看面料做设计，设计师可以从服装面料和皮草材料中直接寻求并获取设计灵感，能够有的放矢、切合实际进行设计。如此设计时，直观性强，把握性大，能够充分考虑并强调不同材料的特点；从想象着手设计是将主观设计创意通过设计图的描绘形式传达表现出来，设计师更注重的是对服装面料及皮草材料的主观理想化的创造，然后再根据设计图选配服装面料和皮草材料。虽然有时并不一定切合客观实际，在选皮、配料时可能会遇到困难，但却能从另外的角度上促进服装面料、皮草材料工艺和材料外观更新与发展。

值得注意的是，服装设计所追求的“风格一致”，并不能简单地理解为是寻找服装各种要素间的等同性。皮草饰边服装本身就蕴涵着材料质感和面积的对比，关键之处是要将服装设计的诸多要素进行统一考虑，以求其变化统一的最佳点，使总体风格保持一致性。这一关系把握准确了，无论是少女时代，还是满头白发，皮草都能让女性在不同场合、不同年龄传递皮草折射出的不同魅力，所以皮草与岁月无关，见图5-3-2。

图5-3-2 皮草饰边服装让83岁的卡门尽显霸气雍容

（三）色彩设计

皮草饰边服装设计中色彩是选配材料的重要参照依据。但由于饰边皮草在整件服装中所占的面积较小，色彩的搭配方法则与普通服装的非常相似，由于皮草材料与其他纺织面料存在明显的质地和肌理效果上的差异，如果要更多考虑和把握服装整体风格一致的原则。设计时，最常用的配色方法就是同类色和类似色的组合，通常将皮草进行染色处理，与面料形成相统一的配色关系，用材质来区分变化，使统一中蕴涵着丰富细微的变化，产生较好的视觉效果。还可以利用天然皮草自然的咖啡、灰黑、灰白、灰棕的色调，与同类色调深浅变化的组合；黑、白、灰的色彩搭配；以及色彩的对比等方法。见图5-3-3。而运用色彩的对比常出现在一些休闲、运动型或夸张风格的皮草饰边的服装设计中，给人以生动、跳跃的视觉感受。

图5-3-3皮草饰边与整件服装同类色的应用

（四）图案设计

皮草天然的外观及花纹特征赋予皮草材料不同的风格特征，虎、豹的图案给人威严、强壮、干练、权威的联想；水貂、松鼠柔和自然的光泽给人温顺、灵敏、安逸、精美的感觉。还可以通过工艺手段将动物皮毛的图案进行重组。比如常见的利用皮草脊背纹路做原只切割取形，利用皮草脊背与肚子边缘的毛色花纹以及毛份的差异，无论是整只拼合还是半只拼合，花纹的并列重复都会产生统、整体的肌理效果，使皮草饰边呈现出的外观丰满、殷实，富有立体感。特别是在领口、门襟、袖口、衣摆处做横向或竖向的饰边装饰时，其横竖、长短、凹凸起伏的对比，更赋予皮草饰边以自然、单纯的变化效果。

此外，还可充分利用动物皮草的一些边角料进行特殊的仿生设计。例如：选用动物尾巴的皮草做饰边以及利用动物四肢的皮草连同爪子一起做装饰等，其效果新奇、巧妙、生动，富有情趣。与皮草皮服装设计一样，皮草饰边服装本身也存在着拼合、方向、纹路、色泽的使用问题。掌握并有意利用这些特点进行皮草饰边服装的设计，会得到变化丰富的视觉效果。

（五）工艺设计

皮草饰边服装的工艺相对自由，随意，不再受到二维面料的局限，更向三维空间发展。

1. 镶嵌工艺 通常是在皮草或其他材料上分别裁出同样大小的图案，把两者交叉缝合在一起。运用毛绒高低变化产生凹凸立体效果，以产生平、立面结合的生动效果。

2. 镂空延长工艺 是抽刀工艺的另一种表现形式，适用于蓝狐皮等毛绒长度均匀适中的皮草。它不仅可以有效地加长原皮草长度的60%，还能使皮草表面产生一种有规律的图案，既加大了皮草的面积，又降低了制作成本，可用于皮草饰边服装和全皮服装。

3. 双面窗口工艺 是在皮草的皮板面按照图形切割后，把割好的皮翻转毛面，在皮革面把翻转的毛边和皮板缝合在一起，完成后双面呈现出规则的镂空图案，皮板也同样规则的分布着小片毛绒。这种工艺适用于围巾、袖口或其他双面使用的设计部位。

4. 切割流苏工艺、分割重组工艺、皮草编织工艺与面料组合工艺 貂皮条穿插着毛线在粗花呢上做面料二次设计，缝出理想的花形，适用于服装的门襟、下摆、袖口等位置。

5. 旋转加捻工艺 就是将一条或者几条不同颜色的毛条单独或混合捻转在一起，还可以结合各种面料使用，穿插在组织较疏松的面料中，如蕾丝、网眼布、毛呢料等，形成丰富的装饰效果。

6. 车缝工艺 是在梭织或针织面料上，将皮草材料以一定的形状和顺序排列，使用平缝机或皮草锁机缝合，制成富于层次感和肌理感的、轻盈飘逸的皮草衣料。此工艺适用于各类中长或长毛类的皮草饰边服装和服饰品的设计。

此外，还可以将水貂、狐狸等皮草，以不同大小、不同形状、不同色彩、不同的排列方式，小块面、散点状地在服装上进行拼贴、缝缀、编结等，可达到不同的视觉效果。设计师为了追求某种特殊的图案装饰效果，自由地选择皮草装饰部位，也就说，不需要借助于服装的边、缝或部件，而是根据设计意图，将事先做好的小型皮草饰件或图案直接缝合在服装确定好的位置上，缀饰皮草以突显其肌理效果，见图5-3-4。

上述介绍的只是比较基本的皮草饰边的工艺方法，设计的天地是无止境的。不同的面料与不同皮草相结合，可获得的效果是无穷尽的。以这些工艺方法为出发点，结合设计师的创意思维，创造出更多更好的工艺效果来点缀人们的生活。

图5-3-4 皮草饰边服装中各种新型工艺

（六）细节设计

1. 装饰部位的设计 在皮草饰边服装的设计中，皮草材料的运用起着“画龙点睛”的作用。可以说，使用皮草材料进行装点之处，在整体服装中均占据着较为重要的作用，是需要强调的位置。服装附着在人体上，主要起着保护和美化人体的作用。人体是服装存在的根本，是服装依托和服装变化的依据。因此，人体结构的关键部位就是服装需要重点刻画强调的部位。服装的造型、结构和款式变化，都是以此为基础展开的。

(1)装饰部位选择

人的三围部位——胸、腰、臀部位；

人的肩、颈部位——领口、过肩、肩颈部位；

人的肘、腕部位——袖身、袖口部位；

人的膝、踝部位——裙摆、裤脚部位；

人的前中心部位——前身门襟部位。

(2)重要的局部饰边装饰

服装的袋口部位——贴袋、挖袋、立体袋等；

服装的衣边部位——衣边、袖边、袋边、帽边、裙边、裤边等；

服装的线缝部位——各类开刀拼合省线部位：纵向包括公主省、刀背省、通肩省，横向包括高腰线、低腰线等。

以上都是皮草饰边服装进行装饰的常用部位。虽然皮草饰边部位的选择还需根据具体情况灵活进行，但选择在人体的重要结构部位进行装饰，是设计遵循的一个普遍规律。

2. 确立主从关系的设计 在皮草饰边服装的细节设计上，必须把握主从关系。无论设计点是仅有一处，还是装饰部位有两处甚至三处，都涉及造型形式的表现以及面积的大小分布、饰边之间的相互呼应等问题。采用皮草材料进行局部装饰，就是运用服装设计中的“强调”原则。而要达到强调的效果，其基本的条件就是运用对比的手法，使需要强调的部位更加突出、明显。强调的部位必须是少量的、有序的，切忌到处强调、到处都是饰边装饰，以免造成主从关系的混乱，产生眼花缭乱、杂乱无章的视觉效果。

一般情况下，皮草饰边的部位选取两个，一为主，另一为辅，上下呼应，产生节奏感。这样的效果既具有整体统一的外观，又不乏精美的“点睛”之笔，且具有对应的节奏变化，使人赏心悦目。如果选用了三个或三个以上的部位进行皮草饰边装饰，切忌平均处理，除了主与从的关系外，还需要把握好疏密的布局变化。

3. 可局部拆卸组合的设计 皮草饰边服装还可从多功能的角度上进行设计思路方面的挖掘。将皮草饰边服装设计成可拆卸、组合的形式，根据场合、环境的不同需要而灵活变换服装的外观，使一件服装既可以穿出多种效果，同时也便于服装的洗涤和保养。

(1)将皮草服装的衣袖做成可拆卸式，使其既可作为上衣穿着，又可作为背心穿用。

(2)将皮草服装的领子、帽边或袖口等面积较大的皮草饰边，制成可拆卸式，使其既可以用于这件服装，又可以用于其他的服装，还可以略加整理成为一个独立的兜帽、围巾、手笼或小包等。

(3)将皮草披肩制成可进行灵活抽褶变化的式样，使其既是披肩，又可以是交叠式的裙子。

(4)将面积比较小的皮草饰边设计成可拆卸、组合的式样，而拆卸下来的饰边或小饰件，可放置到另一个位置，重新组合成一种装饰效果。如上衣下摆或门襟处的饰边可移至裙摆、袖中线，也可作为腰带使用；服装上点缀装饰的小毛球或小尾条可随意移动变化，形成新的疏密关系或组成新的图案等。

总之，皮草饰边的多功能设计，可以从另一个角度开拓设计思路，如处理得当，会使设计新颖独特。但要注意的是，如何利用巧思奇想的表现技巧，以弥补可拆卸式设计容易造成的不完整、不正规之感；要充分地表现休闲、情趣的一面，但要避免牵强附会，避免出现粗糙的外观效果。如此，自然会产生意想不到的视觉效果。

第四节　皮毛一体服装的设计

THE CLOTHING DESIGN OF LESTHER WITH FUR

一、皮毛一体的概述

皮毛一体是一种皮革处理工艺，就是把动物的皮连着毛一起取下后加工处理，这样处理的皮革最大限度保留了它的柔软、致密、透气保暖的特性。而且毛和皮的牢固程度也很高，提高了耐用性。皮毛一体服装包含着两层意思，一是指皮的正反两面，一面为皮革，另一面为皮草(或叫裘皮)；另一层含义是指在皮的正面，一些地方去掉动物的毛，以皮革的形式出现，一些地方没有去掉动物的毛，以皮草的形式出现，即在同一张皮的同一面，皮草、皮革以不规则的形状相互交叉、渗透，而在皮革的地方又采用印染、手绘、刻绘等工艺进行装饰，形成不同风格的、新颖的特殊纹理效果，反面一般为绒面革。

皮毛一体的起源是随着远古人类生产力的提高，由叶子逐渐更改为兽皮，从古至今随着人类的发展对皮草种类和工艺的要求也越来越高。在20世纪90年代后期，皮草硝制行业将皮草的皮板面进行深加工处理，从而研制出了两面皆可使用的皮毛一体的面料。这类皮草面料集两种风格于一身，深受大众喜爱。皮草服装设计师也越来越多地选用这种皮草进行双面穿着的成衣设计。常见的有水貂、羊毛、獭兔毛、家兔毛、袋鼠毛等，其中羊皮毛一体中还分为英国皮、荷兰皮、土种皮、美尼努毛、羊绒毛、滩羊毛、口羔毛等。

二、设计要点

皮毛一体服装的设计要充分考虑到皮草服装两面穿着的效果及其特殊的缝合工艺方式。通常皮草材料的缝制是用皮草缝纫机完成。而皮毛一体材料，兼具了毛面和皮面的双面特征，它既可使用专用的毛缝机缝制，又可使用普通的平缝机进行缝制。这就为皮毛一体穿服装的设计和制作，提供了多样化表现的条件。

采用皮毛一体设计出的皮草服装，不仅可以得到两种完全不同、又相互协调的穿着效果，而且相比较传统的单面皮草，由于没有了里料、衬料、填充物的羁绊，更具有其无可比拟的轻盈、柔软的特性。这种特性正是所有高质量、高品位皮草服装的关键所在。

在选择缝线方面既可选择与皮板相同颜色求其统一谐调，又可选择与皮板不同的颜色求其生动变化，同时还要求缝纫者具有精湛的缝纫技术，以确保皮毛一体的做工精益求精。

在皮毛一体服装的设计当中，还可以根据不同的需要，对成衣的毛面及皮面做不同肌理的处理，使服装表面呈现出各式各样美丽的图案和效果。例如窗口工艺、狐皮砌砖工艺等，均可达到个性化的设计目的。

由于各个时代的审美观念存在差异，因此材质的流行也随着科技的进步而日新月异。2015-2016秋冬法国国际皮革展Cuir　à

Paris上，羊羔绒成了秋冬时装发布会上的热门材质,众多制革厂聚焦开发独具创意的反面有绒毛的皮革，见图5-4-1。皮革的一面为压制成型，或有激光蚀刻、印花、随意的彩色图案，甚至加上全息箔面装饰性细节。推出了反面有华丽装饰的羊羔绒、带毛革和皮草，比较适合做皮毛一体服装。复合皮革、铺棉皮革、对比双层皮革是本季巴黎国际皮革展的新兴趋势推动力。设计师尤其要留意材料的资讯与动态，适宜地将其运用到服装的设计中，从而达到事半功倍的效果。

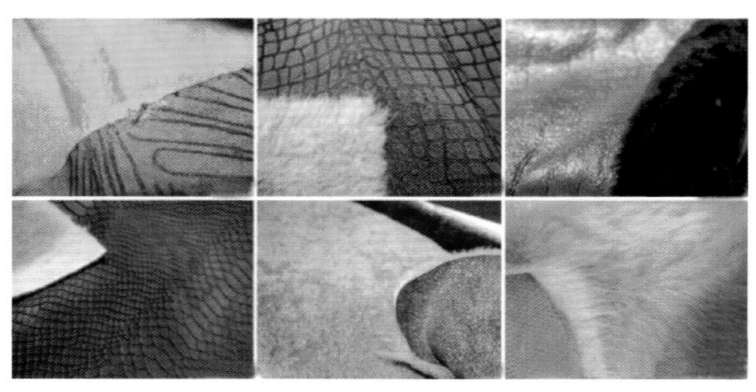

图5-4-1 2015-2016秋冬法国Cuir à Paris国际皮革展上的羊羔绒面料

三、款式设计

皮毛一体服装具有休闲、时尚与实用的风格，很多款式选择简洁大方，突出的皮板效果成为服装个性化设计的重点。皮面朝外是皮毛一体服装的主要穿着方式，服装裁剪方式也接近于皮革服装，应用皮革材料，设计为立领、翻领、青果领 等领型，衣身设计成 A 型、H 型、X 型等造型，袖型设计为圆袖或插肩袖或连肩袖，在领口、袖口、门襟止口等处加上狐狸毛或貉子毛、貂毛，表现出高贵、华丽，皮衣质感重塑崭新的一面。加以针织面料和皮革材料、扣环等作辅助材料，缝纫时可采用绷缝或缝头向外。可以设计的款式有：男士大衣、风衣、西服、夹克、猎装等，女士大衣(直摆)、高腰上衣、小脚长裤、短裤、短裙和童装夹克、大衣等。

四、色彩设计

随着胎羔毛面染色技术、革面涂层高科技技术和现代的染色后整工艺的出现，皮毛一体的服装色彩丰富多样，让几乎所有颜色都能在这种皮质上实现。男装的皮毛一体，棕红色、黑色、灰色、深咖啡色是比较主流的色彩，也是比较好搭配的色彩。在女装的皮毛一体中饱满均匀的色彩是材质重点新兴趋势，浆果色调、饱满橙色和浓郁黄色是核心色彩。皮毛一体的毛面设计讲究与革面搭配与呼应，色彩上与革面顺色、撞色或做一毛多色的效果，还可以运用印花、剪花、蚀花等工艺使毛面产生丰富的肌理和图案变化，从而在皮毛双面产生多样的风格。例如毛面的毛被是一种卷卷的胎羔毛，将毛被染成各种颜色；毛面的反面是革面，通过素革扎花或印上各种不同的图案，与毛面的颜色相配，体现其独特的风格，也体现高科技成果给皮草无限的生机和商机。

五、加工工艺

皮毛一体服装在原料的设计处理以及突出款式结构上，常采用的加工方式如下：

(1)皮毛一体材料的加工应用都是以整皮进行的，它不适宜小块面的皮草材料分割，更不适合“抽刀”工艺的加工形式。

(2)长毛类动物皮草不适合处理成皮毛一体效果，因为长毛的柔软和富于变化性，是不能够提供明确的正反图案边缘的。因此，这类皮草常采用双面效果工艺，将狐皮裁成窄条，然后再正反拼接，则产生双面均具有长绒毛的效果，柔软、舒适。

(3)对皮板面进行染色、印花、轧花、激光刻花、刺绣、手绘图案等装饰加工处理，使或单色，或磨毛麂皮，或光面亮皮的板面形成与毛面风格迥异的丰富效果。

(4)运用剪花工艺和脱毛技术处理，使毛面产生规则的图案或自然的凹凸效果，尽显多样的风格。

(5)选用同色系、不同深浅的较粗缝线或皮条，特意在拼接线处追求手针缝合的装饰效果。

(6)特别要注意双面穿的衣领、门襟、纽扣、袋口等部位设计的合理性与巧妙性，既要考虑到美观实用，又要考虑到牢度等问题。设计时应尽可能达到既方便实用，又自然美观的效果。

(7)可以根据设计的需要，采用将皮草衣片一正一反排列拼接的方法，从而得到两面完全一致的设计效果。虽然削弱了两面的相异性，却由于皮草皮面与毛面不同肌理的对比，从而更增强了服装表面拼接图案的效果。

以上的设计加工方式，既突出了皮毛一体服装两面穿用效果的独特性，又表现了彼此的相异性，增强了毛革双面服装的个性魅力，见图5-4-2。

图5-4-2 米色珍珠羔双排扣拖地皮毛一体大风衣(Chole)

第五节 皮毛设计表现

FUR DESIGN PERFORMANCE

随着人类文明的不断进步，人们对服装的审美功能要求也越来越高。服装设计师对于所构思的设计作品形成概念之后，需要把构思及创作灵感用一定的形式表现出来，通常使用效果图或将实际材料直接在人台或人体上表现的方法来表达。由于皮草价格昂贵、原材料珍贵，通常用效果图来表现创意和设计构思。作为一种对设计师创作思路的图解说明，“简洁化”是服装效果图的绘制关键。它的主要功能是通过平面视觉传达的形式表现自己的设计思想，表现方法与其他画种相比，更具有灵活性与多样性。皮草效果图是以描绘和表现皮草材料的特点为主要对象的设计图，通常将注意力放在服装的造型和结构上，着重强调服装与服装、服装与人体、设计细节与整体之间的比例关系。由于其材质的特殊性，在表现的技法技巧上也具独有的特性。皮草效果图多以线条勾画，着淡彩，再配有面料小样、款式图或文字说明。无论采用何种工具、何种材料来表现，都要充分体现皮草服装与其他纺织面料不同的，特有的体积感、毛绒感和天然的斑纹效果。

一、皮草效果图的表现技法

皮草服装效果图的表现工具和手法是多样的，传统的水粉、水彩颜料可以表现皮草，色粉笔、彩色铅笔也同样可以表现出风格化的皮草设计图。也不要认为只有彩色才是表现皮草材质的唯一选择，铅笔、碳笔、墨水等工具的无彩色黑白表达也是皮草服装设计很好的一种表现方式。正因为设计风格的多样化，决定了表现手法的丰富性，这里介绍的手法和方式是比较通俗的，有志于潜心在这个行业发展的设计师还可以自由地创作，创作出属于自己的表现风格。常用的表现技法根据应用的工具分有：线描、素描、淡彩、水粉、马克笔、油画棒以及多种技法的混合应用等表现技法，它们都是效果图中最基本、最常用的表现形式。

（一）线描表现

线描源自于中国画技法形式中的一种，后被应用于美术基础训练中，称之为速写。此种画法全凭线条的虚实刚柔、浓淡粗细来快速勾勒人物或景物。这种速写能力是服装设计师必须具备的基本技能，它可以培养敏锐的观察力，迅速地掌握对象的造型、比例和运动特点。用线条勾画出浮现在表面的针毛是塑造皮草类服装质感的重要技法，绘画中十分讲求“虚”与“实”的对比，有时淡淡的色彩渲染加上寥寥数笔的线描就可以表现出蓬松的特征；采用线条勾勒方法，将各类皮草外形、结构勾勒出来，为了更好地表现皮草材料的特征，有意识地选择重点部位，依照皮草生长的方向，运用一些生动的长短线，体现皮草的肌理纹路；在表现皮草饰边的服装中，要注意有选择地采用软铅笔或炭笔在衣领、袖口等重要皮草显露部位施以明暗，让疏密变化过渡自然，既消除了铅笔的单纯生硬感，又表现了皮草的质感，与服装中较大面积的空白形成繁简对比，突出强调皮草饰边的中心地位，以免使服装效果图成为面面俱到的素描；也可以依照皮草服装结构的起伏变化，采用简洁流畅的弧形线条，配以适当的回笔、顿笔以及短线表现，略施简单的明暗，突出了皮草服装蓬松、柔软、厚实的体积感，达到简洁、生动、鲜明的视觉效果。

线描表现的画法步骤如下：

（1）.先用2B或4B铅笔，也可以用速写钢笔、炭笔、炭精条等（笔尖要削成扁平头，才可以画出粗细不同的线条），认真观察，用线条表现出人物的动态，服装款式及纹路走向；

（2）.根据实际需要灵活变换笔的粗细，注意笔触的长短、虚实、软硬，线条组织的有紧有松，有疏有密才能表现出皮草松软、厚实的质感,见图5-5-1。

（二）素描表现

素描画法是一种绘画艺术领域中一种独立的表现手段和艺术样式，是一种独立的画种。主要是指用明暗手法来表现时装画人物皮肤和服装的不同质感。运用素描技法绘制的时装画，一般多偏重于写实表现手法，画风要求细腻而准确，质感的表现用黑、白、灰等多种层次来表现。这就要求绘者具有较强的造型功底和塑造能力。在

图5-5-1 皮草的线描表现技法 作者：许一苇（东华大学）

皮草效果图中，素描能用黑、白、灰关系塑造出不同朝向的块面关系，并渲染出皮毛自然的分簇、分绺以及皮草饱满的体积感；还可以用较细的笔触分层勾勒出亮部的皮毛的形状和肌理；由深至浅的层次能够很好的表现出皮草整体结构、画面空间等诸多方面的要求，还要考虑到调子的协调性和统一性。这一技法表现皮草、皮革、纯毛等面料服装会取得比较好的效果。

素描表现的画法步骤如下：

（1）.先用2H铅笔根据纸张的大小确定构图的大小、人物的比例和人物的动势，衣纹的来龙去脉要用线条交代清楚；

（2）.用2B铅笔进行铺大色调，表现出大体的明暗层次衣纹，要基本画出凹凸起伏；

（3）.用HB铅笔细心深入刻画人物细部和皮草的质感。尤其要用黑、白、灰关系突出表现皮草的阴暗面和肌理纹路的质感，见图5-5-2。

（三）水粉表现

水粉画的色彩大多是通过颜料混合调配出来的，含有大量的粉质，具有不透明感，是一种覆盖性很强的颜料，因此它的绘画顺序应是从深往浅画，如果相反顺序画容易画脏。水粉的色彩艳丽、明亮、浑厚、柔润，具有很强的艺术效果，非常适合表现皮草服装。在画面上做多种肌理效果，能充分表现出皮草受光、背光的层次感和厚实的质感。特别是当描绘长毛类型的皮草材料时，只要水份调和恰当，采用干枯的笔锋以及准确的表现长皮草典型特征的笔触，加上叠盖的技巧，能使所画的皮草服装其边缘产生自然而生动的变化，产生丰富而传神的艺术效果，使整个设计图富有感染力。除此之外，水粉加水多些的薄画法又可以得到与水彩相似的效果，故也可以用它表现湿画法，是可塑性非常强的画材。

水粉表现画法步骤如下：

（1）.用铅笔轻轻打好轮廓，把人物形象和服装款式画完整，铅笔线条不需太工整，要灵活并充满激情；

（2）.先用水粉颜料调出人物最深肤色铺上，然后调好服装颜色，铺上一层最深的颜色，注意受光处多留空白不着色，待到半干时再将服装和人物脸部的中间色部覆盖在深颜色上，增强人物与服装的层次感；

（3）.皮草用色涂均匀后，再对细部进行细致刻画，诸如脸部的刻画、皮草服装的细节部分等；最后再精心调整与统一色彩整体关系，然后根据作品需要决定是否进行勾线，着重突出表现皮草的质感，见图5-5-3。

图5-5-2皮草的素描表现技法 作者：王瑞奇（金陵科技学院）

（四）色粉表现

色粉画这一特殊的绘画形式，对皮草服装的质感表现具有独到之处。它是粉质的颜料，在有色的粉彩纸上或较为粗糙的表面作画，画出的线条，笔触效果比较蓬松，与皮草服装外形轮廓呈现的状态相近，易于产生绒毛的质感。同时，色粉画也易于表现服装上的条纹及明暗。可选择的颜色多，深沉颜色可作为背景，对较亮的皮草服装设计图起衬托的作用，这是色粉画最独到的特点之一。由于色粉笔质地脆而易断，画在一般光滑平面的纸上容易脱落，可以在画好后喷上一层保护胶，才易于保存。

色粉表现画法步骤如下：

（1）.先选择好粉画纸的颜色做底色，一般以灰绿、棕色、灰蓝、乳黄等中间色或偏灰的亮色做底色；

（2）.初学者可以先用铅笔简单勾勒草图，表现出服装模特的动势、服装衣纹走向；

（3）.刻画皮草细部，可以先用色粉笔表现出皮草的大致光影效果、肌理特征及轮廓，再配合水溶性彩铅勾画出重点部位的针毛。还可以选择用马克笔勾线，再用色粉笔描绘出皮草质感，体现出厚重的效果；

（4）.在表现皮草质感时可以尝试用手指、擦笔进行局部涂抹，使色彩的调合更加丰富，产生丰富而奇妙的肌理效果。在恰当的时候，喷一层固定液，以坚固其基础，保存画面的颗粒状，再持续作画。这个画法，纸张以较粗的为好；

图5-5-3 皮草的水粉表现技法 作者：刘蕴 王梓峣（金陵科技学院）

（5）.喷胶固定，装框。

（五）油画棒表现

油画棒是一种蜡质固体颜料，色泽不易混合，在服装效果图中它能在面料和面料图案中表现出自己的优势，适合用作平涂和绘制粗线条，其风格粗犷洒脱。使用方法和彩色铅笔一样，具有浓厚的层次感，有油画般的写意效果。

油画棒最适合表现皮草材料厚实、粗犷和肌理突出的特点。比如皮草天然的图案纹样只强调大感觉，不必要细致刻画，可省去手工绘制图案的填空、留空等繁杂的细节。由于它附有油性，在罩上水粉或水彩后，会留下明显的油性痕迹，带有明显的斑点丝痕。

油画棒表现画法步骤如下：

（1）.先用铅笔起稿，画出人物的动态与服装款式；

（2）.再用蜡笔或油画笔写意般大体画出动物皮草的天然纹路，然后用淡黑色统一给服装铺上底色，肤色也同样铺上底色；

（3）.最后用深色水彩或水粉大面积涂抹，皮草的花纹图样跃然纸上，见图5-5-4。

图5-5-4 皮草的油画棒表现技法 作者：周筱青（金陵科技学院）

（六）水彩画表现

水彩晶莹透明，覆盖力弱，但渗透力强，既可以大面积平涂，也可以精致刻画细小部位，利用水彩的干湿变化渗化效果及渲染效果，结合枯笔的技巧，使所表现出的皮草服装的质感自然、生动且富于变化。与水墨画相比，水彩画更讲究色彩的表现，而水彩颜料比较透明，以水来调节色彩的浓淡、纯度等变化，因此绘图的技巧偏重于对水分干湿的控制和对用笔、用色的把握上。皮草的长短、粗细、花色、曲直形态以及软硬度的不同，其所表现的外观效应也各异。画时要抓住裘皮面料具有蓬松、无硬性转折、体积感强等特点。表现裘皮具体的方法很多，对于比较细腻柔软的皮毛可以用晕染法，即先用水在所要描绘的皮毛部位湿润一下，在半干的时候，用水彩按照毛的走向着色，使色彩渗化，最后用笔蘸上稍深的颜色勾画。色彩之间由于水分的作用能够较为自然地衔接，外轮廓处由于水分的自然渗化而形成绒毛感。对于比较粗犷的皮毛可以用“撇丝”画法，将笔毛分多叉，蘸上较干的颜色，在已经染好色彩的皮毛部位，根据毛的结构和走向画出一丝丝的毛感。这种方法，用钢笔、铅笔、水彩笔等均可在边缘部分根据皮毛的结构走向表现。

水彩画表现画法步骤如下：

（1）.用铅笔轻轻打好轮廓，把人物形象和服装款式画完整；

（2）.先用水彩颜料或透明水色调出人物基本肤色铺上，然后调好服装颜色，铺上一层淡淡的颜色，注意留出空白处；待到半干时再将服装和人物的暗部加重一层颜色，增强人物与服装的层次感；

（3）.最后细致刻画服装的细节和人物，等颜色全部干后再用速写钢笔或毛笔在铅笔的基础上加重线条，注意线条的粗细运用。注重把握皮草的结构方向、长短、软硬、直曲等形态特征，注重主次关系，见图5-5-5。

（七）水墨画表现

水墨画主要采用国画写意的形式，注重对笔墨的技巧和情趣方面的追求。对绘画者的水平要求较高，绘制时需一气呵成，不能反复修改，这点和水彩画的表现技法有相似之处，只是水墨不大注重色彩的表现，而更加注重笔墨浓淡的表现。其特点是透明，作画简便，效果明快，讲究技巧性，随意而生动，不追求过多的细节，具有很强的表现力。

水墨画表现画法步骤如下：

（1）用铅笔轻轻打好轮廓，即画好人物形象和服装款式；

（2）先用水彩颜料或透明水色调出皮草基本色调，要水分饱满地进行轻轻涂画，把基本色调平铺一遍并待画面半干后，再用同样的色彩把中间部分加深，分出浓淡关系，皮草边缘部分一定要虚，才能表现出绒毛蓬松的感觉；再用相同手法为人物肤色、头发上色，切忌心中无数、反复涂抹以致画面搞脏；

（3）在皮草的阴影处部分逐渐加深，并用清水笔把颜色仔细晕染开，表现出立体感、空间感、质感，可以单层快速渲染也可多层罩染，直到理想为止。深入刻画人物的五官发型后，再用铅笔加深线条，强调轮廓线，使画面线条清晰效果明显突出，见图5-5-6。

（八）彩色铅笔画法表现

采用普通的彩色铅笔表现皮草服装，具有灵活、便利、易修改的特点。线条可粗可细，可浓可淡，可涂抹，可覆盖，与水粉、水彩相比，相对容易控制，也不需要许多的绘画工具，十分方便。但彩色铅笔存在着很大的局限性，主要表现为画面上的线条排列僵化，色彩的明暗层次拉不开，画面上容易出现平淡和缺乏生气的感觉。在表现皮草类服装时，需要结合水彩、水粉、马克笔、钢笔等手段，才能产生丰富的艺术效果，使其更富有表现力。

另外一种可溶性彩色铅笔，笔芯粗而软，

图5-5-5 皮草的水彩画表现技法
作者：宋湲 中国国际裘皮大赛获奖作品《炫舞缤纷》（金陵科技学院）

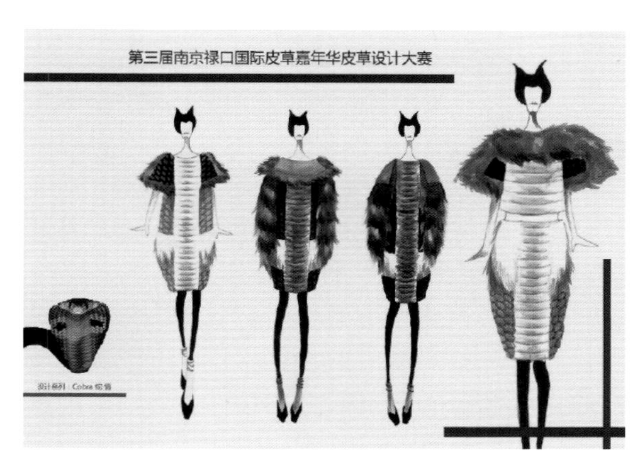

图5-5-6 皮草的水墨画表现技法 作者：王丹妮（东华大学）

容易上色，并兼有铅笔和水彩的特点。即用彩色铅笔涂画之后，还可以用毛笔蘸水在上面进行渲染处理，如把握得好，不仅可以获得大块面的色彩效果，而且还可以保留一定的线条笔触，比较灵活。根据具体的需要，对渲染过的地方用彩色铅笔进行再刻画，线的运用和排列要结合对象的形体结构、质感和色彩关系，要用力均匀。它的绘画特点是色调柔和，易于掌握工具的独特性，使画出的线条带有绒毛的柔软感觉，能够表现出微妙的、细腻的色调变化，非常适合营造出皮草服装所特有的边缘效果，因而具有比较理想的表现力。

彩色铅笔表现画法步骤如下：

（1）.铅笔轻轻打好形，尽量具体详细；

（2）.彩色铅笔由深往浅进行打线条，先用黑色彩铅画出肩部长毛后，用粉色整体通铺下摆部色调，再用赭色和黑色画出皮草的中间色调；

（3）.对细部进行细致刻画，诸如脸部的化妆、服装的细节部分等；再精心调整与统一皮毛的色彩整体关系。在这一示范图例中着重表现了长毛皮草质感及针织裤袜的质感，见图5-5-7。

（九）马克笔表现

一般说来，马克笔画出的线条比较刚硬，不太适宜表现皮草材料蓬松、柔软的质感。但是马克笔无需调配与掌握水分，特别是色彩品种齐全，各种明暗层次的色彩以及各种型号的笔头应有尽有。马克笔画法近年来流行较快，尤其在国外应用更为广泛，有油性和水性之分。油性马克笔覆盖力强，颜色有厚重而润泽的感觉，适合大面积涂抹；而水性马克笔颜色柔和透明，覆盖力弱，笔触清晰。此外，当马克笔在笔芯中的颜色快用完时，画出来的线条或块面会产生毛糙的感觉，因此可以利用这个特征，在铺好的色块上，按皮草生长的方向，做一些肌理效果，以弥补马克笔线条过于直挺、刚硬的不足。马克笔特点是色彩鲜艳、作画方便，绘制效果流畅、洒脱，具有很强的视觉冲击力，能够展现一种抑制不住的创作激情。

马克笔表现画法步骤如下：

（1）.先用铅笔起稿，画出人物的动态与服装款式；

（2）.为了画面干净，需要把草稿拷贝到正式稿上。用马克笔先涂肤色，再根据服装结构按同一个方向涂最浅色，注意适当留白；

（3）.换中间色在皮草的明暗面处再涂几遍，最后再用深色刻画出服装的投影线条和人物的五官和发型等，见图5-5-8。

（4）.看最后需要，可在两色重叠部分，可用彩色铅笔继续加深阴影或提亮高光。

图5-5-7 皮草的彩色铅笔表现技法　作者：茆羚（金陵科技学院）

图5-5-8 皮草的马克笔表现技法　作者：吴玥（江南大学）

（十）电脑表现

随着电脑技术的广泛应用，电脑已经成为设计师一个重要的绘图工具。电脑绘图具有设计快捷、方便修改和保存，可以实行手工设计无法达到的三维仿真效果等特点。尤其在皮草材质的表现上，可以把皮草材料通过扫描替换到服装上，甚至建立类似照片的三维真实效果。目前专门用于服装绘图和图像处理的软件有Photoshop、CorelDraw、Illustrator、Freehand和Painter等，它们强大的功能为创作提供了一个很好的施展舞台。

采用电脑软件来表现皮草服装效果，有着速度快和修改方便的优越性。当然前提是除了要有一定的绘画基础外，还要熟练地掌握所用软件的各种功能，以便能够得心应手地对所需要的图像进行各种技术处理，从而充分地表现自己的设计构思。用电脑绘制设计图，最好是配备扫描仪和彩色打印机等全套的电脑绘图设备。采用先手工绘制设计图，再通过扫描系统将其输入电脑，然后在电脑中进行着色、材质选择及各种绘画效果的表现和处理。由于使用鼠标绘图不够灵活，所绘线条不易掌握而显死板，因此也可以配备一套电脑绘图板，也就节省了手绘和扫描的环节。在整个绘画过程中，可以进行多种尝试，反复修改，不断比较，最终选取最为理想的画面。为了便于利用电脑进行皮草服装绘图的各种表现和处理，平常应该注重对人物动态、服装款式、花纹图案、面料质地，尤其是各种皮草肌理等资料的收集和整理，并将其输入电脑，建立丰富的资料库。这样，在设计时就能随意调取所需要的内容，以弥补皮草服装设计资料不足的缺陷。

电脑表现画法步骤如下：

(1).先用手绘画出人物的动态与服装款式；

(2).然后扫描存入电脑，利用电脑绘图软件，例如Photoshop进行着色，首先是对模特的面部、发型、五官进行着色；

(3).对皮草部分从电脑的资料库里选择接近的材质，然后进行修改和完善；

(4).通过手写绘图板细部刻画或描边处理,见图5-5-9。

（十一）综合技法表现

除了以上列举的一些常用皮草服装设计图的绘制工具及表现技法之外，还有许多其他的表现方法。值得一提的是在具体的绘图过程中，可以根据不同的情况，同时采用几种技法来表现，如此可以巧妙地利用和发挥各种绘图工具及表现技法的特长，使皮草服装设计图更具表现力。

综合工具技法的运用是十分普遍的。例如水彩与色粉笔相结合，水粉和油画棒相结合，手绘与电脑相结合等。特别是在绘制皮草饰边服装效果图时，所涉及的面料比较多，质感不同，综合工具技法的运用，对其面料的表现有着独到的优势和长处。

总之，每位设计师都有自己的擅长，可以根据自己的特点来选择设计绘画语言。但不论采用什么样的绘图工具和表现技法，都是从更好地表达设计思想出发，为设计服务的，相比较而言，综合表现技法具有更强的表现力，灵活加以运用可以使设计师创造出更有创意、更有个性、更有特色的效果图。

图5-5-9 皮草的电脑表现技法 作者：洪润 NAFA入围作品（东华大学）

二、不同类型皮草的表现

（一）皮草的绘制要点

皮草服装材料与普通面料的服装相比，效果图表现重点放在皮草材料天然的绒毛长短以及不同的斑纹效果上。不同种类的皮草外观差异很大，主要集中在毛绒长短和不同斑纹肌理效果上。首先根据天然皮草针毛和绒毛的长短，可以分为长毛、中绒毛和短绒毛三种类型，设计师可以运用水粉、水彩、彩色铅笔等绘画工具结合干湿画法综合表现。其次动物皮草的表面一般具有明显的纹理特征，例如银狐皮长而富于动感的黑白毛尖；狸猫皮天然的圆点斑纹等。大多数的动物皮草均在脊背中心部位，从头至尾地贯穿一条有宽窄变化和清晰度变化的脊背条纹，往往在背颈处还有一道横向的条纹与背纹会合，狐皮、貂皮整体呈现“十”字交叉形等。设计师可以通过色粉、油画棒等干厚的画法，表现皮草天然斑纹的特征。

（二）不同类型皮草的绘制

1. 长毛类皮草 长毛类的皮草主要有狐皮、貉子皮和滩羊皮。绘制长毛类皮草服装时需要掌握的要点是：以夸张的弧线形态，表现出比一般的皮草更长、更浓密的绒毛以及在服装轮廓边缘表现出更大的体积特征。由于长毛类型皮草的毛绒比较长，所以随着服装的起伏转折关系的变化，毛的倒向会产生相应变化。具体表现是：长毛类的外轮廓线具有较为突出的、自然的、参差不齐的效果，所以在描绘时不宜将轮廓线画得过于光挺，以采用较干的笔锋来表现为宜。切记：合理地在服装的边缘轮廓上表现出毛的自然倒向，是表现皮草材料的关键。当然不需要在所有的轮廓线上都这样的表现，而是集中在毛向变化比较大的部位，见图5-5-10。

（1）狐皮的绘制：狐皮是比较昂贵的皮草材料，在女装中选用最多的原料皮之一，毛长，绒密，廓型膨胀，毛尖颜色略不同于底绒。成为服装饰边和配饰设计的重要材料，常见的品种主要有银狐、蓝狐、沙狐、银蓝狐、白狐及红狐等。在绘制表现中，要集中在毛向变化比较大的部位，注意轮廓边缘绒毛的处理，表现膨胀夸张的外弧形态。

①银狐：银狐起源于普通红狐。它的颜色变化跨度大，底绒多为灰黑色，针毛长，多为银白色，独特的针毛让人看起来富有弹性且充满动感，不论染成何种颜色，他始终会保持原有的色泽度。

②沙狐：沙狐的毛针略粗、短、脊背部为棕黄色并带有青灰色毛尖，逐步过渡到腹部的浅白色。沙狐的自然色过度层次丰富，毛针长短适中，具有较强的可塑性，常出现在硬朗粗犷的休闲装设计中。

③蓝狐：蓝狐底绒厚，通常自然呈现不同的蓝色和白色，毛针较银狐的短，毛尖为棕灰色，经常被染色使用。

图5-5-10长毛类皮草的表现技法

（2） 貉子毛的绘制 貉子毛黑灰色的长毛针细柔灵动，银色的毛尖覆盖在羊绒般丰厚的底绒上，毛长，针毛硬，毛尖颜色与底绒反差较大。绘制时可用长直线来强调貉子毛一簇一簇的感觉，在细节上刻画针毛。

（3） 滩羊毛的绘制 滩羊毛多为白色，毛长约7～8cm，毛质细润光泽，毛穗自然成螺旋状，纹似波浪，弯曲明显有序。外观看上去蓬松且极具动感，在绘制时不要画得过于光挺，要准确把握住长且弯的滩羊毛在人体不同部位转折处的毛向变化，通过对轮廓和衣纹等线条的勾勒，来体现滩羊皮柔软。

2. 中绒毛类皮草 中绒毛类皮草材料的描绘与长毛类存在一定的差别，中绒毛类的皮草毛感细腻，毛长适中，轮廓比较自然、柔和。表现这类皮草材料时，常在主要的轮廓边缘上，采用湿笔把颜色自然晕开，再用较小的笔触画出小绒毛的肌理效果，或用钢笔等工具按毛的方向画出短毛绒。同样不能面面俱到，应选择主要部位进行表现。中绒毛类皮草主要有貂皮、黄狼皮、獭兔、狸猫和青紫蓝等，这类皮草通常皮张较小，多以拼接形式使用于服装中，且脊背中间的颜色通常较深，逐渐向腹部过渡，自然会产生规则的块面效果和色彩肌理，这些都是表现过程中不容忽视的，见图5-5-11。

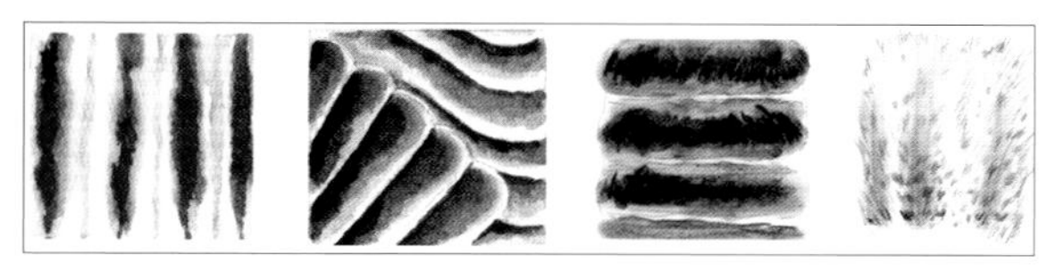

图5-5-11 中绒毛类皮草的表现技法

（1）水貂皮的绘制：水貂皮针毛长短适中，毛色光泽柔和，手感光滑柔软，底绒丰满厚实，边缘绒毛短密，脊背颜色略深，有种与生俱来的奢华感。水貂皮的颜色种类繁多，天然色彩超过25种，从黑色到白色，包括深棕、发蓝、紫罗兰以及颜色层次不同的毛针。在表现中，边缘用较干的小排笔刷带有绒毛的肌理效果，也可以用钢笔等工具按照毛的方向在重点表现部位画出短小的绒毛。设计师在水貂边缘绒毛的处理不同于长毛，要用短密且整齐的线条，并用整体色彩微妙的明暗变化表现出水貂皮的光滑柔软的质感特征。

（2）青紫蓝皮的绘制：青紫蓝又称毛丝绒鼠，优质的青紫蓝皮毛浓密纤长，光泽度好，手感柔软如丝，深色的绒毛细密丰润，皮质轻，却非常保暖。大部分青蓝紫为蓝灰色，背部最深，逐渐向腹部由深灰过渡到白色，也有其他颜色例如白色、乌黑色、紫罗兰色和宝石蓝色。由于青紫蓝形体较小，多拼接，脊背上有明显宽条纹。绘制时要注意明暗的过度，画出针毛略显整齐的参差线条的效果。

（3）獭兔的绘制：獭兔毛针为中等长度，绒毛丰厚平整，毛质细密柔软，毛向统一，天然颜色丰富，经常做剪绒、染色或印花处理，并常被用于仿青紫蓝和貂绒的效果。绘制时可借鉴水貂皮的质感表现，只是水貂皮有比较明显的针毛，而獭兔则是绒毛更为厚实的材料，在刻画时要强调其柔软、丰厚的特点。

（4）狸猫的绘制：狸猫又称豹猫，全身长满咖啡色的类似于豹纹的点状花纹，纹样清晰，色泽亮丽，绒毛长度适中，具有丝绸般的触感，柔软细腻，脊背颜色略深。表现中应注意对拼接的块面效果和脊背纹理的着重描绘，在轮廓边缘和褶皱部位用湿毛笔把颜色自然晕开，再用小笔触或其他材料画出毛针的肌理和点状花纹的效果。

3.短绒毛类皮草 短绒毛类皮草主要有波斯羔羊、小湖羊、山羊猾子、水貂剪毛等。短绒毛类型的皮草材质无论是天然还是经过拨针、剪毛处理，其厚薄度接近于粗纺面料，此类皮草易于做表面印花、剪花、镶花处理，在绘制此类皮草服装设计图时，一般把绘制重点放在充分利用其不同的斑纹效果来表现不同的皮草质感、天然独特的斑纹肌理效果上，而较少强调其体积感和绒毛感。绘制时可先平涂绒毛底色，然后根据服装结构绘制暗面阴影，最后按照图案的走向纹理逐层刻画。常用水彩或水粉，并以彩色铅笔或勾线笔提亮或描绘图案。另外，皮草材料的特征还同时表现在皮草材料的天然光泽上。这是由于皮草凸起、转折部位毛的方向有着细微的变化，产生了对光线的反射，形成特有的光泽。而此光泽在环境的衬托下，一般为比较柔和的散射光，见图5-5-12。

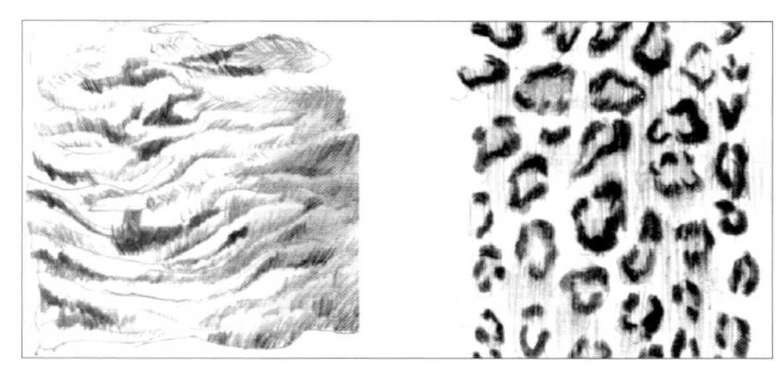

图5-5-12 短绒毛类皮草的表现技法

（1）波斯羔羊毛的绘制：:波斯羔羊皮草十分轻薄柔软，天然卷曲的毛纹有黑色、灰色、白色和棕色等不同品种，并有超过200种完全不同的色调。波斯羔羊皮有自然的光泽和特殊而紧凑的，富于立体感的螺纹图案。在绘制时，要采取疏密、弯曲和转折的笔触，表现出天然羔羊皮草的不同纹路，再陪衬流畅而圆润线条描绘的羔毛，生动而轻松。

（2）山羊猾子印花的绘制：山羊猾子皮板薄而有弹性，光滑细致，毛面细密柔软，光洁顺滑，成波浪状花纹，可印制各种花纹。在绘制时利用皮草材料的天然光泽及浓淡转化特点，并描绘出斑纹效果，皮草拼接结构和褶纹起伏，以及短绒剪毛拼花效果恰到好处。

三、绘制皮草效果图应注意的问题

皮草的绘制关键在于表现毛的厚度，不同毛长的表现方式是不同的。长毛类的厚度表现主要考虑两方面：皮草的边缘通常没有明显的轮廓，毛越长轮廓越不明显，适合以半圆弧和曲线条来表现；另外还要对长毛的层次感和成组分布状态有很好的把握，才能惟妙惟肖地表现出长毛类的针毛和绒毛的外观效果。短绒毛类则主要是对毛面上的斑纹和肌理的仔细刻画，结合毛的光泽感和明暗的处理。而皮草的厚度和体积感并不是短绒类的表达重点。中绒毛的绘制方法介于长毛类和短绒类之间，既要在廓型上表现出一定的皮草厚度又要重视皮草的细节如毛色、色泽、斑纹和细小毛针等。

（一）准确起草皮草效果图设计

皮草服装的设计草稿，主要是表现皮草服装独特的外形轮廓、款式结构、细节修饰以及皮草材料的拼合方式。好的设计草稿是形成理想设计效果图的关键的第一步，它要求绘制者具有一定的速写功底与记忆能力，能够形象的表达服装款式、皮草的体积感、拼接细节和图案等。

一般起稿时要注意：

（1）.选用2B或4B铅笔，也可以用速写钢笔、炭笔、炭精条等（笔尖要削成扁平头，才可以画出粗细不同的线条），落笔要干净利落，自然流畅，一气呵成。

（2）.用线条表现人物的动态，皮草的纹理层次，用笔要注意线的粗细、长短、虚实、软硬的变化，用线条一定要有韵律感，线条的组织要有紧有松，有疏有密，这样才有错落感。

（二）根据所要表现的皮草材质的特征掌握各自绘制要点

不同的皮草材质会给服装设计带来不同的设计理念及设计语言，其外观、性能、质感、风格各不相同，都具备各自的独特个性，服装效果图只有准确地表现材质特征，才能展现出服装设计的风格及美的意蕴。下面就皮草动物的毛绒长短以及纹理特征在绘制中需要注意的要点进行介绍。

（1）.长绒毛类绘制时需注意：外轮廓线具有较为突出的、自然的、参差不齐的效果，描绘时不宜将轮廓线画得过于光滑，一般先画皮草的底色，前一笔色彩未干时应马上衔接下一笔，色彩晕渗自然，在底色未干时用小圭笔勾画针毛。切记：合理地在服装边缘轮廓上表现出毛自然的倒向，是表现皮草材料的关键。尤其在袖子的肘部绒毛随着衣纹起伏转折长绒毛所发生的变化。

（2）.中绒毛类绘制时需注意：使用铅笔、炭笔、毛笔等较小的笔触，充分表现中绒皮草细腻、润滑的质感。线条要有意识的略走S形外弧线，在凹陷处“顿笔”，凸起处“意到笔不到”，线条与色彩的轻重缓急以及粗细变化，均表现虚实与体积感的要领。在表现质感上注意绒毛的排列方向，恰到好处地表现结构明暗，重点描绘绒毛天然脊背纹路、虚实有别的线条。

（3）.短绒毛类绘制时需注意：一般描绘重点放在各具特色的斑纹肌理花式的层次效果上，而较少强调体积感和绒毛感，还要抓住其光泽感。表现时就不适合用晕染法突出柔软蓬松感，一般先用淡彩平涂（便于之后上色），较为细致地刻画纹理走向或图案上，最后用白色提亮受光面，也可简单的留白。

本章小结

皮草设计一般可分为着重功能性的全皮草服装设计，着重装饰性的皮草饰边服装设计和兼顾功能性与装饰性的皮毛一体服装设计，皮草配件设计与皮草服装设计有着紧密的关系，是皮草服装产品中的重要品类之一，所以把皮草配件设计也列为单独的一类。

皮草设计也包括设计图、色彩、款式、材料、工艺、图案和细节等方面的设计，皮草所特有的体积感、绒毛感以及独特的斑纹效果决定了在设计图的表现上也具有独特性。

皮草服装效果图的表现工具和手法是多样的，传统的水粉、水彩颜料可以表现皮草，色粉笔、彩色铅笔也同样可以表现出风格化的皮草设计图。

在对皮草原料深刻认识和熟练运用，以及掌握皮草制作工艺的基础上，把握好皮草服装的设计，关键是对皮草设计原则、不同分类皮草设计进行通盘考虑，始终对皮草服装的总体风格有明确认识和把握，对设计表现技法熟练应用。

思考题：

1.举例说明皮草服装设计的发展趋势。

2.您认为皮草服装设计的关键点是什么？有哪些不同于其他面料的挑战？

3.皮草服装有哪些类型？其表现特征是什么？

4.皮草服装的绘画技法有哪些？分别用水彩、水粉、马克笔画材绘制一幅皮草效果图，尝试将它们结合起来表现。

5.收集不同类型皮草的效果图表现稿，选出5–8幅实物图片进行临摹练习。

6.运用本章所学，结合皮草大赛案例完成一个大赛效果图的实操练习。

第六章　皮草工业制板

THE FUR INDUSTRY PLATE

人类自原始社会，就以猎得的动物的毛皮制成衣服来蔽寒，当时对毛皮的简单剪裁，可以理解为皮草制板的雏形。到了现代，皮草已经成为名贵服装象征之一，无论原料后期处理，还是成衣制作技术都有了更高的要求。尤其板型被提到了前所未有的高度，制板技术不仅将皮张的客观特点与人体特征完美结合，还要将高贵的气质和流行信息彰显出来。

第一节　皮草工业制板术语

THE TERMS OF FUR INDUSTRY PLATE MAKING

1. 皮张　做制革原料用的兽皮。

2. 毛向　指动物毛峰生长方向。

3. 成衣　是指按一定规格、号型标准批量生产的成品衣服。成衣作为工业产品，必须符合批量生产的基本原则。同时附有品牌、面料成分、号型和洗涤保养说明等标识。

4. 样衣　是指服装工厂为保证大货成衣的工艺技术质量及生产的顺利进行，在大批量投产前，按正常流水工序先制作的一件服装成品。

5. 打样　就是缝制样衣的过程。

6. 封样　经过客户确认过的样衣，是大货检验的标样。

7. 驳样　是指以某一款服装为原型，然后对其进行摹仿制作纸样的过程。

8. 制板　即服装纸样设计，或者是为制作服装而绘制各类纸样的过程。包括纸样设计、标准板的绘制和推板。

9. 样板　是指为批量制作服装而绘制的各类裁剪用纸样。

10. 净样板　是指不包括缝份与缩水率等因素在内的样板。

11. 毛样板　是指包括缝份、缩水率、工艺制作等因素在内的服装样板。

12. 标准板　是指在在实际生产中使用的、正确的纸样。

13. 母板　是指推板时所用的标准样板。

14. 裁剪样板　主要是指用于批量生产的排料、画样等工序的样板。

15. 工艺样板　主要是指用于缝制过程中对裁片或半成品进行修正、定形、定位和定量等用途的样板。

16. 定位样板　是为了保证某些重要位置的对称性和一致性的样板。

17. 推板　是指以标准母板为基础，将档差进行科学的再分配，并绘制出系列样板的方法、过程。服装推板又称为服装纸样缩放或服装放码。

18. 规则推板　是指将结构中的控制部位随着号型的变化而进行的缩放。

19. 不规则推板　它是相对于整体推板而言的，是指对结构中的部分控制部位随着号型的变化进行缩放的一种推板方法。

第二节 皮草工业制板要点

THE KEY POINTING OF FUR INDUSTRY PLATE MAKING

皮草服装工业制板是皮草服装企业必不可少的技术性生产环节，皮草服装工业制板技术水平直接关系到服装成品的品质。在当下皮草服装企业中，制板师不仅要有一定的实践经验，而且要有审美和读懂效果图的能力，同时，还应具备扎实的基础理论知识以及分析和解决实际问题的能力。

主要讲述皮草服装工业制板的基础理论。使学生了解皮草服装工业制板的常用工具与材料；了解国家号型标准，能制定系列尺寸；掌握皮草服装工业制板的基本流程和各个环节的要点。

一、皮草服装与梭织面料服装制板的区别与联系

皮草与梭织品服装制板的基础结构没有本质的区别。这两类服装面料性能虽然有所不同，但是制成衣服后都是穿着在人体上，这就决定了这两类服装总体结构是相同的、联系是紧密的。梭织面料服装制板技术经过多年研究与实践，趋于成熟，形成了比较完善的理论体系。所以，学习皮草制板首先要掌握梭织面料服装制板方法，在此基础上结合皮草特点加以调整，可以达到事半功倍。操作步骤是：先按照梭织面料服装制板方法绘制基本结构，然后结合各种毛皮的生产工序、工艺及各种毛皮的特性调整结构，形成基础纸样，通过制作坯布样衣验证、修改后制成皮草服装工业样板。

由于皮草的特性，有别于梭织面料服装制板。皮草服装生产所使用的皮张与梭织品面料不同，梭织面料宽度与长度为服装结构设计提供了足够的空间，可以任意分割裁制。皮张尺寸取决于动物个体大小，面积和毛向的局限性，使得结构设计时分割、省道位置以及省道转移等都受到了限制。在皮草制板开始时，首先要考虑皮张实际情况，如，公皮还是母皮，用横丝还是直丝，毛峰长短等。然后才能考虑结构设计和制板。具体不同点表现在以下几个方面：

（一）控制部位尺寸加放的区别

1. 肩宽尺寸 由于皮草毛峰长、厚重感的特性，即使设置正常肩宽的尺寸，视觉上也会给人感觉肩变宽了，会影响服装整体效果。所以，肩宽不宜加宽，在净体肩宽基础数据上缩减一定的量，一般控制在35~40cm。

2. 袖长尺寸 保暖的需要，袖口位置可以延伸至虎口。提高袖山头2~3cm，以弥补肩部宽度不足的数据，一般要达到62cm左右。

3. 胸围尺寸 由于皮草服装保暖的特性，多在冬季穿着，考虑到里面着有毛衣等较厚衣服的因素，胸围放松量要多一些。可以参照这样的计算方法：以10cm为基数加上2πr（r表示内穿衣服的厚度）。因此，即使合体的款式也要加放10~15cm。

4. 领围尺寸 由于皮草毛峰较长，占据了颈部空间，穿着时舒适度会降低，结构设计中需要加大加深横开领和直开领数据。所以领围尺寸比同类型梭织服装要大些。

（二）结构设计的区别

皮草服装结构设计重点是廓形和省道转移，毛皮不同于布料服装，要尽量减少开刀破缝，避免因开刀引起的毛与毛之间有毛长、毛短和色差。上装结构主要分三个主要部件，即前后片（正身）、领子和袖子。

1. 正身结构 为了减少分割，前后片总体结构可采用“四分之一”结构，尽可能不用“三分之一”结构；为了保持毛向高低一致，不宜收腰省；为了满足女子胸部体型需要，可以采用腋下设置省，然后转移至肩部，腋下尽可能不收身，避免毛峰被截断。领口不适合设置劈胸，将褂面（门襟贴边）与前片制成连口形态。

2. 领子结构 主要采用立领、翻领、平领（连帽领居多）三类，翻领的后直上高增加，以加大领子弧度，保证弯曲自然；帽子结构宜采用两片结构，为满足头部外形和舒适，可以在帽顶和帽底设置省。

3. 袖子结构 袖型结构主要分两片袖和一片袖，基于减少分割线原则，尽可能采用一片袖结构，为了满足手臂向前倾斜的要求，可以在袖肘收省，或者后肘部拉开，前肘部叠加的处理方式。袖山升高弥补肩部缩减的量，同时，袖山头部设置一道省，以满足肩端自然弯曲的需要。如果是插肩袖款式，需要将袖中缝制成连口，以减少工艺。

皮草制板要考虑毛峰的走向要一致，这点相当重要。很多时候，皮张要分割开之后再拼合，小块拼合的部分不能出现在重要部位，不能按普通面料随意裁剪。如果没有经验，可以先裁纸样，再对比皮张，正确后再制板。皮草缝制是没有止口的，为减少皮子用量，重合部位可以互搭，别的料服装都做不到这一点，所有片尽量连在一起，减少工艺，便于钉皮，节省原料。此外，结构设计时还要考虑是公貂皮还是母貂皮，它们之间存在着相当的差异。公貂毛皮大而丰厚，穿起来有份量感，母貂毛皮则较柔软且轻盈，用量较多。由于皮张的特殊性制约了结构设计，皮草制板开始时首先要了解毛皮种类、特征，然后才能开展下一步工作。

（三）省道位置与转移的区别

省道在皮草制板中的运用极其重要。省的位置要根据服装的款式、皮子的大小、毛峰的方向合理按排，如兔皮要按兔皮张的大小来排列转换省位，水貂抽刀则要按水貂条子来收省和折裥，省合并后两边毛高低一致。尽可能开省后合并装饰结构线，因装饰线有毛挡着什么也看不到，还增加了工艺难度，如插肩袖袖中线。总之，只要达到造型目的，要用最简单的结构处理方法，如三片帽子结构可以通过省道转移后形成两片帽子结构。

（四）工艺不同决定了制板细节处理的区别

皮草与梭织面料服装缝制方法不同，皮草缝制使用单针机，不需要缝份。因此，制板时大部分部位不需要放缝头，只是在底边和袖口处留1~1.5cm贴边。目前，皮草大都采用“抽刀”方法缝制，抽刀的意思是把皮板切成V纹，然后再继上，主要的原因是可以令毛皮更优雅，更柔顺舒适及可以把毛皮伸展到适当的长度。“加革”方法，在毛皮与毛皮中间嵌上皮革。这种缝制方法不但直接影响用料的数量，还可以减轻皮草的份量感。另一种缝制方法是“原只裁剪”，没有利用切割的方法改变毛皮的长度或间度，而是将毛皮与毛皮直接缝上，这个方法工序较为简单。了解皮草工艺处理方法后，可以巧妙地设置开刀位置、省的位置和装饰，由此可见工艺决定制板细节。

二、皮草服装制板的基本工具与材料

（一）皮草服装制板工具

皮草服装制板所使用的基本工具与梭织品基本相同，主要有：

1. 铅笔 服装制板一般采用2H、HB、2B铅笔进行制图。

2. 橡皮 服装制板一般用白橡皮进行制图中错误线条的修改。

3. 尺子 服装制板一般采用尺子有直尺、角尺、皮尺、曲线尺、量角器放码尺等。

制图时宜用有机玻璃制作的尺，因为有机玻璃尺透明，制图线可以不被遮挡，刻度清楚，伸缩率小，准确性强。在生产样板的制作过程中有时还需要用到各种不同长度的钢尺，生产样板的直线部位用钢尺压住，再用剖刀割，既快又准。

4. 剪刀 服装制板的剪刀应选择缝纫专用的剪刀。有24 cm (9")、28cm (11")和30cm (12")等几种规格。另外，剪样板和剪面料的剪刀必须分开使用。

5. 美工刀 服装制板一般需要用到大号或中号美工刀1把，用于切割样板。

6. 锥子 服装制板中的锥子一般用来扎眼、定位，如袋位、省位、裥位等。

7. 点纸器 点纸器又称为描线器或擂盘。在服装制板中，一般通过齿轮滚动留下的线迹复制样板。

8. 打孔器 服装制板中，打孔器是用来在样板上打洞的，以便于穿吊收藏样板。

9. 冲头 服装制板中，冲头主要用于样板中间部位钻眼定位。

10. 刀眼钳　服装制板中，刀眼钳主要用来在缝头上打对位记号。

11. 胶带　服装制板中，样板的修改可选用透明胶带和双面胶等。

12. 夹子　服装制板中，塑料或铁皮夹子若干个，主要用于固定多层样板。

13. 记号笔　服装制板中，各种颜色记号笔主要用于样板文字标记的书写。

14. 压料铁　服装制板中，压料铁用来压料子、纸样及样板。

15. 人台　人台就是半身的人体胸架。在服装制板中，把确认样穿在人台上，以便更好地进行校正。

（二）服装制板基本材料

1. 大白纸　大白纸是服装样板的过渡性用纸，服装制板中，它主要用于制作纸样。

2. 牛皮纸 服装制板中，宜选用100~130g／m²的牛皮纸，用来制作小批量服装产品的样板。

3. 卡纸　服装制板中，宜选用250g／m²左右的卡纸制作中等批量服装产品的样板。

4. 铜版纸 铜版纸是服装样板的专用纸。服装制板中，宜选用400~500g／m²的黄版纸，用来制作大批量服装产品的样板。

5. 砂布 服装制板中，砂布是用于制作不易滑动的工艺样板的材料。

6. 金属片、胶木板、塑料片服装制板中，这些是用来制作可长期使用的工艺样板的材料。

7. 白坯布 在皮草制板中用来制作头道样的白布。

三、皮草服装成衣规格的制定标准及方法

皮草服装成衣规格制定是制板的首要环节，重要性不言而喻。和其他服装一样，首先要查找人体控制部位净体数据，然后在此基础上根据款式特点加放得到成衣尺寸。国家服装号型标准为我们提供了我国人体数据模型和成衣尺寸制订的基本方法。因此，服装“标准”是皮草服装制板必须掌握的基础知识之一。

我国国家服装标准有三部：“81标准”“91标准”“97标准”。“81标准”是1978年开始制订，1981年颁布实施的。它第一次全面概括了我国人口中体型的基本情况，总结了成衣尺寸制订方法，极大地推动了我国服装企业的发展，为出口创汇做出了很大的贡献。“91标准”是1991年颁布实施的，第一次将我国人口划分区域、并进行体型分类，使服装标准更加科学合理。“97标准”是1997年颁布实施的，修改了前两部标准不适应的地方，增加了婴儿体型数据，这部标准比较完善，代号是：GB/T1335.1—1335.3—1997。

GB/T1335.1—1335.3—1997根据服装生产和消费的要求，提供了以我国人体为依据的数据模型。这个数据模型采集了我国人体中与服装有密切关系的控制部位尺寸，并经过科学的数据处理，它基本反映了中国人体的基本数据和生长规律，具有广泛的代表性。

GB/T1335.1—1335.3—1997标准适用于制定成批生产的男子、女子、儿童服装规格。尽管各种服装款式（包括皮草服装）的放松量各不相同，但是放松量是针对特定的款式要求具体加放的，是在人体基本数据基础上加放的。该标准提供的各种人体的数据模型就是设计各种服装规格的依据。一旦确定了该款式的基本放松量之后，在组成系列的时候，就必须遵循本标准所规定的有关要求。只有这样，才是最科学，适应性最强，才能实现有利于消费，有利于生产的目标。

(一)标准定义

对重复事物和概念所作的统一定义，它以科学技术和实践经验成果为基础，经有关方面协商一致，由主管部门批准，以特定形式发布，作为遵守的准则和依据。

（二）标准的制定

标准分为四级，即国家标准、行业标准、地方标准、企业标准。

国家标准（GB),是由国家技术监督局制定并颁布实施的标准。如，97国家服装号型标准即GB/T1335.1-3－97。具体含义：GB为代号，表示国家标准，1335为顺序号，97为年号。“1”表示男子，“T”表示推荐标准。“2”表示女子。“3”表示儿童。

行业标准（ZB）是由行业主管部门制定颁布实施的标准，也叫部颁标准。如纺织工业部。

地方标准（DB）是由省市标准化行政部门制定且颁布实施的标准。比如：DB3200　A001－85，DB为代号、3200为地区号江苏，A001为顺序号，01为南京。

企业标准（QB）是由企业制定并报地区标准化行政部门备案后颁布实施的标准。

（三）标准之间的关系

企业生产产品时必须要有标准，当企业没有企业标准时可采用国家、地方或行业等标准。当没有国家、行业或地方标准时企业要制定标准，应报地方主管部门备案后实施。企业制定标准时可高于国家标准。

（四）人体各控制部位术语测量方法及运用

成衣尺寸主要指的是根据人体控制部位数据加放后的服装规格。我国服装标准确定控制部位共有10个，这些部位术语、测量方法及运用是尺寸制定的重要依据，下面以女子160/84A为例作详细说明。

（1）身高：从头顶至脚底的垂直距离，是号型依据。身高160cm指的是女子中号。

（2）颈椎点高：从第七颈椎点到脚底的距离，中号是136cm，它是决定超长衣服长度的依据。例如，长裘皮大衣长度计算，设定衣服到脚底的距离后用颈椎点数据减去衣服距地面数据得到衣长长度。

（3）坐姿颈椎点高：从第七颈椎点到臀围最高点的距离，中号是62.5cm，它是决定上装长度的依据。例如，皮草上装，只要设定衣服超过或短于臀围的数据，即用坐姿颈椎点高数据加上或减去该数据，得到衣长长度。上装长度分为三种：短上装、中等长度上装、常规长度上装。它们长度计算一般以臀围基点为参考，臀围基点就是臀部最高点到最低点的距离，上下大约7cm左右；短衣服长度计算则是坐姿颈椎点减去7cm，是55cm左右；中等长度衣服长到臀围，即长度是62cm左右；常规长度上装是坐姿颈椎点数据加7cm，是69cm左右。

（4）全臂长：从肩峰点到腕骨的距离，中号是50.5cm，是袖长尺寸的依据。计算方法是全臂长加上袖山抛高、垫肩厚度，再加袖长超过手腕的距离。

（5）腰围高：从腰围点到地面的垂直距离，中号是98cm，是裤长、裙长尺寸的依据。

（6）胸围：从胸部最丰满处水平围量的围度，中号是84cm，是决定上衣胸围尺寸的依据。

（7）颈围：从喉节下或颈根围线向上3cm处量一圈的围度，中号是33.6cm，是领围尺寸的依据。

（8）总肩宽：从左肩峰到右肩峰的距离，中号是39.4cm，它是肩宽尺寸的依据。

（9）腰围：在腰节处围量一圈，中号是68cm，它是成衣腰围尺寸的依据。

（10）臀围：在臀部最丰满处围量一圈，中号是90cm，它是臀围尺寸的依据。

(五)国家服装号型标准的运用

1.服装号型定义　服装号型是根据我国人体规律和服装使用的需要，选出最有代表性的部位，经合理归并设置的。它的计量单位为厘米。身高、胸围和腰围是人体基本部位，也就是最有代表性的部位，用这些部位来推算其他各部位尺寸误差最小，增加体型分类代号后，最能反映人的体型特征。用这些部位及体型分类代号作为服装成品规格的标志，消费者易接受，也方便服装生产和经营。为此，将身高命名为“号”，人体胸围和人体腰围命名为“型”。

号与型分别有它的实际含义。具体来说：“号”，是指人体的身高，是设计服装长度的依据。从测量得到的大量数据分析和服装消费的实际考察来看：人体身高与颈椎点高、坐姿颈椎点高、腰围高和全臂长等纵向长度密切相关，它们随身高的增长而增长。因此，号的含义，关联着身高所统辖的属于长度方面的各项数值，这些数值成为不可分割的整体。例如，145cm颈椎点高，66.5cm坐姿颈椎点高，102.5cm腰围高，55.5cm全臂长，只能同170cm身高结合在一起使用，不可分割使用。

“型”，是指人体的净体胸围或腰围。型的含义同样包含胸围或腰围所关联的臀围、颈围以及总肩宽，它们同样是一组不可分割的整体。例如，88cm胸围必须与36.8cm颈围、43.6cm总肩宽组合在一起；72cm、74cm、76cm腰围必须分别与88.4cm、90.0cm、91.6cm臀围组合在一起。其余依此类推。

2. 体型分类　国家标准以胸腰差为依据把人体划分成Y、A、B、C四种体型。例如，某男子的胸腰差在22-17cm之间，那么该男子属Y体型，又如，某女子的胸腰差在8-4cm之间，那该女子的体型就是C型，其余依此类推。具体分类如表1所示。

3. 号型系列　系列组成：GB1335－1997规定了身高以5cm分档，胸围以4cm分档，腰围以4cm、2cm分档组成5.4系列和5.2系列。

4. 系列尺寸表制定　先从国家服装号型标准中查找各个控制部位净体数据，然后根据款式特点加放放松量形成成衣尺寸，再查找或计算各部位档差列表推排而成系列尺寸表，如表2所示。

三、皮草服装工业制板的基本流程

皮草服装工业制板主要分驳样和对照效果图制板两种，无论哪种形式的制板都必须具备皮草制作工艺基础。有了工艺基础才能了解款式的内在结构，才能根据皮张特点灵活处理服装结构。

（一）皮草服装驳样的基本流程

驳样也称实物（样衣）制板。主要是根据当前市场流行的款式进行翻驳样板，要求做出的样板与实物完全一致。它的难点是有些部位数据不能直接测试或很难测量，例如，袖窿深度、领深、直裆深等。有人认为将样衣拆开烫平再依衣片边缘画出样板，这是错误的观点，因为裁片在生产过程中，有些部位经缝制的拉伸、熨烫已经变形，按变形的形状画出的样板很难达到原来的效果。正确的方法应该是测量，不能直接测量的部位采用“加减法”，即利用其它两个相关联部位数据相加减得到该部位数据。例如，直裆深 = 裤长 － 内缝长；直开领 = 衣长 － 门襟长。驳样基本流程如下：

1.皮草服装造型的观察、分析与判断　对驳样服装的具体廓型、款式内部结构与结构特征以及工艺方法进行全面而细致地观察和分析，并作记录。

2.对驳样服装进行实际测量　驳样核心内容是准确的测量样品各控制部位尺寸，重点是有些很难直接测量的部位如何获取尺寸。间接测量方法，能有效的解决了这一难题。间接测量的方法是“加减法”，即当一个部位无法直接测量时，先找出与之相互联系的，又可直接测量的两个部位，然后通过“加”或“减”获取这个部位的数据。

（1）平面测量法:这种方法就是将驳样服装平服放置，并测量其各主要部位的规格尺寸。它主要应用于测量宽松与合体式服装某些主要部位。

（2）立体测量法：这种方法就是将驳样服装穿着在人体模型上进行测量的方法。它主要应用于立体感较强的合体型服装。

（3）难以测量准确的部位，如前后领宽、前后领深、前后袖隆宽、前后肩斜等，可以通过加减法测算，即找到与该部位相关联的另外两个部位，且能直接测定数据的，然后相加或相减。例如：前衣长减去前中衣长可间接取得前直开领的数据；通过肩宽减去小肩宽可间接取得横开领的数据。

3.绘制结构图并转换成样板　根据该类型常规服装制图的一般规律，绘制成结构图。然后根据实物服装具体特征调控，主要有三个方面：一是线条的位置、斜度和曲率；二是根据皮草的特性调整；三是根据人体特征、运动规律加以调控。如省道转移。

（二）按照皮草效果图制板

效果图大致可分为“具实”和“抽象”两类。不管是哪种类型的效果图，首先要读懂它，即审图。审图是对设计作品所要表达含义理解的过程，也是对作品细化和升华的二次设计。在这一环节中，我们要对作品加工成成衣后的总体效果作明确的判断，包括风格、型、皮草原料的匹配、尺寸等等。因此，样板师要具备一定的审美能力和皮草生产工艺的经验。

不管用什么手法绘制的设计作品必然表达了一种含义，那就是“风格”和“型”。在皮草成衣中，“风格”是由毛皮特点来表现的；“型”则是由尺寸来控制的，这是我们把握效果图的关键。

皮草制板必须经过以下步骤：制定规格——结构设计——根据成衣具体特点设制工艺参数——坯布样衣制作——样板定型——工艺设计——推板。

表1　体型分类的依据：胸腰差　　单位cm

体型分类	男子	女子
Y	17-12	19-24
A	12-16	14-18
B	7-11	9-13
C	2-6	4-8

表2　女水貂皮上衣　　5.4系列　单位cm

号型 部位	150/76	155/80	160/84	165/88	170/92	175/96	档差
衣长	51	53	55	57	59	61	2
胸围	90	94	98	102	106	110	4
领围	42	42	42	42	42	42	0
肩宽	33	34	35	36	37	38	1
袖长	57	58.5	60	61.5	63	64.5	1.5
袖口	30	31	32	33	34	35	1

1.规格制定　规格制定必须依据各个国家最新颁布实施的服装标准获取控制部位数据，然后根据款式具体特点设定中间体，确定加放量。在尺寸制定时必须要充分考虑年龄层次、销售地区等因素。总的来说，年龄越大加放量越多，销售地区或区域不同中间号就不同，例如国内北方地区销售中间可以设为165/84A，南方地区可能就是160/84A。

2.结构设计　服装结构设计就是将服装造型设计的立体效果分解展开成平面的服装衣片的结构图活动。绘制服装裁剪图，既能实现造型设计的意图，又能弥补造型设计的某些不足，是将造型设计的构思变为实物成品的主要过程。设计板型要依据人体特点和结构设计原理、毛皮性能，结合审美，相应地调整结构线，最大可能地表现款式的特点并美化人体。例如，为了表现修长的效果，可以适当提高腰节线的位置、减少肩宽量，增加袖山的量来弥补肩宽。尽可能保持皮张的完整性，毛皮不同于面料服装，要尽量减少开刀破缝，避免因开刀引起的毛与毛之间有毛长毛短，和色差。合体皮草服装侧片可以按正常打板剪切后合拼腰省量后粘贴处理，但省的位置要根据服装的款式皮子的大小毛峰的方向合理按排，避免省合并后两边毛高低不一致。合并结构线，部分裁片需要分割后才能与该部位体型相吻合，可以利用毛长的优势，将结构线部分或全部合并，以降低工艺难度，如三片帽子变成两片帽结构，两片袖转变成一片袖。总之，只要达到造型目地，要用最简单的结构处理方法，所有片尽量连在一起，减少工艺，便于钉皮，节省原料。

3.工艺参数　生产过程中由于种种原因而不可克服的损耗和差量，包括自然缩量、缝份、折边、折率，其中折率尤其重要，必须通过打样测试才能准确地在样板中反映出来。例如，肩宽部位折率控制，由于肩部是斜丝绺，经过缝制就会伸长，使肩部尺寸变大，与设计的成衣尺寸不符。因此，在样板制作中必须将这一伸长的量扣除或在工艺中做出处理，涉及到折率的部位有斜丝部位、腰围、胸围等。

4.工艺设计　由于样板是由制板师绘制出来的，在制板时已经充分考虑到这款服装该如何制作，为了使参与制作这一产品的所有人能了解制作方法、方式，制板师必须将产品具体的生产步骤、制作难点用文字和工艺图分解出来，这一过程称为工艺设计。工艺设计时必须考虑符合流水线生产要求，省时、简捷，且工艺新颖、独特，能充分提高产品品质。目前，一般皮草都是采用“抽刀”方法缝制。抽刀的意思是把皮板切成V纹，然后再继上。主要的原因是可以令毛皮更优雅，更柔顺舒适及可以把毛皮伸展到适当的长度。“加革”方法，在毛皮与毛皮中间嵌上皮革。这种缝制方法不但直接影响用料的数量，也可以减轻皮草的份量感。另一种缝制方法是“原只裁剪”，没有利用切割的方法改变毛皮的长度或间度，而是将毛皮与毛皮直接缝上，这个方法工序较为简单。

5.推板　工业化生产服装时，要求同样一种款式服装生产出多种规格的产品，以满足不同身高和围度穿着者的要求。这就要按照国家号型标准规定的成套规格系列，绘制出各个型号的全套样板。一般采取的方法是先绘制出中号标准板，然后在其基础上进行加大或缩小，　简称为“推板”。该方法可以减少失误，极大地提高制板的效率。一般皮草的领子、帽子不推板。

四、制板要求

（一）制板时要遵循款式设计图或标样

它是制板时外观造型的依据。制成的样板，缝制成衣后必须与款式设计图或标样完全一致。

（二）样板纸

由于样板在生产过程中需要反复使用，必须要注意它的防缩性、防湿性以及耐磨性。样板纸通常有：铜板纸、牛皮纸、马粪纸、白板纸，不同的批量和要求，可选择不同质地的样板纸。一般批量较大、多次使用的样板最好用铜板纸，因为它具有较强的防湿、防缩和耐磨性能；中小批量用牛皮纸；马粪纸、白板纸原则上是不能做样板纸的，它们的耐磨性较差，不防缩，只能做不重复使用的小批量时装样板纸。做成样板后还要进行防缩、耐磨处理。例如，在样板纸边沿涂胶水或透明胶带纸。

（三）样板缝份（缝头）

样板应制成毛板，毛板指的是样板要有缝份、折边量等。缝份和折边量需根据工艺要求来制定。一般情况下是：

1.前后衣片底边、袖口留1-1.5cm;

2.皮草与衬里面料拼接部位留0.8cm。

（四）印迹（牙口）

必要的标记是规范化服装样板的重要组成部分。在服装工业批量化生产中，服装样板的标记是无声的语言，使样板制作者和使用者达到某种程度的默契。标记作为一种记号，其表现形式是多样化的，主要有定位标记和文字标记。

1. 定位标记

（1） 作用：定位标记可标明服装各部位的宽窄、大小和位置，在缝制过程中起指导作用。

（2）形式　：定位标记的形式主要有眼刀

（剪口）和钻眼（点眼）等。

（3）要求：

①眼刀的形状为三角形，三角形的宽度为0.2cm，深度为0.5cm。这里需要说明的是服装样板的定位标记与服装裁片的定位标记有所不同:服装样板的定位标记是排料、画样的依据，要求剪口张开一定量，利于画样，因此剪口呈三角形；服装裁片的定位标记是缝制工艺的依据，眼刀应为直口，深度应为缝份宽的1／2左右，使之既能达到定位的目的，又不影响面料的牢度。

②钻眼应细小，位置应比实际所需距离短，如收省定位，比省的实际距离短1cm；贴袋定位，比袋的实际大小偏进0.3cm。

③定位标记要求标位准确，操作无误。

（4）定位标记使用的主要部位：

①缝份和贴边的宽窄：在服装样板缝份和贴边的两端或一端做上标记，在一些特殊缝份上尤为重要，如上装背缝、裙装和裤装后缝等。

③收省、折裥、细褶和开衩的位置：凡收省、折裥和开衩的位置都应作标记，以其长度、宽度及形状定位。一般锥形省定两端，钉形省和橄榄省还需定省中宽。一般活裥标上端宽度，如前裤片挺缝线处的裥。贯通裁片的长裥应两端标位，局部收细褶范围的起止点定位。开衩位置应以衩长和衩宽标位。

③裁片组合部位：服装样板上一些较长的组合缝，应在需要拼合的裁片上每隔一段距离做上相应的标记，以使缝制时能达到松紧一致，如服装的侧缝、上衣腰节高的定位、分割线的组合定位等。

④零部件与衣片、裤片、裙片装配的对刀位置：零部件与衣片、裤片和裙片装配的位置，应在相应部位做上标记。如衣领与领圈的装配、衣袖与袖窿的装配、衣袋与衣身的装配、腰带襻与肩襻的装配等。

⑤裁片对条、对格的位置：应根据对条、对格位置做相应的标记，以利于裁片的准确对接。

⑥其他需要表明位置、大小的部位：还有一些需要标明的位置如纽位等，应根据款式需要，做相应的标记。

2. 文字标记

（1）作用 ： 文字标记可标明样板类别、数量和位置等，在裁剪和缝制中起提示作用。

（2）形式 ： 文字标记的形式主要有文字、数字和符号等。

（3）要求 ： 字体规范、文体清晰。为了便于区别，不同类别的样板可以用不同颜色的笔加以区分，如面板用黑色、里板用绿色、衬板用红色等。文字标记应切实做到准确无误。

（4）内容 ：

①产品的型号：产品型号的编写可按客户订单照写，也可根据企业的要求自行设计。还可按服装的类别、生产的年份及样板的制作先后顺序等编写。本教材的样板实例即是采用最后一种方法编写的，其中，SK为英语“SKIRT”的缩写，表示服装类别为裙装；PT为“PANTS／TROUSERS”的缩写，表示服装类别为裤装；JK为“JACKET”的缩写，表示服装类别为上衣；CT为“COAT”的缩写，表示服装类别为大衣；ST为“SHIET”的缩写，表示服装类别为衬衫；NXZ为男西装汉语拼音的缩写。03表示年份即2003年制作的样板，1、2、3及A表示样板的制作先后顺序。如SK03-A，表示裙装类、2003年生产的第一个款式的样板。其他符号含义依次类推。

② 产 品 的 规 格 ： 如 1 7 0／88A；S、M、L、XL；7号、9号、11号、13号等。

③样板的类别：如面板、里板、衬板、袋布及褂面等均需一一标明。

④样板所对应的裁片位置及数量：如前片×2、后片×1、大袖×2、小袖×2等。如果款式出现不对称部位，需详细标明方位，即左右片及正反面。

⑤样板的丝缕：用来标定经向方向的，有单箭头、双箭头，皮草服装一般用单箭头表示毛向。它的长度也有一定的规律，一般长样板，例如长裤的前后片，丝绺标记长度为三分之一裤片长；中等长度样板，如上衣前后片，丝绺长度为二分之一衣片长；短样板，如小袖片，丝绺长度为三分之二袖片长；小样板，如口袋盖，丝绺长度为全长。

（五）样板必须要完整

样板的完整性是指样板有面板（主板）、里板（副板）、衬板（辅板）、定位板、定形板等类型样板，还必须保证每类板的数量、部位的完整。

（1）面板包括衣身、袖、领面、领里、贴边、口袋盖等。

（2）里板包括衣身里、袖里、袋盖里等，一般批量小的里板可以省去（面板稍作修改可替代）。

（3）衬板包括衣身衬、领衬、袖口衬等，小批量服装生产衬板可用面板替代。

（六）验板

制成的样板还需作最后的检验，验板一般经过两个步骤：样板自身检验和样衣检验。

1.样板自身检验　服装样板制作完成后，需要专人检查与复核，以防样板出现差错，造成经济损失。

（1）服装样板的复核的主要内容：

①检查核对样板的款式、型号、规格、数量和来样图稿、实物、工艺单是否相符。

②样板的缝份、贴边加放是否符合工艺要求。

③各部位的结构组合（衣领与领圈、袖山弧线与袖窿弧线、侧缝、肩缝等组合）是否恰当。

④定位和文字标记是否准确、有无遗漏。

⑤样板的弧线部位是否圆顺、刀口是否顺直。

⑥样板的整体结构，各部位的比例关系是否符合款式要求。

（2）服装样板复核的方法：

①目测

目测样板的边缘轮廓是否光滑、顺直；弧线是否圆顺；领圈、袖窿等部位的形状是否准确。

②测量

用软尺及直尺测量样板的规格，校验各部位的数据是否准确，尤其要注意衣领与领圈、袖窿弧线与袖山弧线等主要部位的装配线。

③用样板相互核对

将样板的相关部位相互核对，将前后裤片合在一起观察窿门弧线和下裆弧线；将前后侧缝缝合在一起观察其长度；将前后肩缝合在一起观察前后领圈弧线、前后袖窿弧线及肩缝的长度配合等。

2.样衣检验　现代服装生产以时装为多，无论生产何种服装都要进行试板，才能定板，即样板制成后，缝制成衣后进行试穿评价，对不合适的部位进行修改后才能确定为标准样板。严格地讲应该进行三次打样修改，才能最终确认样板。

五、推板

服装工业社会化大生产的特点是同样一件款式的服装生产出多种规格的产品，批量裁剪时需要有全号型成套样板，为了能高效率地绘制成套样板，通常采用推板的方法。

推板就是以标准母板为基准，兼顾各个号型，进行科学的档差再分配、缩放并绘制出系列号型样板。推板是一项技术性、科学性很强的工作，计算、推导要求细致、科学、严谨，度量、画线都要准确无误。

（一）推板类型

推板即样板的缩放，过去一直是手工艺，随着科技的发展，电脑推板已广泛应用。目前我国使用的方法大致可分为手工操作和电脑操作两种。

1.手工操作方法

（1）推放法：这种方法一般是先制定一件小号样板，以它为基础，上下左右手工移动，按照档差依次推放。这种方法大都使用硬的纸样，工人单独操作，一次完成。

（2）扎印法：在先制定好的样板上找准各部位的点，用锥子扎上印迹，扎一个放一个，依次完成。

（3）制图法：是伴随教学以及技术普及而发展起来的方法。它是在中间号型的基础上用坐标平移的原理，找准各个号型之间的档差数之点，再用线条连接成图的方法，将所需制定号型的样板画在同一张纸上，经检查核对无误后，再一个号型一个号型地复制成样板。这种方法，不但准确无误，而且可以流水作业。因而被企业和教学所采用。

（二）制图法推板方法

（1）档差分配方法：在推板中每一个应推档的点都要按制图公式或比例推算出具体数据。

（2）位置确定方法：每一个应推档的点要严格按水平或垂直的方向放缩。

（3）特殊部位档差分配和方向确定方法：当某一部位与其它两部位相关联，且这两个部位方向相反，则这一部位的档差应是大的减去小的档差，方向和大的一致。

例如，西裤中裆档差计算：中裆一般在臀围线至脚口线的中点上，这就表示中裆与臀围和脚口两个部位相关联，这两个部位档差又是相反的，那么中裆的档差等于脚口纵向档差减去臀围纵向档差除以2。

（三）确定十字基准线

十字基线就是为使每一个控制点在推放时具有方向性，避免放缩混乱，而在推放之前就在每一片衣板上建立的两条不能移动的线（一条水平线，一条垂直线）。建立基准线必须有利于推板。各类款式的基准线建立如下。

（1）裙类前后片：裙中线和腰围线或臀围线。

（2）裤类前后片：烫迹线和横裆线。

（3）上衣前片：胸围线和胸宽线或前中线。

（4）上衣后片：胸围线和背宽线或后中线。

（5）一片袖：袖中线和袖肥线。

（6）两片袖：袖偏线和袖肥线。

（四）建立放缩点和相关的放缩量

衣板上的各部位控制点都要推放，放缩量以坐标的形式直接在纸样上确定或者先用表格统计出来然后再推。

六、外贸服装工业制板

（一）准备工作

服装企业接到客户的订单后，必须做好以下的准备工作：

（1）了解产品的去向(国家或地区)、投产日期、交货日期。

（2）了解款式，看本企业是否能投入生产。

（3）检查客户提供的资料是否齐全，外文是否己经翻译。

（4）应仔细检查规格单是否齐全，如果不全应及时向有关部门联系。

（5）明确面辅料的来源，是国产还是进口，是自己组织货源还是由客户提供等。

（二）打制确认样

所谓确认样就是制作给客户确认的样衣，并作为大批量生产和成品在交货时品质和标准的依据。

（1）在制作样板之前首先要对客户的款式、规格等进行全面的审核。

认真查看客户的规格单，了解各部位的具体规格和公差规定，准确掌握产品的款式、造型和内在结构特点，各部位的缝份大小、折边宽度、丝绺方向等有关规定都要完整地体现到样板上。

（2）掌握产品的构成形式，各部位部件的缝制、锁钉、整烫等工艺要点及顺序。

样板制作与生产工艺、顺序具有密切联系，因此，凡是与样板制作有关的情况，都应掌握，以便制作样板时有的放矢，准确无误，合理科学，提高生产效率与成品质量。

（3）掌握面辅料的质地、性能、成分、缩水率、耐温情况以及缩率等工艺参数

（4）在上述工作的基础上，确定样板规格

（5）制作样板和样衣

一般确认样是打制三件，其中两件给客户，一件留厂存档，而且三件必须完全一致。

（6）资料收集、样板存档

确认样板做好后，必须将面辅料的耗用情况详细地记录下来，出现的问题及处理方法也应及时记录下来，为制定必要的生产技术管理、质量管理提供可靠的依据。此外，大样板、小样板等都要及时存档。

（三）制作生产样板

（1）确认客户收到确认样后提出的认可或更改意见。

（2）研究、分析与样板有关的确认意见，在确认样板的基础上，及时对样板的规格、造型等根据客户确认意见进行更改与修饰，形成基准样板。

（3）生产样板制作根据客户资料中的各种规格要求或按照国家服装号型系列中的档差，以基准样板为依据，按一定的推档(放码)方法制作出一系列的工业生产样板，包括大样板、小样板等。

（4）有关部门及时采购面、辅料，组织生产。

第三节 典型裘皮服装结构设计与制板

THE DESIGN OF TYPICAL FUR STRUCTURE AND PLATE

通过对典型裘皮上装的工业样板制作过程的具体分析与讲解，要求学生了解皮草上衣的结构特征，重点掌握尺寸制定、省道设置以及各个主要部件制板的要点；能从案例中领会皮草样板制作的基本方法，并能举一反三，独立完成裘皮服装的工业样板制作。

一、翻领裘皮上衣结构设计与样板制作

（一）款式图与款式特征

1. 款式图 见图6-3-1

2. 款式特征

该款为A字型中长传统裘皮上装，前后肩各设一个省，一片合体袖，翻领。

图6-3-1

（二）主要控制部位规格制定要点

1.衣长规格　控制要点适应冬季气候，长度需要包裹臀部全部，从臀部向下延伸10~15cm。即：国标中坐姿颈椎点数据加10~15cm，衣长约等于75cm。

2.肩宽规格控制要点　根据裘皮毛长的特点，肩部不宜太宽，同时A字型造型需要，也要将肩部缩窄，按标准中总肩宽数据减4cm左右，约等于36cm。

3.胸围规格控制要点　该款式相对合体，考虑到冬装一般都要内穿毛衣等厚衣服，需要在一般合体服装加放量的基础上再放6~8cm。即：净体数据加12cm（基本放松量）再加8cm，胸围约等于104cm。

4.袖长规格控制要点　一般冬装袖长尺寸设置为肩端点至虎口，由于裘皮服装肩部缩窄的因素，需要袖山头加高弥补。即：国标中全臂长数据加8cm（手腕至虎口）加2cm（弥补肩量），袖长约等于62cm。

5.领围规格控制要点　由于毛长的原因，需要适当加大领圈围度，领围不需要推档，可以不设置具体围度。

（三）规格表 见表6-3

表6-3 A体 5.4系列 单位：cm

部位 \ 号型	155/76	160/80	165/84	170/88	175/92	档差
衣长（L）	71	73	75	77	79	2
胸围（B）	96	100	104	108	112	4
肩宽（S）	34	35	36	37	38	1
袖长（SL）	59	60.5	62	63.5	65	1.5
袖口（CF）	28	29	30	31	32	1

（四）结构分解图

1. 前片结构图，见图6-3-2。

（1）肩宽：15/2-0.5cm。

（2）胸围：*B*/4。

（3）腋下设置省转移至肩部，且省的一条边水平，以保证毛向一致。

（4）门襟贴边与衣片连口，以减少工艺程序。

2. 后片结构，见图6-3-3。

（1）延长前片上平线、胸围线、底边线。

（2）后肩宽：S/2。

（3）胸围：B/4。

（4）后肩部设置省2cm，且省的一条边水平，以保证毛向一致。

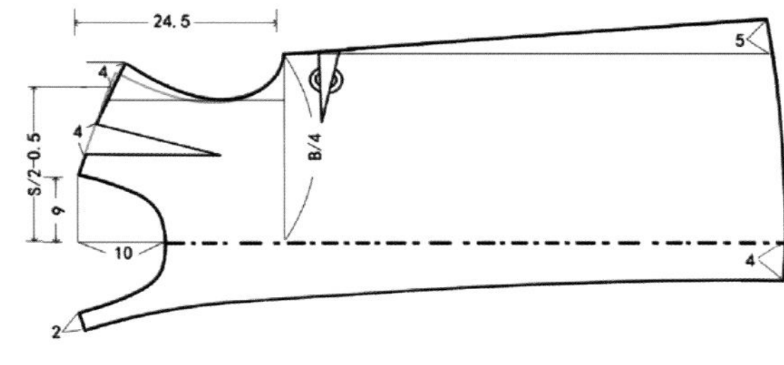

图6-3-2

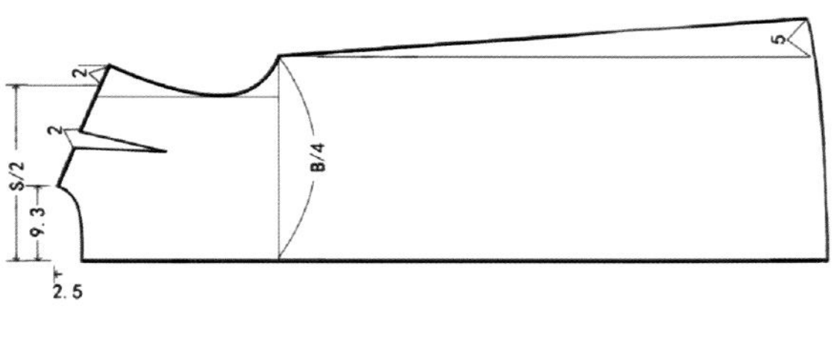

图6-3-3

3. 袖片，见图6-3-4。

（1）袖片整体向前倾斜2cm。

（2）袖山头设置省一个，长4cm，宽2.5cm，弥补肩宽后，满足肩部与手臂连接处自然弯曲形状的需要。

（3）袖肘设置省一个，长7cm，宽2.5cm

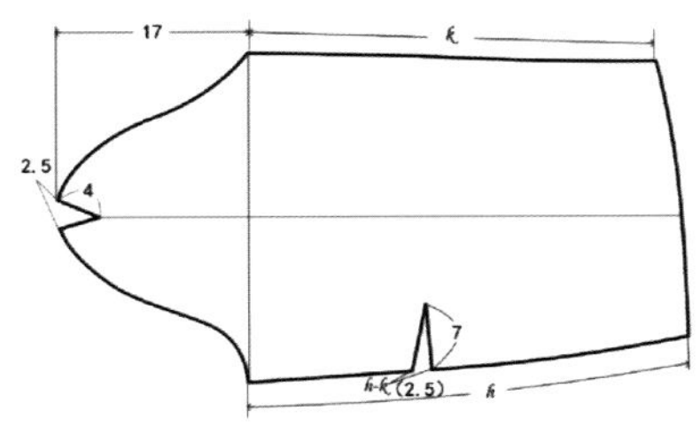

图6-3-4

4.领子，见图6-3-5。

（1）为保证领子弯曲自然，需要加大弧度，后领直上高6cm。

（2）领子后中可以连口，也可以按毛向需要分开。

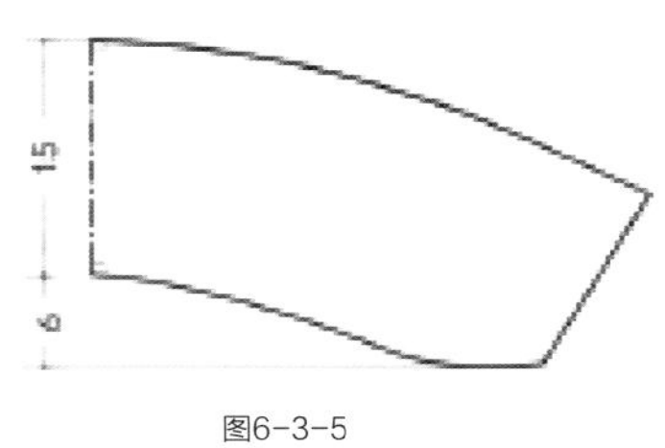

图6-3-5

（五）样板图

1. 前片、后片、袖子的底边分别放缝1.5cm，其他部位不放缝头。

2. 毛向单箭头。

见图6-3-6

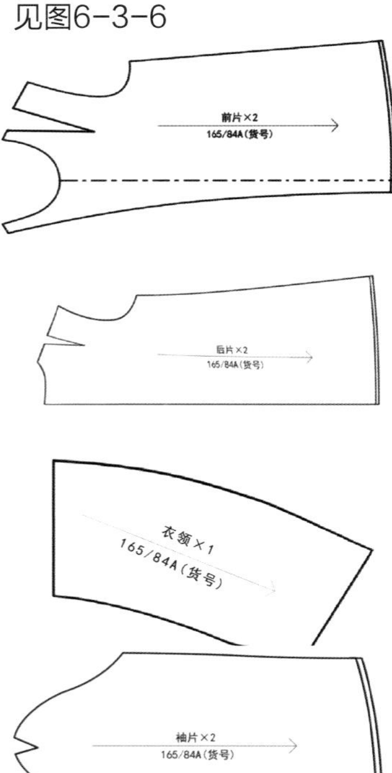

图6-3-6

二、连帽领裘皮上衣结构设计与样板制作

（一）款式图与款式特征

1. 款式图，见图6-3-7。

2. 款式特征

该款为A形中长休闲裘皮上装，前后肩各设一个省，一片合体袖，两片帽。本款特点是帽子替代了传统领子，重点是裘皮帽子结构设计与制板。

图6-3-7

（二）主要控制部位规格制定要点

1.衣长规格控制要点　适应冬季气候，长度需要包裹臀部全部，从臀部向下延伸10~12cm。即：国标中坐姿颈椎点数据加10~12cm，衣长约等于75cm。

2.肩宽规格控制要点：裘皮毛长的特点，肩部不宜太宽，同时A字型造型需要，也要将肩部缩窄，按标准中总肩宽数据减4cm左右。即：国标中总肩宽数据减4cm，约等于36cm。

3.胸围规格控制要点　该款式相对合体，考虑到冬装一般都要内穿毛衣等厚衣服，需要在一般合体服装加放量的基础上再放6~8cm。即：净体数据加12cm（基本放松量）再加8cm，胸围约等于104cm。

4.袖长规格控制要点　一般冬装袖长尺寸设

置为肩端点至虎口，由于裘皮服装肩部缩窄的因素，需要袖山头加高弥补。即：国标中全臂长数据加8cm（手腕至虎口）加2cm（弥补肩量），袖长约等于62cm。

5.帽子规格控制要点　根据款式特点设置领圈大小，帽底在领圈形状基础上配置。帽子长度参考头长加直开领数据，约等于42cm；帽宽参考头围数据，约等于54cm。

（三）规格表　见表6-4。

表6-4　A 体型　　5.4系列　　单位：cm

号型 / 部位	155/76	160/80	165/84	170/88	175/92	档差
衣长（*L*）	71	73	75	77	79	2
胸围（*B*）	96	100	104	108	112	4
肩宽（*S*）	34	35	36	37	38	1
袖长（SL）	59	60.5	62	63.5	65	1.5
袖口（CF）	28	29	30	31	32	1

（四）结构分解图

1. 前片结构图，见图6-3-8。

（1）肩宽：*S*/2−0.5cm。

（2）胸围：*B*/4。

（3）腋下设置省转移至肩部，且省的一条边水平，以保证毛向一致。

（4）门襟贴边与衣片连口，以减少工艺程序。

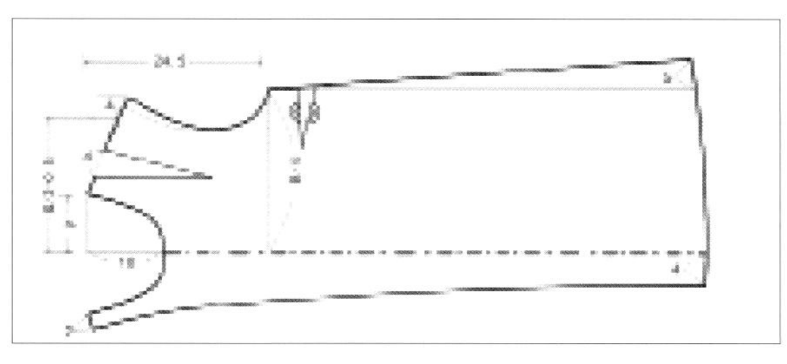

图6-3-8

2. 后片结构，见图6-3-9。

（1）延长前片胸围线、底边线。后片上平线较前片提高1cm。

（2）后肩宽：*S*/2。

（3）胸围：*B*/4。

（4）后肩部设置省2cm，且省的一条边水平，以保证毛向一致。

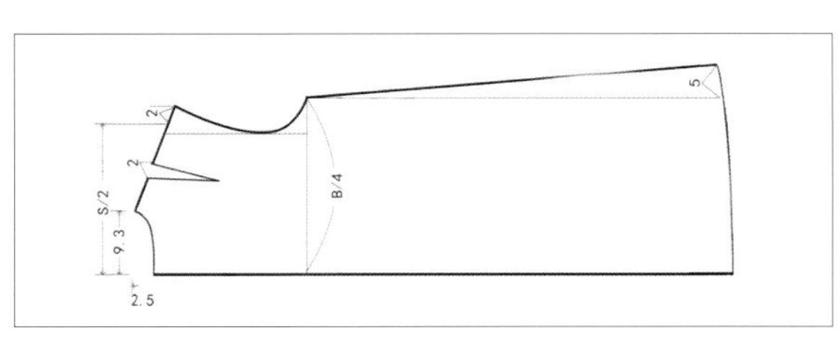

图6-3-9

3. 袖片　见图6-3-10

（1）袖片整体向前倾斜2cm。

（2）袖山头设置省一个，长4cm，宽2.5cm，弥补肩宽后，满足肩部与手臂连接处自然弯曲形状的需要。

（3）袖肘设置省一个，长7cm，宽2.5cm。

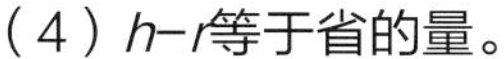

（4）*h*−*r*等于省的量。

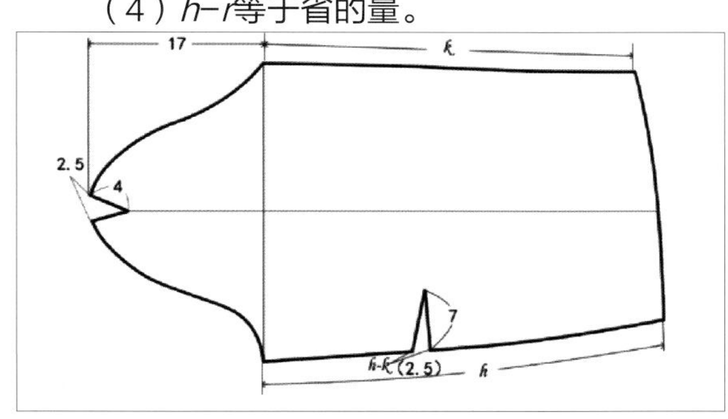

图6-3-10

4. 帽子　见图6-3-11

（1）按前后领圈形状配置帽子底部弧线，长度与领圈围度相等。

(2) 毛皮服装需要尽可　　能减少分割，因此，将三片帽结构合并成两片帽，为了保持与头部外形一致，需要在帽子上下各收一道省，长度5cm、宽度2cm。

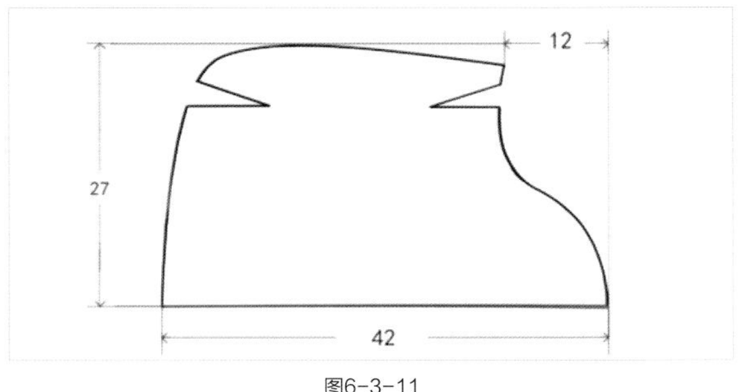

图6-3-11

（五）样板图

1．前片、后片、袖子的底边分别放缝1.5cm，其他部位不放缝头。

2．毛向单箭头。

见图6-3-12

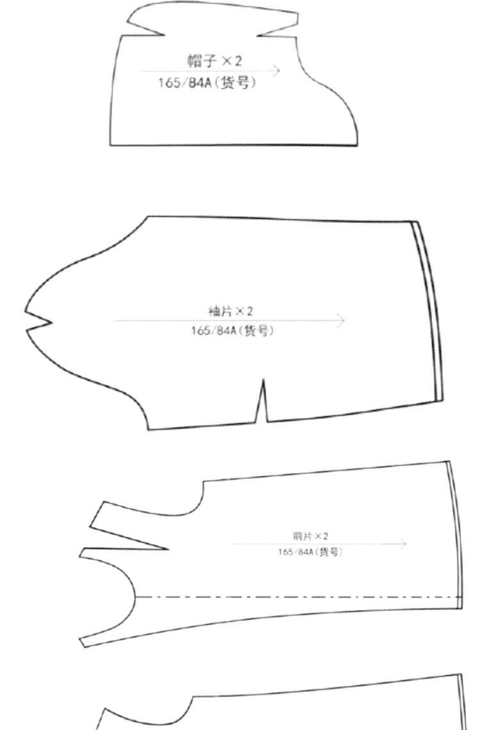

图6-3-10

三、插肩袖短款裘皮上衣结构设计与样板制作

（一）款式图与款式特征

1．款式图

2．款式特征

该款为短款休闲裘皮上装，插肩袖、中袖、翻领。

见图6-3-13

（二）主要控制部位规格制定要点

1.衣长规格控制要点　该款为年轻人穿着的时尚短上装，长度一般设置在腰部与臀部连接处。即臀部向上7cm处，约等于55cm。

2.肩宽规格控制要点　裘皮毛长的特点，肩部需要缩窄，按标准中总肩宽数据减4cm左右，约等于36cm。

3.胸围规格控制要点　该款式是合体型，只需要在一般合体服装加放量的基础上再放4cm，约等于98cm。

4.袖长规格控制要点　袖长尺寸设置到小臂中部，大袖口。

5.领围规格控制要点　由于毛长的原因，需要适当加大领圈围度，领围不需要推档，可以不设置具体围度。

（三）规格表

见表6-5

表6-5　A形　5.4系列　单位：cm

部位＼号型	155/76	160/80	165/84	170/88	175/92	档差
衣长（L）	51	53	55	57	59	2
胸围（B）	90	94	98	102	106	4
肩宽（S）	34	35	36	37	38	1
袖长（SL）	43	44	45	46	47	1.5
袖口（CF）	60	60	60	60	60	0

图6-3-13

（四）结构分解图

1. 前片结构图，见图6-3-14。

（1）肩宽：S/2-0.5cm。

（2）胸围：B/4。

（3）腋下设置省转移至袖与衣片连接处，且省的一条边水平，以保证毛向一致。

（4）宽门襟4cm，贴边与衣片分开。

（5）前袖：在前衣片肩部配袖，袖中线45度斜线，插入领部4cm。

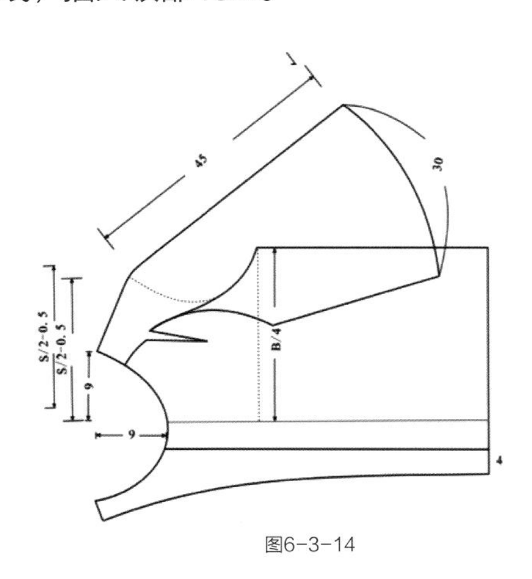

图6-3-14

2. 后片结构　见图6-3-15。

（1）延长前片上平线、胸围线、底边线。

（2）后肩宽：S/2。

（3）胸围：B/4。

（4）后袖：在后衣片肩部配袖，袖中线45度斜线，插入领部3cm。

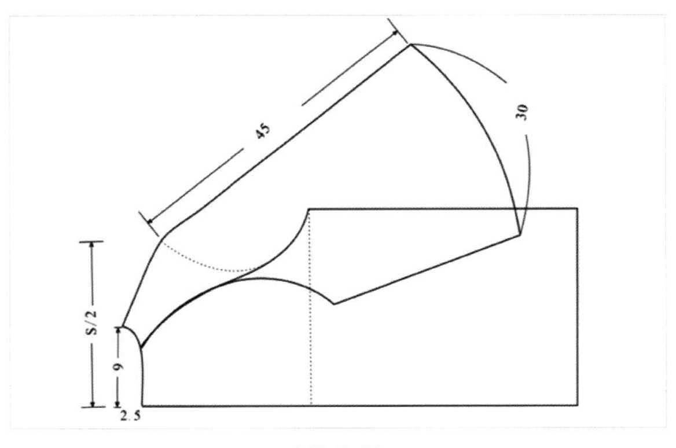

图6-3-15

3.领子　见图6-3-16。

（1）为保证领子弯曲自然，需要加大弧度，后领直上高6cm。

（2）领子后中可以连口，也可以按毛向需要分开。

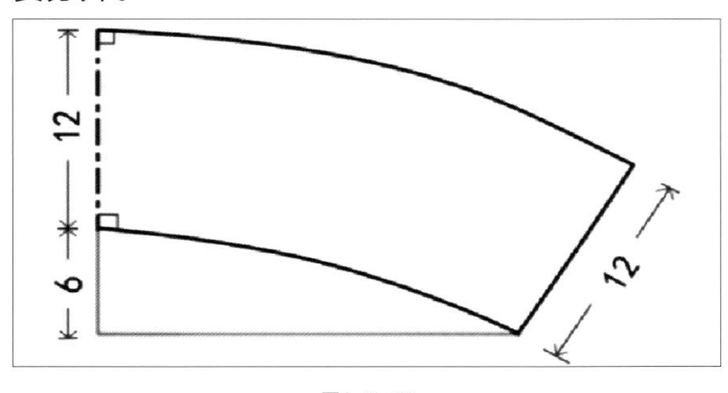

图6-3-16

（五）样板图

1．前片、后片、袖子的底边分别放缝1.5cm，其他部位不放缝头。

2．毛向单箭头。

3． 为了减少分割，前后袖片拼接成连口形状。

见图6-3-17

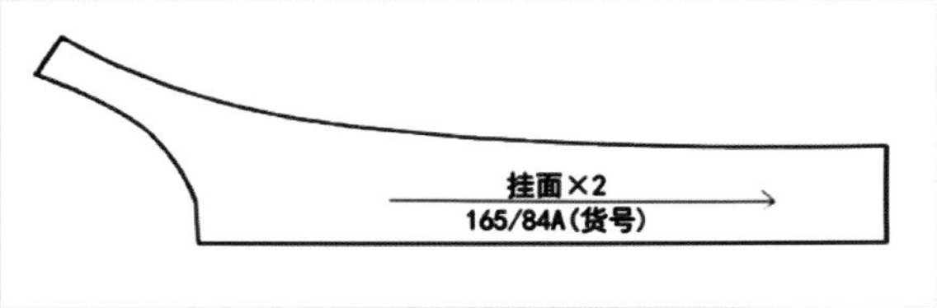

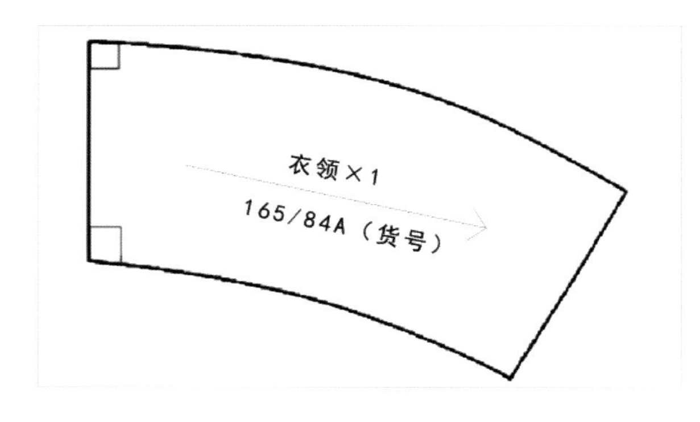

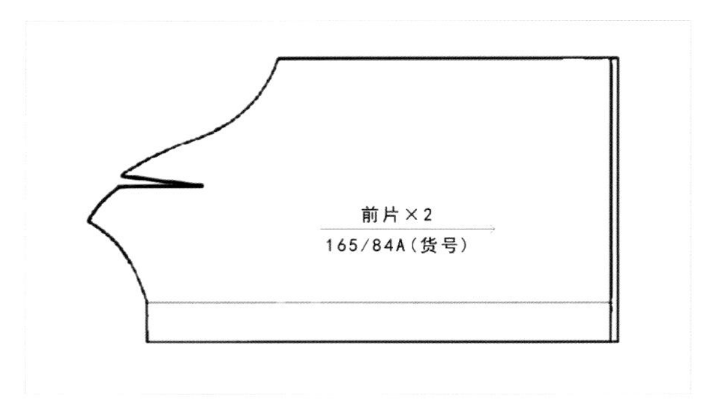

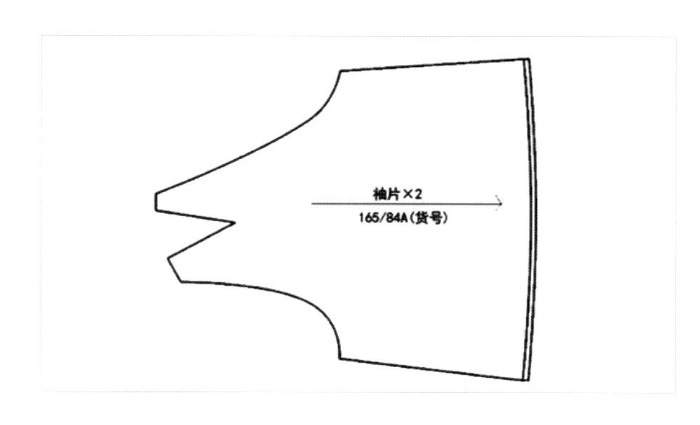

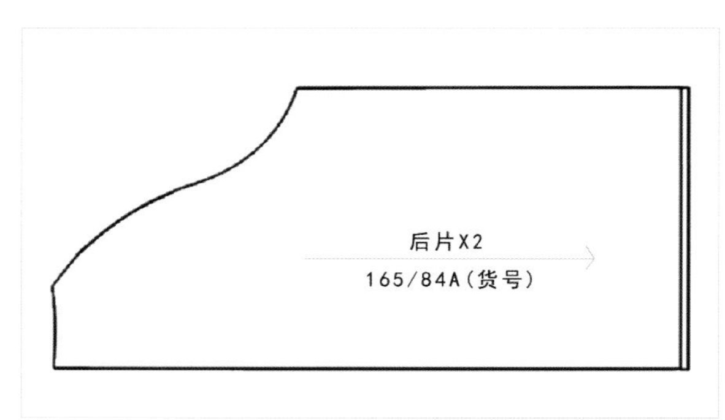

图6-3-17

思考题

1．什么是成衣与样衣？两者之间有何关联？

2．什么是打样与驳样？两者之间有何关联？

3．什么是净样板和毛样板，工艺样板与定位样板，标准板与母板？

4． 什么是服装推板？规则推板与不规则推板之间有何关联？

5．皮草服装制板与梭织面料服装制板区别与联系？

6．服装制板的常用工具有哪些？

7．服装制板的常规材料有哪些？

8． 皮草服装制板流程？

9．如何用制图法推板？

10．简述服装样板定位标记的作用、形式、要求及标记的部位。

11．皮草服装尺寸制订需要考虑哪些因素？

12．皮草服装制板中省的运用需要注意什么？

13．皮草服装中帽子结构设计需要注意什么？

14．独立完成一款裘皮服装样板制作。

第七章　皮草材料拓展应用

FUR MATERIAL APPLICATION

“皮草”是对动物毛皮的俗称。现代人称为皮草或者皮毛，又称裘皮。人类使用皮草历史由来已久，早在原始时期，人们已经使用兽皮和树叶以及一些原始非加工材料进行御寒和遮体。如今，伴随着个性化、多样化的趋势，皮草成为时尚潮流的新宠。毛皮动物的养殖也为更多领域大量使用皮草提供了可能。皮草在发展的过程中被不断拓展，注入新的内涵，普遍用于制作服装配饰、家居产品中。在每年的国际服装展览会和家具博览会上，都有设计师们设计的精美皮草产品，向大众传递着一种新的生活方式。

皮草由毛被和皮板两部分构成，其价值主要由毛被决定。皮草的皮板柔韧，毛被松散、光亮、美观、保暖，经久耐用，常用于制作服装、披肩、帽子、衣领、手套、靠垫、挂毯和玩具等制品。在传统皮草配饰产品的基础上，采用整张毛皮或是运用皮草的边角材料，与普通服装面相结合，设计出与服装相搭配的皮草配饰产品。这类产品不仅带来整体装扮的系列感，而且还产生整体的配套感和艺术感，同时使得现代皮草的新工艺、新方法得以广泛的运用，赋予了皮草配饰产品以更加璀爔的生命力。

第一节 皮草配饰

FUR ACCESSORIES

一、皮草配饰的类别

服装配饰的种类繁多，涵盖范围非常之广。广义上说，着装所带的全部物品均属服装配饰范畴，如围巾、头饰、首饰、包袋、鞋帽、雨伞、手帕、纽扣、化妆品等；狭义上说，服装配饰主要指的是装饰用品、装身用品和保护用品。目前，市场上常见的皮草配饰产品主要有：帽饰、围巾、披肩、头饰、胸饰、腰饰、鞋靴、包袋、手笼、手套、护耳等。

皮草配饰在服装搭配中起到了非常重要的装饰作用，它使服装的外观看起来更为整体。通过配饰的造型、色彩、材质等结合可以弥补某些服装造型上的不足。皮草配饰设计要跟服装的造型、材料、色彩、着装目的以及穿着方式相互协调和烘托，有效利用皮草配饰可以点缀服装或者改变样式，起到增加服装整体美感的作用。

（一）帽饰

帽饰是最能完美体现服装整体美感、艺术风格及服装品位的配饰。帽饰的造型和用途多样，使用皮草制作的帽饰按款式特点来分，有贝蕾帽、鸭舌帽、钟型帽、三角尖帽、青年帽、前进帽、俄罗斯帽、披巾帽、无边女帽、龙江帽、京式帽、山西帽、棉耳帽、八角帽、瓜皮帽、虎头帽等，见图7-1-1。皮草帽饰设计大都以单品形式出现，它很容易彰显出个人的品味，当然也要考虑它的色泽和式样必须与服装风格及其它配饰协调搭配。

图7-1-1 短绒毛类皮草的表现技法

（二）披肩、围巾

披肩、围巾可以说是最重要的服装配饰，不仅具有美观的装饰性，还能满足保暖的实用性。同时，也是皮草材料最佳的载体，制作上可以采用全皮草和皮草饰边的各种工艺手法。皮草材质的披肩、围巾具有的神秘迷人的变幻力和特殊表现力，见图7-1-2、图7-1-3，在时装周上深受设计师的喜爱。其实用性和装饰性在日常生活中也受到大众追捧。

图7-1-2 各类皮草披肩

图7-1-3 皮草围巾

（三）头饰、胸饰

通常指佩戴在头上或胸上的装饰品。近年来，波西米亚风格(Bohemian)和洛丽塔（Lolita)风格的流行,使皮草越来越多的出现在头饰、胸饰上。用皮草制成天真、浪漫的纯真风格或热情绚烂的民族风格的各类发圈、发夹、发箍、耳罩、胸针等，表现时尚女孩可爱、温婉的魅力，见图7-1-4，图7-1-5。

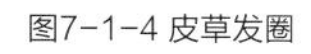

图7-1-4 皮草发圈

图7-1-5 皮草胸针

（四）腰饰

腰饰是束于腰间或身体之上的起固定衣饰，装饰美化作用的配饰，它与服装一样有着悠久的历史。在腰饰的装饰性越来越被重视的今天，各种材质都被设计师广泛运用于腰饰上。用皮条或少量的皮草碎料，穿于皮带或金属的腰链中做腰带的装饰。可表现多种设计风格，表现出或俏皮的、或民族的、或狂放的不同个性。而豹纹腰饰也是设计师尤为钟爱的类型，见图7-1-6。

（五）手套

手套是手部保暖或劳动保护用品。最早起源于古希腊。到近代，它才成为寒冷地区保温必备用品。手套用各种皮革、橡胶、针织物或机织物裁剪缝制而成。采用皮革、针织品配合局部皮草或整张皮草设计制作的手套，既美观又保暖，其柔软的质地和良好的保暖性而备受时尚人士的宠爱，见图7-1-7。这种风格的手套适合搭配的服装很多，夹克、风衣、羽绒服都可以，而搭配纤窄袖管小外套，会更加体现出时尚气质

图7-1-6 皮草腰饰

图7-1-7 皮草手套

（六）鞋靴

鞋靴种类繁多，其设计风格随服装的流行、社会观念、审美倾向、艺术形式等各种因素而变化。现代鞋靴除使用传统的材料外，各种新材料也不断被设计师所采用，使穿着的更加舒适和美观。通常在鞋的饰面处、靴腰处或者是鞋后跟处作为装饰的要点，饰以皮草令足下生辉，见

图7-1-8、图7-1-9。黑色、白色，中性色调的暗灰色、咖啡色、米色等皮草类鞋靴比较容易搭配衣服。不同风格的鞋靴给人们更广阔的选择空间。

图7-1-8 皮草短靴

图7-1-9 皮草筒靴

（七）包袋

包袋是使用最为广泛的配饰之一。种类繁多，包括各种类型的手提包、手拿包、钱包、背包、单肩包、挎包和腰包等。随着人们生活和消费水平的不断提高，各种各样的包袋已经成为人们身边不可或缺的饰品。人们要求包袋产品不仅在实用性上有所加强，装饰性已成为主要拓展方向。天然皮草外观高雅大方，手感柔软丰满，产品耐用性能好，深受使用者的欢迎。加之名牌效应的融入，也使皮草成为设计师们衷爱的表现材料。如 路易·威登（Louis Vuitton“Creatures”）系列则利用剩余的皮草废料制作，见图7-1-10。

图7-1-10 Louis Vuitton“Creatures”系列

（八）首饰及其他

将皮草与其他材料相结合，设计成项饰、手环、脚镯、耳饰等首饰产品，如图7-1-11，甚至在腕表、手机挂件上也出现了皮草元素。如U-Do智能存储皮草手环，如图7-1-12，设计灵感来源于网络线条，融入了简约、科技、时尚的理念。设计采用无线模块技术以及解锁APP，手环连接处为USB接口设计，解决了现代办公资讯存储设备使用方便、安全、携带便捷的问题。时尚皮草元素作为手环的主材料，皮草与橡胶金属材料间的搭配呈现出时尚感。夏季由于皮草材质特性的局限性，手环的环芯处设计为可拆卸结构，可以用其他方式佩戴。可见皮草制品已融入了人们生活的方方面面。

图7-1-11 各类皮草首饰

甚至在腕表、手机挂件上也出现了皮草元素，如图7-1-12。如U-Do智能存储皮草手环，如图7-1-13，设计灵感来源于网络线条，融入了简约、科技、时尚的理念。设计采用无线模块技术以及解锁APP，手环连接处为USB接口设计，解决了现代办公资讯存储设备使用方便、安全、携带便捷的问题。时尚皮草元素作为手环的主材料，皮草与橡胶金属材料间的搭配呈现出时尚感。夏季由于皮草材质特性的局限性，手环的环芯处设计为可拆卸结构，可以用其他方式佩戴。可见皮草制品已融入了人们生活的方方面面。

图7-1-12 手机挂件

图7-1-13 U-Do智能存储皮草手环

二、皮草配饰的特征

（一）象征性

从历史角度看，人们在不同社会和环境背景下穿着、佩戴各种饰品，都有一定的含义，从多方面多角度体现出不同的象征性。现代社会各种皮草配饰的发展，仍体现出一定的象征意义。虽然不再像古代那样明文规定毛皮的使用等级制度，但是用珍贵皮草制作成的配饰仍然是品位和高贵的象征。另一方面，历史承袭下来，皮草配饰还象征了一种民族、地域风格。皮草配饰的使用间接体现出人们的文化修养和精神面貌和艺术品位。

（二）装饰性

服装配饰的起源动机是多方面的，从配饰所表现出的外观形态及装饰形式上看，是实用的需要导致了某些配饰的出现，而客观美感的存在及其对人们的感染力又导致了配饰的发展，使实用配饰越来越美观。时至今日，人们似乎对配饰的装饰性更为关注。传统观念认为皮草配饰比较适合秋冬季使用，随着皮草加工技术的发展，毛皮变的无比轻巧，皮草以它的全新的多面性出现在四季的服装及配饰舞台，种类繁多，涉及面极广。

（三）时尚性

现代社会的多元化发展，人们审美情趣也变得广泛而多变，而以配饰尤为突出。时尚创意需要不断寻找新材料和新的组合方式。求新的心理使人们不断在传统基础上创新，任何一种新的风格和创新都会给人们带来兴奋和刺激，时尚潮流正是符合了人们的这种心理。但民族传统和生活方式以及人们个性表达，使同一时尚风格经过传播后的渲染，带上各自独特的形式，在趋同中得到变异，在共性中获得个性。配饰的时尚性促使设计师不断推陈出新，用皮草材质表现个性独特鲜明的时尚配饰，设计满足人们的审美心理的皮草配饰产品。

三、皮草配饰设计

（一）皮草配饰细节设计

1.功能性细节设计　皮草的功能性细节设计是让皮草的局部设计既起到美化装饰作用，又强化了局部设计的功能性和实用性。例如，在窄紧的皮草大衣前身镶上烫褶雪纺或蕾丝，不仅增强了皮草的层次感和空间感，还能有效的降低制作成本。如皮草手套的拼合，手心部分用弹性材料或者编织材料进行装饰，不仅能使手套佩戴更舒适，还能起到缩紧、加固等作用。关键部分减轻了皮草的厚重感，设计收放得当、让皮草配饰充满灵性和美感。

2. 装饰性细节设计　装饰是指在皮草的表面加附其它材质的面料或辅料，从而改变原有的皮草肌理。皮草常用的装饰手法有铆钉、拉锁、胸针、车缝线、拼接等。在皮草配饰艺术设计中，装饰性设计法是设计师们常用到的设计方法。因此，设计师掌握各种装饰手法就显得尤为重要。如与皮草风格相匹配的沉稳高贵的色系、钉珠等细节。

3.　边饰性细节设计边饰即边角的装饰。皮草配饰产品在完成其基本制作工艺时，这些边角的处理便成为皮草设计师加入细节设计的最佳地方。如鞋子、皮包、帽子等配饰上局部装饰皮草，让我们感觉到了冬季的温暖。在工艺处理上推陈出新，通过钉珠、流苏、利用传统蕾丝等方式与皮草面料融为一体，形成更为完美的结合。而浪漫飘逸的荷叶边饰、层叠效果的花瓣边饰、前卫的金莲边饰、细碎的流苏边饰是营造优雅、时尚、浪漫而又风情万种的皮草形象极好选择。此外，在皮草边饰设计中，要把握整体的皮草风格，根据整体的风格选择匹配的边饰手法，细节设计要与整体设计统一起来。

（二）皮草配饰感性审美设计

感性审美设计是指皮草的质地、染色、图案、花型及拼接组织等设计手法的使用。皮草的特性对皮草生产及加工技术影响较大。近两年来，随着科技的进步和发展，人们对皮草的后加工采取多种方法，皮草往往被染色，如当下流行的动物纹理及几何图案纹理，通过拉毛或者烧毛及卷曲等工艺手段，使皮草表面呈现出丰富的肌理效果。有些还采用不同的工艺获得良好视觉效果和触感，丰富了皮草的感性审美设计。

1. 材质设计　皮草配饰的类别多样，因此使用的材质范围很广，从金属类、塑料类、木材类、皮革类、纺织面料类到绳带类都有涉猎。如何选择恰当的材质搭配去表现设计师预想的风格效果，自然成为皮草配饰设计的重中之重。

皮草配饰的一个共性是不论配饰的具体款式，都在外观上局部或全部地使用了皮草材 料。这也决定了皮草配饰设计通常会涉及到皮草材料和其他材质如何合理搭配的问题。传统材质的搭配仍然是主流，比如狐皮、貂皮、貉子皮、滑子皮、獭兔皮与皮革、毛呢、开司米、织锦缎等搭配。此外，可通过立体式的抽褶、编织、起皱、叠加等方法，或者通过手绘、染色、印花等改造方法对皮草面料的再造。它能够充分表达设计师的独特思想，效果强烈直接。

配饰的外观效果是多样性的，选用多种材料组合也是其中的要素之一。相同类型材料组合使配饰产生统一协调的感觉，而不同类型材料的组合则产生对比、变化的感觉。材料的组合应用可分为单项组合和多项组合。组合强调的是材料搭配恰当，面积、色彩、造型比例协调。在设计皮草配饰的过程中，应开拓思路，在选材、组合等方面有所创新，为设计提供更多的思路。

2. 色彩设计 色彩是选配皮草饰边材料和材质搭配的另一重要依据。设计时通常采用同种色、同类色或同类色彩的深浅变化组合、色彩的对比搭配等方式。

相同色彩不同质地的设计方法会产生较含蓄、雅致的视觉效果，如相同颜色的皮草皮革搭配设计的包袋、手套。同类色或同类色深浅变化的组合是皮草配饰最常使用的配色方法，饰边的皮草出现在配饰的边缘、分割线、或装饰的重点部位上，在协调中产生变化，因而不会由于过份统一而缺少视觉冲击力。将皮草染成与之搭配的材质成同类色后，在包袋的四周及袋盖的边沿做滚边，或镶在鞋子的分割线，装饰在靴子的高帮周边，或点缀在高跟鞋的鞋面上等。

色彩的对比搭配在具体配饰设计中使用得相对较少，在视觉上产生的是一种刺激强烈 的效果。通常在需要传达一种特殊的设计风格和理念时可以采取这种配色方法。比如对比色搭配的双面皮草设计的手笼或围巾，可以配合具有民族风格的成衣，制成立体的对比色效果的花朵或卡通形象，饰于胸前，用在腰带、手镯上做装饰。

3. 艺术效果设计 服装和配饰构成了服饰的完整概念，服装和配饰是不可分割的整体，是相关而又不同的两个方面。皮草配饰是和服装一样在人身上穿戴或携带的东西，具有附属补助性或装饰美观性，既是为了服装整体搭配需要，又是服装的附属物。在现代服装设计中，服装多样化的流行使服装配饰在服装中的结合搭配显得越来越重要。随着服装与服装配饰之间的搭配，服装的流行更加趋向于个性化，在这种个性化的潮流中，服装配饰对表现穿戴者的个性有时候甚至起到了主导性作用。并且由于服装配饰的多重组合搭配，有时候仅仅改变服装配饰就可以使服装有不同的风格倾向，因此可以适应多种穿着场合。

动物的天然性情特征会对配饰的艺术效果产生影响，外观和花纹特征也同样会赋予皮草配饰不同的风格。在进行皮草配饰的单品设计时，设计师可不必考虑与其他服装相配套的问题，设计时就相对较少受到具体服装的制约。而针对某一具体服装进行皮草配饰产品的搭配设计时，设计师则需要在材料的选配、特殊工艺的细节处理等方面，尽可能地保持与服装的一致性，尤其是要把握住服饰风格的一致性。在皮草配饰的整体设计环节中，需要全面的考虑从材质的搭配，色彩的协调到艺术风格的把握。还可以运用设计思维、设计技巧，将皮草配饰产品转换成多样化的、多功能的产品。

第二节　皮草家居产品

HOME FURNISHING FUR PRODUCTS

一、皮草家居产品概述

皮草家居产品一般是指用皮草制作或装饰的，在生活中具有时尚品位，表现不同个体个性的同时兼具美化与实用功能的家居用品。它既包括家具，又涵盖与家具配套的生活用品。换而言之就是将家居用品艺术化，并在潜移默化中向人们倡导一种轻松、闲适的生活方式。

“五花马千金裘，呼儿将出换美酒。”李白在《将进酒》中，娓娓道出了“裘”之于人们的珍贵。经过时代的变迁，到了上世纪70年代，皮草便不再只是服饰上的装饰元素。风靡欧洲的皮草床品、居家饰品等家居产品，已经进入到高端家居空间的装饰元素范畴。近几年，随着人民生活水平的提高，人们开始追求家居用品时尚化。皮草成为了传统家居产品材料的替代品，在人们生活的每个环节，无论是浴室、起居室、书房、化妆间还是卧室，现代皮草产品都以其不同的形态全面涉入。皮草产品已扩展到装饰性、功能性强的床上用品、家具等领域，这些具有全新形象的产品，带动了整个皮草行业的崛起。

（一）皮草家居产品种类

1. 按陈设性质分类 皮草家居产品按陈设性质分类，可以分为两大类：一是实用性陈设品。如家具、织物用品、灯具、器皿等，它们以实用功能为主，同时外观设计也具有良好的装饰效果。二是装饰性的陈设品。如艺术品、部分高档工艺品等。纯观赏性物品不具备使用功能，仅作为观赏用，它们或具有审美和装饰的作用，或具有文化和历史的意义。

（1）实用性陈设品

① 家具：主要表达空间的属性、尺度和风格，是家居陈设品中最重要的组成部分。皮草家具不仅具有很强的实用性，其外观造型、色彩、质地设计也都很精美，具有很好的陈设效果。皮草家具的选配与摆放要注意艺术性，在与其他家居陈设品结合时一定要考虑其尺度关系。有时结合一些小摆设陈列，会使家居空间显得更加生动有趣，见图7-2-1。

图7-2-1 皮草家具

② 织物用品：包括地毯、壁毯、墙布、顶棚织物；帷幔窗帘；坐垫靠垫；床上用品等，皮草与织物制成的家居用品既具有实用性，又具有很强的装饰性，见图7-2-2。织物陈设品是室内陈设设计的重要组成部分，织物用品以其独特的质感、色彩越来越受到人们的喜爱。随着经济技术的发展，人们生活水平和审美趣味的提高，各类皮草制作的织物产品运用越来越广泛。

图7-2-2 皮草地毯与皮革家具

③ 灯具： 灯具是提供室内照明的器具，也是美化室内环境不可或缺的陈设品。灯具大致有吊灯、吸顶灯、隐形槽灯、投射灯、落地灯、台灯、壁灯及一些特种灯具。灯具的造型也非常重要，其形、质、光、色都要求与环境协调一致，对重点装饰的地方，更要通过灯光来烘托、凸现其形象。皮草灯具能很好地将：光、影、形有机地和室内空间联系起来，制造出各种不同的气氛情调，而皮草灯具本身的造型变化更会给居室环境增色不少，见图7-2-3。

图7-2-3 皮草灯具与床上用品　图7-2-4 皮草器皿　图7-2-5 皮草乐器

④ 生活器皿： 许多生活器皿如餐具、茶具、酒具、炊具、食品盒、果盘、花瓶、竹藤编制的盛物篮及各地土特产盛具等，都属于实用性陈设。生活器皿的制作材料很多，有玻璃、陶瓷、金属、塑料、木材竹子等，与皮草材质混搭设计，其独特的质地能产生出不同的装饰效果。这些生活器皿通常可以陈列在书桌、台子、茶几及开敞式柜架上。皮草材料与其他材料混搭制成的生活器皿造型、色彩和质地具有很强的装饰性，可成套陈列，也可单件陈列，使居住空间具有浓郁的生活气息，见图7-2-4。

⑤ 文体用品 ： 也常用作陈设品。文具用品在书房中很常见，如笔筒、笔架、文具盒、记事本等；体育器械也可出现在室内陈设中，如各种球拍、球类、健身器材等的陈设，可使居室环境显出勃勃生机；乐器在居住空间中陈列得很多，尤其是以皮草材质制成的乐器可以衬托出居住空间高雅脱俗的效果，见图7-2-5。

（2）装饰性陈设品 装饰性陈设品是指实用功能不强，纯粹作为观赏用途的陈设品。包括装饰品、手工艺品、收藏品、纪念品等。

① 装饰品： 装饰品是可以起到修饰美化作用的物品；或在物体的表面加些附属物，使之更加美观。皮草装饰品可以丰富视觉效果，起到点缀和衬托的作用，见图7-2-6；能装饰美化室内环境，营造室内环境的文化氛围。此外，皮草装饰品的选择应与室内风格相协调。

② 手工艺品 ：手工艺品是指民间的劳动人民为适应生活需要和审美要求，就地取材，以手工生产为主的一种工艺美术品。手工艺品一般承载着各民族的文化传统。手工艺品的品种非常繁多，如手工摆件、手工玩具，见图7-2-7。以皮草材料作成的手工艺品，给室内环境平添灵动的气氛。

③ 皮草收藏品、纪念品：收藏品最能反映一个人的兴趣、爱好和修养，往往成为寄托主人思想的最佳陈设。因个人爱好而珍藏、收集的物品，一般在博古架或壁龛中集中陈列。如一些稀

图7-2-6 皮草乐器

图7-2-7 皮草玩具

有皮草。纪念物及外出旅游带回的纪念品等都属于纪念品，皮草制作的纪念品既有纪念意义，又能起到装饰作用。

（二）按用途分类

皮草家居产品根据用途分类可分为：地面铺设类、家具覆饰类、床上用品类、家居实用工艺品类和家居装饰用品类。

1. 地面铺设类 指覆盖在地面上的用于防滑、防尘、保暖的皮草用品，主要有地毯和地垫两类。可用于多种室内环境，如客厅、卧房、玄关以及其他的室内空间。见图7-2-8、图7-2-9。

2. 家具覆饰类 指装饰或覆盖在家具上，用于保护家具或者增加其使用舒适性的皮草家居产品。除家具表面装饰外，还有椅套、椅垫、沙发套等产品，见图7-2-10。

图7-2-8 羊毛地毯

图7-2-9皮草地毯

3. 床上用品类 床上用品是皮草家居的主导产品。指在床上用于睡眠和休息用的家用皮草产品，主要有被子、靠垫、床毯、抱枕、睡袋等。这些产品均是家庭的必备品。由多块不同颜色的天然皮毛手工缝制而成的床毯和抱枕，绒质丝滑、风格独特，见图7-2-11。

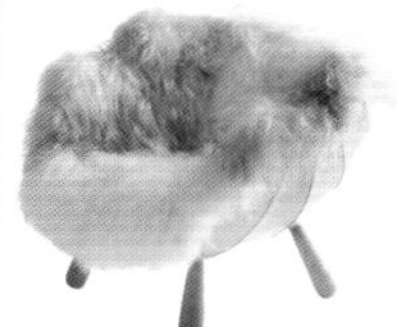

图7-2-10 各类皮草家具产品

4. 家居实用工艺品类 家居实用工艺品包括抽纸盒套、灯罩、垃圾桶、皮草收纳盒、首饰盒等家居实用品，见图7-2-12、图7-2-13、图7-2-14。随着经济的发展和人民生活水平的提高，皮草家居产品行业得到了长足的发展，今天的皮草家居产品已从实用功能逐步向装饰、美化、保健等多功能方向发展。

5. 家居装饰用品类 包括各类皮草壁挂、皮草手工艺品等家居用品，见图7-2-15。皮草装饰用品可以使空间产生温和、舒适的感觉。它的色彩、造型和功能非常丰富，在设计中应用广泛。此外，皮草还可以与羊绒、呢料、鳄鱼皮、绣花、丝绸等其他面料相结合，用其他材质的俏丽活泼取代皮草的厚重臃肿。

二、皮草家居产品的特性

（一）功能性

皮草具有吸湿透气、防潮、抗菌、除臭、保健、防螨、抗静电、免烫防皱、保暖等有益的功能。皮草家居产品在家居空间中具有：改善空间形态、划分空间、更新空间、软化空间等功能特点。皮草家居产品对于改善、优化居室环境起着非常重要的作用。具体体现在以下几个方面：

（1）创造温馨和谐的室内环境；

（2）突出室内空间风格；

（3）调节室内环境色调；

（4）体现室内环境的地域特色；

（5）反映个体的审美取向。

图7-2-11 皮草床上用品

图7-2-12 垃圾桶

图7-2-13 抽纸盒套

图7-2-14皮草收纳盒

图7-2-15 皮草手工艺品和壁挂

（二）装饰性

现代皮草家居产品的内在含义和外在延伸，比以往有了更多的拓展，不管是皮草家居产品的设计、开发、生产者，还是消费者，都更重视它的基本性能和风格特征。注重把事物看作一个整体在设计和运用的过程中去思考，创造一个具有装饰性、艺术性的家居环境。皮草家居产品不仅可以满足人们对美的追求，也最大限度的满足人们的精神上与心理上的需要。

（三）环保性

所谓环保主要是强调使用仿皮草材料并减少产品生产过程中对可能的环境污染的控制以及产品使用时对人体的无害性。在市场消费逐渐成熟、理性化的今天，消费者开始注重后整理的环保性，注重对自身的健康与保护，如低甲醛、无甲醛要求等。

（四）舒适性

以动物皮毛为材料的皮草家居产品，通常保留毛皮的原有纹理，设计简洁流畅。在使用过程中，不仅结实耐久、漂亮美观、更具有良好的舒适性。如羊毛地毯具有保暖、防潮、透气和保健等功能，铺在地上，让毛皮刺激脚部的毛细血管，有利于改善人体微循环，消除疲劳。

三、皮草家居产品的装饰艺术

皮草产品的搭配很有讲究具有：统一性、配套性、不可替代性等空间装饰特点。使用皮草作为空间装饰的主要元素，除了单纯地大面积使用皮草外，还可以增加更多的搭配方式。

住宅空间是一个综合的空间，住宅空间主要围绕着私密性、个别性、舒适性的特点进行装饰设计。对室内家具、织物、电器、灯具、艺术品等皮草类陈设品的选择与布置，在延续前期设计风格的基础上，满足居住者对空间物质建设与精神建设的需求。

（一）立面装饰

皮草家居产品立面装饰包括壁纸、壁挂、窗帘、装饰帘、帷幔、家具和隔断等。传统皮草纹样运用到家具的外立面上，让皮草展现出迥异的风貌，见图7-2-16。在墙面上挂上整张动物皮草当做挂毯，或者给墙壁搭配一些带有皮草纹理的壁纸，会给家居空间带来意想不到的效果，见图7-2-17。

（二）地面装饰

大型的花纹，比如斑马、长颈鹿、虎身上的花纹，适合在地毯、家具上大面积运用。斑马纹不规则的边缘相当率性，与其他皮草风格的饰品搭配，装饰在卧室或者客厅的地面，强化空间整体装饰效果，见图7-2-18。

（三）其他装饰

剪毛、拔毛、抽刀、喷色、漂染、镂空、编织等各种方式的处理，展示出皮草崭新的面貌，平添了皮草风格的多样化。细碎的豹纹则更适合装饰在床品、靠包、托盘、咖啡杯上。

皮草家居产品也正在与更多、更丰富的材质搭配在一起，碰撞出更多元化的装饰效

四、皮草家居产品设计的方式

（一）针对性设计

皮草家居产品的艺术表现形式反映了人们的艺术追求，不同的家居环境 及个人需求，也能通过皮草家居产品的装饰效能展现出来。通过皮草家居产品来打破过于雷同的建筑空间，利用皮草柔软的特质，拉近人与家居环境的距离，营造

图7-2-16 皮草屏风

图7-2-17 皮草纹墙面

图7-2-18皮草地毯

出家居空间美的环境。还可以通过皮草产品的特性，融合传统艺术和时代精神，充分展示设计语言中的象征意义、表现形式和精神内涵，从审美的角度出发，带给人精神上的享受和健康的心理状态，创造真正舒适宜人的家居生活环境。

（二）注重文化内涵

皮草家居产品设计要根据家居环境来选择，通过一个与室内空间物质形态相关联的主题来实现。一般用于选择的主题内容很广泛，可以是本国的民族文化，也可以是来自外国的主流风格。在进行设计时，通过各地的风俗民情、文学艺术、历史典故、地理气候等诸多因素的碰撞，来找到一种独特的创意和设计理念。如图案是表达主题的有效形式，图案的题材丰富多彩、造型生动，既有传统图案的意蕴，又融合了现代设计的新内涵。图案通过装饰符号来突出设计构思，刺激观者产生更深层次的联想以及对于文化的关注。

（三）独特的设计形式

新时期的设计风格要求皮草家居产品的设计突出艺术个性。在进行皮草家居产品设计时，除了要求设计师调整皮草产品与家居空间的关系，注重皮草产品的纹样、色彩、质地的选择外，还要针对顾客的年龄、性别、文化素养、兴趣等方面寻找设计灵感。此外，通过现代高科技的手段，扩大信息范围，拓宽视野，及时了解世界各地皮草产品设计的主流，比如流行色、流行花样、表现技法、市场需求等，以便更好地进行个性设计。

五、皮草家居产品混搭设计

（一）材料的混搭运用

1. 不同面料的混搭设计 将一种或多种面料相结合，运用拼接、叠加、刺绣以及配件装饰等工艺对面料进行艺术再造处理，或在特定的面料基础上添加不同质感、色彩、光泽的饰物作为点缀装饰，使面料产生不同于原来的平面感，达到艺术再造的效果。如运用皮草材料与针织、绸缎等质感完全不同的面料相拼接，将融合风格通过设计元素的组合巧妙地结合在一起。或用布、皮革“包边”或饰以流苏的方法来作变化；幅宽、缝法、不同材质拼接，甚至在地毯表面“勾”出立体图案，见图7-2-19。此外还可以利用皮草原有的花色进行拼接，见图7-2-20；采用染色皮草拼接；不同类型皮草的长短毛拼接等。通过不同材质之间的搭配使用，以此表现新的秩序、肌理、色彩等混合交织的“重构”之美。

图7-2-19皮草地毯

图7-2-20皮草抱枕

2. 不同材质的混搭 合理的选择材料是皮草家居设计最基本的要求之一。每一种材料都有自己特定的形式和 特殊的肌理效果，不同质地、纹理所产生的美感不同。在家居产品的设计中可以利用这些天然的质地与纹理，再施以一些人工的组织变化，使其在视觉和触觉上赋予新意。如玻璃晶莹剔透，陶瓷浑厚大方，瓷器洁净细腻，金属光洁富有现代感，木材竹子朴实自然。将不同的纤维材质与再造表现手法合理搭配运用，来表达设计者对皮草家居产品的构思及感悟，呈现丰富多样的艺术效果。

（二）图案设计

在皮草图案设计中，将各种传统的元素或自然界的元素组合在一起，构成了图案的特殊表现形式。此外，将一些新的元素加入其中，巧妙地将传统的图案演绎成新的艺术语言，通过图案元素的组合，表现不同的图案语言，让观者产生强烈的视觉感受。

皮草图案风格多样：写实的、抽象的、清雅的、自然的、传统的，这些不同的图案元素搭配组合成不同的风格，有的线条简洁大方，有的粗犷。不同的图案产生不同的格调与感受，我们可以利用皮草图案设计所产生的节奏和韵律来增添室内环境的韵律美。如由一种或多种图案连续重复，有规律排列成连续的韵律，连续的图案按一定秩序变化而形成渐变的韵律；图案各组成部分按一定规律交织穿插形成的交错韵律。只要装饰图案具有连续性和重复性，有意识地应用韵律法则，就能得到优美和谐的韵律感和节奏感。

图案在皮草家居产品上的应用主要有：利用毛皮动物本身的花纹图案；采取镶花的工艺制作成的具象图案；由拼接方式形成的具有一定规律的几何图案或抽象图案等三类。其中因拼接而形成的几何图案又分条型排列图案、格型排列图案和圆形排列图案等。图案样式的组合应用于皮草，带给家居空间更加情景化的艺术效果。

（三）肌理语言

在进行皮草家居产品设计时，必须考虑到皮草这一材料的工艺特殊性。由于动物毛皮的种类繁多，花色和质感差异较大，不同种类的毛绒长短各不相同，即便是同种类毛皮的雌雄性别不同或是在不同的季节获取，毛发上均存在明显区别。动物的毛皮还存在方向性，从不同角度观察毛皮的色泽也存在明显的差异。这种材料的获得有别于传统的纺织品面料，其面积的大小直接受到动物体量的影响。因此，皮草面料必须对原材料进行拼合。拼合过程不仅能使小张的皮草面料连在一起变成大张或拼合出各种形状，还会在皮草的表面出现拼合后的特殊肌理效果，见图7-2-21。如设计造型颇为复杂的椅套，更需要考虑毛皮拼接与椅子结构的和谐统一性。图7-2-22这一款椅套是斑马毛皮利用倒顺毛方式进行拼接，毛皮间微妙的色差，在家具产品表面产生不规则的肌理。这种肌理效果作为皮草面料的特征之一，成为了整个家居产品的重要组成部分。

（四）色彩的搭配

色彩的搭配指室内空间不同的位置，不同的家具，不同的装饰品通过配色系统（256色）改变其颜色或装饰品，从而调整和设计室内整体空间风格。皮草家居产品搭配需要遵循一定的原则，要从背景、灯光、地面材料、家具尺寸、整体装修风格多方面来考虑。自然界的色彩是丰富多彩的，不同颜色会对人产生不同的心理反应。

红色：在所有的颜色中，红色最能加速脉搏的跳动，接触红色过多，会感到身心受压，出现焦躁感，长期接触红色还会使人疲劳，甚至

图7-2-21狐狸毛拼接地毯

图7-2-22斑马纹皮草椅

出现精疲力竭的感觉。因此没有特殊情况，起居室、卧室、办公室等不应过多地使用红色。

黄色：古代帝王的服饰和宫殿常用黄色，能给人以高贵、奢侈的印象，可刺激精神系统和消化系统，还可使人们感到光明和喜悦，有助于提高逻辑思维的能力。如果大量使用金黄色，容易出现不稳定感，引起行为上的任意性。因此黄色最好与其他颜色搭配用于皮草家居装饰。

绿色：是森林的主调，富有生机，可以使人联想到新生、青春、健康和永恒，也是公平、安静、智能、谦逊的象征，它有助于消化和镇静，促进身体平衡，对好动者和身心受压者极有益，自然的绿色对于克服晕厥疲劳和消极情绪有一定的作用。

蓝色：使人联想到碧蓝的大海，联想到深沉、远大、悠久、理智和理想。蓝色是一种极其冷静的颜色，但从消极方面看，也容易激起忧郁、贫寒、冷淡等感情。它还能缓解紧张情绪，有利于调整体内平衡，使人感到幽雅、宁静。

橙色：能产生活力、诱人食欲，有助于钙的吸收。因此，多用于餐厅，但明度不宜过高，否则，可能使人过于兴奋，出现情绪不良的后果。

紫色：对运动神经系统、淋巴系统和心脏系统有抑制作用，可以维持体内的钾平衡，并使人有安全感。

橙蓝色：有助于肌肉松弛，减少出血，还可减轻身体对于痛感的敏感性。

在空间色彩处理时，要注意不同色彩对人产生的心理效果。基础的配色是有技巧的，如果能将色彩运用和谐，比方说橙色与蓝色系搭配，这两种色系原本属于强烈的对比色系，只要在双方的色度上有些变化，就能让这两种色彩能给予空间一种新的生命。通过整体的配色方案，以此确定居室空间色调和皮草家居产品的选择。

（五）造型设计

皮草产品造型设计，已经不仅是停留在造型艺术、审美、实用等传统的角度上，而是全方位研究表现设计艺术与生活方式、生产方式的关系，注重表现时尚美、技术美。从现代居室整体概念出发，表现出皮草“软装饰”整合构思。从新视觉、新质地、新材料的选择和组合；多种工艺、技术复合应用；个性化细节表现等不同角度、不同层面上进行创新。

1. 皮草家居用品造型设计须具备强烈的时尚特征：

(1)具备强烈的艺术感

(2)具备独特的创造性

(3)具备生活的情趣化

2. 创新与多元化发展 独创与创新是时尚最根本的特征与属性。皮草家居产品的创新在于设计师应该随着时尚的变化而不断地更新，把握时尚变化的气息，使装饰与产品外观完美结合。兼顾实用与美观双重功能，这必然会成为皮草家居产品在造型设计上的新趋势。

3. 满足大众审美 皮草家居产品设计必须形成艺术形式多样化的要求，以满足时尚多变的大众审美。就当下家居时尚现象分析，时尚审美并非定格在同一种风格或是同一种模式，它呈现出多种不同的审美态势。例如简约、复杂、现代、怀旧、具象、抽象等等。体现时尚审美情趣是皮草家居产品创新的目标。

皮草家居产品的材料混搭、图案设计、肌理语言、色彩搭配、造型语言等要素离不开形式美的原则。从皮草家居产品设计本质分析，它最终目的除了给人以实用的功能之外，要带给人们以美的精神感受，从而让人们充分的享受家居生活。根据具体款式特点进行合理的创新设计，这也是皮草家居产品设计的魅力所在。

第三节 皮草家具

FUR FURNITURE

一、皮草家具分类

家具主要表达空间的属性、尺度和风格，是家居空间中最重要的组成部分。在家具设计中，皮草材料通常与木材、金属材料等一起构成家具的基材。而在软体家具上，皮草材料不仅是起到基材的作用，也是重要的包裹材料。它与人体紧密的接触，直接影响人们对皮草家具的使用感受和心理体验。

（一）皮草家具按风格分类

可分为中国传统家具、外国古典家具、近代家具和现代家具。

1. 中国传统家具 有着悠久的历史，从商、周时期席地而坐的低矮家具到中国传统家具鼎盛时期的明清家具，其间经历了3600多年的演变和发展，形成了众多不同造型和风格的家具形式，从而构成中式风格的室内陈设设计中必不可少的元素。中国传统家具种类丰富，常见的有：明式家具和清式家具。

2. 外国古典家具 主要是指中世纪以前的家具。包括：古埃及家具、古希腊家具、古罗马家具、拜占庭家具、仿罗马式家具和哥特式家具。

3. 西方近代家具 主要指文艺复兴时期的家具，包括：巴洛克式家具、洛可可式家具、新古典主义家具和帝国式家具等。

（二）皮草家具按使用功能分类：

1.坐卧类

（1）椅子类：书椅、按摩椅、电脑椅、折叠椅、餐椅、休闲椅、吧椅、沙发椅、儿童椅、化妆椅等。其中，沙发又分为：沙发床、转角沙发、休闲沙发、沙发椅、三人沙发、双人沙发、单人沙发等；

（2）凳子类：收纳凳、折叠凳、更衣凳、休闲凳、床尾凳、脚凳、化妆凳等；

（3）床类：婴儿床、沙发床、折叠床、儿童床、榻榻米床、单人床、双人床、高低床等。

2.凭倚类

（1）桌子类：书桌、电脑桌、办公桌、折叠桌、学习桌、餐桌等；

（2）茶几类：方几、圆几、角几、背几等；

（3）案类：画案、书案、酒案等。

3. 储存类 书架、杂物架、衣柜、鞋柜、壁柜、衣帽柜、酒柜、电视柜、床头柜、隔断柜、储物柜 、橱柜、玄关柜、装饰柜、餐边柜、卫浴柜、收纳柜、五斗柜、多斗柜等 。

4. 其他类 镜子、梳妆镜、穿衣镜、装饰镜、衣架、花架、屏风等。

（三）皮草家具按使用场所分类

1. 卧房家具 床、床头柜、化妆台、妆凳、衣柜、床尾凳等。

2. 客厅家具 沙发、茶几、边几（角几）、酒柜、吧凳等。

3. 餐厅家具 餐桌、餐椅、酒柜、餐边柜等。

4. 书房家具 书架（柜）、书桌、杂物架、杂志架、休闲椅、边几等。

5. 厨房家具 橱柜、碗碟柜、储物架等。

6. 卫生间家具 洗手柜（台）、储物架、浴盆、毛巾架、浴巾架等。

二、皮草家具设计构思

皮草家具具有美观、舒适和耐用等独特的设计风格与艺术特点。将皮草融入家具设计，区别于皮草在服装设计中的应用，有其自身的特殊性。整体家具造型传达的是最初的视觉冲击力，其中的皮草能够以微妙的方式表现家具的风格语言。皮草本身具有极强的装饰效果，且具独特而温暖的的触感。因此在整体的家具设计构思时，应考虑其与家具构架部位的材料搭配关系，即选取合适的皮草类型来表现设计主题。此外，配合家具的表面装饰及配色原则，达到与家具构架材料以及整体造型的完美搭配。

（一）皮草面料与家具构架材料的搭配

材料的质感是通过产品表面特征给人以视觉和触觉的感受以及心理联想及象征意义。完美的功能与形态固然重要，对材料的选用也应当科学合理，充分发挥材料的特性与美感也不容忽视，它将影响着产品设计的最终视觉效果。产品作为一种符号的象征，承载着信息传达的功能，材料与质感作为构成产品设计的基材与表现，必须充分体现材质所带来的认知体验与感受。

皮草家具的设计离不开家具的构架材料和外在的皮草面料，因此，面料突出了这一类型家具的特点，从根本上呈现了家具的外观和内涵。皮草面料依附于家具的框架部件、也依附于家具的体量与造型，同时也受到家具功能的制约。皮草家具可以从多个视角、以多种文化为背景进行主题的创意。除皮草材料本身的天然属性以外，它独特的拼接方式也为家具的整体形象带来了创新的空间。其次，是面料的使用部位和面积大小。如同时在椅子的坐垫和靠背上使用皮草，或者在其坐垫部位用皮草和皮革面料拼花，皮草只在边缘处起装饰点缀的作用；在系列家具产品的设计中，将皮草同时运用于茶几、椅子的设计中，达到协调统一、主题明确的目的，因此，皮草在各个单件家具中使用的部位和面积是构思的重点。

皮草柔软的触感和华丽的气质，与天然的家具构架材料如：木材、金属等搭配，从而形成柔软与坚硬、阴与阳互补的气场。这是皮草面料与家具构架材料形成的总体的搭配关系。然而不同的皮草种类具有不同的色泽和质感，因此所形成的搭配关系又具有微妙的变化，其匹配关系包括：统一、协调和聚合；对比、衬托和互补。不同的搭配关系可以使家具形成独特的性格特点：沉稳、含蓄、秀雅、细腻；活跃、张扬、大气、粗犷……根据其性格特点选择不同的造型风格，从而表现出传统的或是现代的设计形象，见图7-3-1、图7-3-2。

图7-3-1皮草与金属搭配

图7-3-2皮草与木质搭配

（二）皮草家具的表面装饰

皮草家具除了用皮草材质作为主要装饰材料，还可用涂饰、贴面（纺织品、人造革等）、烙花、镶嵌、雕刻等方法对家具其它表面进行装饰性加工。

烙花：用电烙铁在椴木、白松等胶合板或木板上烫烙成花纹。烙印有深有浅，有面有线，刻画比较细腻。适于烙制山水、花鸟、人物等画面。

雕刻：用手工或上轴立式铣床将板面铣成各种浮雕图案。最新型的镂铣机配有数控装置，铣刀可按穿孔带输入的程序进行铣削，形成各种立体图案。

镶嵌：将玉石、贝壳、薄木等嵌入基板，拼成各种画面。玉石、贝壳等镶嵌常配以天然火漆饰面，用于传统民族家具及工艺品的制作。

镶嵌：家具雕刻面刻则以木雕为主，现代红木家具的雕刻，常用的形式或手法有浮雕、线雕、圆雕和透雕等。

家具表面装饰可在家具组装后或组装前进行，而且常将多种装饰方法配合使用。表面装饰使皮草家具具有与造型相协调的色彩、光泽、纹理，整体风格更协调。

（三）皮草家具的配色原则

色彩是刺激人感官最重要的元素，它使皮草家具更加丰富多彩。皮草色彩按色系可分为暖色系、冷色系、亮色系、暗色系、鲜艳色系、中性色系等。皮草家具产品在家居环境统一和谐的效果可通过色彩的色相、明度和纯度，实现协调色彩的作用。

人们感受色彩和对色彩的反应在很大程度上是因人而异的，而且文化在人们对待不同色彩的态度上也起着重要的作用。了解色彩的象征意义，使其与造型、细节及其他因素结合起来，能使皮草家具的设计构思更加完整地体现。皮草家具的设计要融入现代居室空间，同样，也要融入时代的审美特色，改变色彩单一、深沉的面貌，并融入多元化的现代理念，见图7-3-3、见图7-3-4。

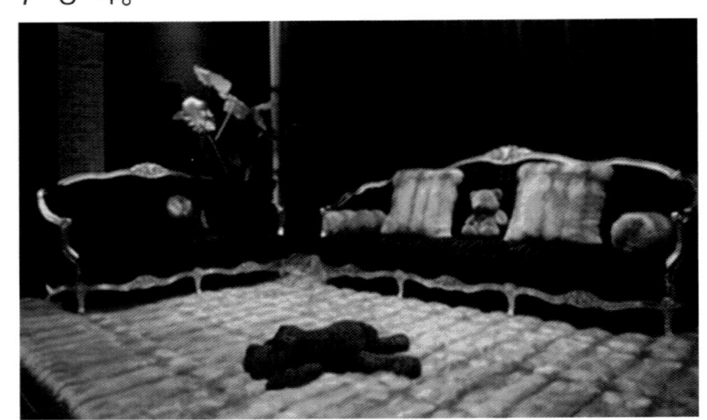
图7-3-3皮草色彩与家具搭配

图7-3-4皮草色彩的运用

从家具产品配色的角度，皮草面料的配色与皮草服装的配色大体一致，有同类色相配、同花色相配、强对比配色、弱对比配色等。同类色相配是家具产品上以相同或相近的色相、明度或纯度的色彩搭配，在视觉上容易形成统一谐调的感觉；同花色相配指采用天然带花色毛皮与单色毛皮搭配，整体感强，风格独特。适量运用对比色。

皮草与家具色彩的和谐应表现为：对比中的衬托和对比中的和谐、不同的色相、明度与纯度的运用来实现对比(包括冷暖对比、纯度对比、明暗对比、聚散对比、位置对比、面积对比)。强对比配色是采用较为强烈的色彩进行搭配，如黑白色搭配，米色咖啡色搭配，对比色搭配等，有大胆、强烈、夸张的效果；弱对比配色突出柔和的效果，色彩的明度、纯度反差不大，色彩处在同一个色调氛围之中，类似粉彩色系，突出柔和、可爱的感觉。现代皮草的染色和处理工艺，千变万化的皮草效果给我们提供广阔的设计空间。

总之，皮草家具的设计应遵循基本设计原则以外，其造型、色彩、材质、图案、细节、工艺等基本要素相互牵连制约，缺一不可。

三、皮草家具制作工艺

皮草家具面料的制作工艺过程非常复杂，不同皮草动物外观的显著差异，对整体的设计及视觉效果产生着完全不同的影响。应用于家具的皮草面料部分，本身就是家具的有机组成部分，除了对皮料进行基础的处理以及拼接设计外，还需根据设计效果对与家具部件的接合方式进行设计。皮草家具面料制作工艺流程，见图7-3-5。

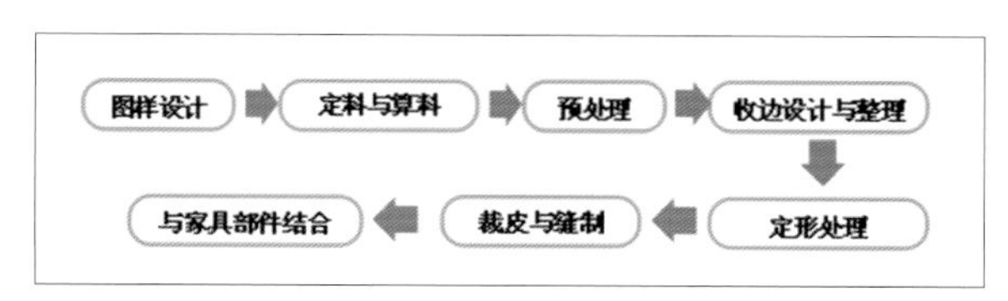

图7-3-5 皮草家具面料的制作工艺流程

（一）图样设计

首先明确各类动物毛皮天然具有的特性，对皮草的毛色、皮质、纹理、张幅等诸方面条件加以正确的利用和提炼。其次，确定家具的整体风格。依据家具设计造型及所需表达的装饰主题，对家具所需的面料部位进行设计，并在纸上绘制出设计方案。

图样的绘制按皮草材料的天然皮张大小条件而进行纸样的设计。按照1:1的比例，裁出同等尺寸家具的面料部位造型。通过结构分割裁出的纸样，要考虑皮草材质的厚度，不同的厚度预留的松量尺寸也不尽相同。

（二）定料与算料

针对不同的设计个案，选取适合的皮草品种。这个环节涉及皮草原料的组合安排，因为不同的皮草用料的外观效果截然不同，加之同一张皮草的不同部位之间，其毛份的大小也有明显的差别。根据不同家具部位的功能以及效果要求，选用不同的动物毛皮。

算料的环节这对于家具面料的耗材成本以及价格定位起着重要的作用。它是依据所选择的皮草品种以及对裁剪成相应纸样的各类皮草用料进行合理的统计、控制和计算。在家具批量化生产的过程中，依据所需生产的总量，对皮张进行合理的分配，对皮草原材料进行充分合理的利用。

（三）预处理

原料皮的预处理是指在剪裁之前，对毛皮材料进行多道工序的处理，此环节与皮草服装设计中的预处理基本一致，它包括选料、配皮、吹缝、机缝水缝、靠活、钉皮等工序。

（四）裁皮与缝制

皮草的裁剪必须采用特制的裁皮刀或专门的毛皮切割器在皮板面进行单面的切割，这样才能够在裁皮时只切割开毛皮的皮板而不损伤或破坏其毛绒。裁皮技巧在于根据毛被自然生长的刀路，确定正确的走刀方法。走刀深度、走线区别、进刀上刀的尺寸，不仅通过走刀来改变皮张的形状，而且要改善皮草毛被的外观，增加花色。

缝制是将按纸样裁制好的皮草形状沿净粉线缝合的过程。拼缝皮条是将皮条的毛被相对，用针别住缝合处的相对位置，在毛皮机上，边缝边将倒伏的毛挑入正面毛被，避免拴毛、窝毛。缝制过程中需要注意的是：缝针的粗细选择；缝线的拉力选择；线迹的长度选择；同色的缝线选择。选择的缝线颜色与皮草底线色及革面色彩越接近越好。通过高水平的缝制技师完成皮草材料的缝纫。

（五）定形处理

定形处理是将在车缝过程中出现的不平服部位进行加工固定的方法。一般在皮板潮湿的状态下进行。将皮板平铺在钉皮板上，喷少量的水，待皮湿润后，根据样板曲线、皮板厚薄、毛向，先钉两端，再钉两边，厚皮钉密，薄皮钉稀，使横竖线缝定得正、直，四周边缘整齐，然后在通风处晾干，待皮干透后起钉，皮板的形状即可固定。

（六）收边设计与整理

收边设计是根据面料与家具部件的不同接合方式对皮板的边缘进行处理，以达到适应整体的家具设计效果。一般情况下，在皮草的边缘处缝合皮革面料收边，也可与其他不同的面料结合。

整理是对最终的皮草面料进一步的检查整理。毛被整理后平顺灵活、光洁美观；皮板整理后柔软无疵。整理的方法有多种，视皮草的特点而选用，常见的方法有：找补、溜毛、旋边、除灰、顺水、剪毛、刀毛、打水、灌装、赶花、滑钩、顺色、烫皮等方法。最后将整件皮草放置在特制的有孔滚筒中进行干洗处理，目的是清理制作过程中因切割、缝制、梳理所造成断毛的浮毛，并使毛皮变得更加柔软，更加蓬松。

（七）与家具部件接合

在面料制作完成后的最后一个步骤是将其与家具部件接合，无论是做成套的形式还是固定的形式，都有相应的接合方式。这种接合方式是皮草家具特有的处理工艺，针对不同的功能要求，不同的家具的处理方法也不同。

四、皮草家具欣赏

1. 巴塞罗那椅 皮草所承载的寓意在不同的人、时、地、事下的相互关系中不断丰满。像巴塞罗那椅一样，如果你坐在上面，你就会发现它并不舒适。如果想挪动它，又十分的沉重。此外，椅子的边缘还会磨裤子，它的加工是靠古老的焊接，装配更是耗费时间，但这些因素并不妨碍其成为经典。运用皮草作为巴塞罗那椅的覆面材料，如图7-3-6，大大提升椅子的舒适度。坐在巴塞罗那椅上，更多的是一种象征，人们坐在了“现代设计”上。

图7-3-6巴塞罗那椅

2. 罗娜椅与罗娜凳 设计师朱小杰携手哥本哈根皮草设计中心合作设计的家具作品“女人系列”，将明代椅子的背部替换成了女人的衣服，以此体现女人阴柔细腻的美，大量夸张、变形、抽象的语言运用到设计中，进行了皮草服装与明代家具的跨界融合。

作品“罗娜椅”与“罗娜凳”，见图7-3-7、图7-3-8，运用乌金木，采用皮草镶嵌技术，运用皮草原料来体现其天然之美。用水貂毛的拼接方式塑造各种形象，高贵的水貂毛与珍稀的乌金木的结合相得益彰。将中国文化与西方朴素概念的理解融合在一起。

图7-3-7罗娜椅

图7-3-8罗娜凳

3. 树凳 作品“树凳”灵感来源森林，见图7-3-9将树干切断，保持着原有的形状，凳面赋予皮草。坐面的皮草图案是根据树墩截面的具体形状而绘制，可以任意选择两种不同颜色或不同深浅的水貂皮搭配，拼缝成树的年轮。皮草赋予了这些树墩以可爱、活泼的形象，让它们变得更轻巧。用浅黄褐色水貂皮弯折塑造而成，同时配以天然的材质乌金木的树干，给人以大自然的气息。

图7-3-9树凳

4. 鳄鱼皮躺椅 如此巨大的鳄鱼皮躺椅，见图7-3-10，悠闲散置于空间中，充满优雅流畅的线条，弥漫出逼人的野性魅力。让视觉与触觉都获得完美享受，使感官多重升温。

图7-3-10 鳄鱼皮躺椅

5. 奶牛皮茶几 黑白相间的皮制边几，上面布满抽象的图案，搭配金属支架，让整体造型充满现代感。无论视觉还是手感，置身清新的起居室空间中，这类茶几都显得柔软细腻，见图7-3-11。

图7-3-11 奶牛皮茶几

6. 豹纹坐椅　古典主义风格造型的豹纹座椅，采用把手和靠背浑然一体的造型，将皮革质感进行了完美呈现。即使是最常见的沙发座椅，由于采用了金钱豹纹，也顿时让人耳目一新。与乡村风格的餐桌和餐边柜搭配，非常雅致而个性。略带野性的皮草华丽高贵，令人赏心悦目的同时，也可以为居室提升多重的温度，见图7-3-12。

图7-3-12豹纹座椅

7. 斑马纹酒柜 仿佛整幅的斑马皮覆盖在木质的门板上，搭配黑色实木框架，有着温度、质感的强烈反差。如此体积和张扬设计的酒柜确实对环境要求很高，不如借用框架和皮草所偏的棕色系，与深色实木家具相配合，有利于减少皮草的突兀感，见图7-3-13。

8、牛皮坐椅

以整幅牛皮为面，让皮与木完美结合，触感及其柔软的绒毛不但延续了皮草的舒适感觉，更增加了亲切感。这样的美丽依赖于制作工艺的不断进步。皮革本身黄白相间的皮毛本色能够营造出低调的氛围，体现个性的居室空间，见图7-3-14。

在家居与时尚逐渐模糊界限的今天，奶牛皮、鳄鱼皮、蜥蜴皮等材质，也逐渐打破旧的皮草家具概念，成为家居新常态。对于未来皮草家居产品设计的发展，人们渴望看到新颖、独特、多样化、高品质的家居用品，为其生活带来情趣与享受。这也是时尚审美社会化所带给人们的最根本的需求。

图7-3-13斑马纹酒柜

图7-3-14牛皮坐椅

思考题

1. 皮草配饰的种类及特征?
2. 如何设计皮草配饰?
3. 皮草家居产品的种类?
4 .皮草家居产品的设计方式有哪些?
5. 如何对皮草家居产品进行混搭设计?
6. 皮草家具的设计构思?
7. 皮草家具的制作工艺?

第八章　皮草品牌与营销

FUR BRAND AND MARKETING

一袭皮草，一件小礼服，走在都市街头，风情无限。皮草是女人的心底最温柔的梦想，不同皮草品牌的服装款式也不一样，各种皮草搭配出不一样的风格。如何进行皮草的品牌战略、皮草的营销以及特色展示，是业界共同关注的话题。

第一节 皮草品牌
FUR BRAND

一、服装品牌概述

（一）服装品牌的定义

品牌是制造商或经销商加在商品上的、用以区别于其他企业产品的标志，具有强化商品的特定性和独特性的作用。

服装品牌是用以识别某一企业或企业集团的商品或服务，体现其与同行竞争者的商品的区别而采用的名称、图案及其组合。也可解释为“表示商品的质量、档次、种类，以及制造地、所有者等的图形、名称和商标”。品牌应具有独特的称呼（Naming）、形式（Logotype）和标志徽记（Symbol Mark）。服装品牌是服装营销的核心，是一个企业的象征。不论企业规模大小，品牌都是企业与最终消费者之间进行沟通和信息传递的有效工具。

（二）服装品牌的构成

1.品牌的内涵构造可以划分为三个层次，见图8-1-1。

（1）核心层：品牌产品作为物质存在的产品本身的物品的价值。即：产品的质量、性能、尺寸、价格等商品属性。

（2）中间层：品牌产品被赋予的产品名称、语言、记号、象征、设计等表现要素。

（3）外层：品牌的形象，即意识的价值。包括消费者对品牌的印象、感情、评价等意识的整体。对服装的品牌策划，核心层是基础，中间层是桥梁，外层是目标，三者逐层递进，缺一不可。

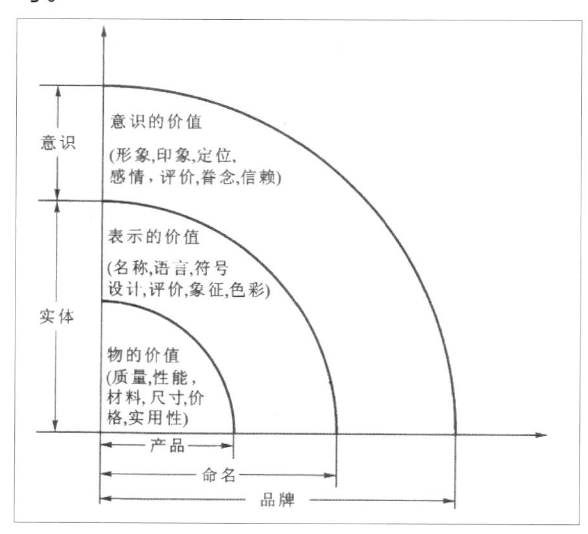

图8-1-1 品牌构成图

NE · TIGER东北虎皮草已经成为了享誉世界高端皮草的引领品牌，并且相继在法国、意大利、美国、中国香港成立了其全球四大设计营销中心。NE · TIGER东北虎皮草将高贵、优雅、性感、奢华完美融合于皮草的设计理念中，将皮草潮流演绎到极致，让皮草除了奢华属性之外，更增添时尚潮流元素。NE · TIGER东北虎皮草所甄选的紫貂、青紫兰、水貂等高品质毛皮均来自NAFA（北美裘皮协会）、丹麦哥本哈根皮草俱乐部、美国传奇、SAGA（北欧世家皮草）等全球顶级裘皮供应商，为顾客打造臻于完美的产品，见图8-1-2。

2.服装品牌内涵的延续——品牌价值的提升：市场营销的目标之一就是培育意识上一种有价值的品牌。因为，商品一旦拥有“意识的价值”，既使没有物质的存在，品牌也已作为一种精神而存在，即品牌从其商品所具有的特征、质量、设计等抽象而出，形成综合的形象价值。即使服装产品款式甚至产品内容在不断变化，但品牌却可长期赢得人们的信赖与忠诚。如时尚界的巨人皮尔.卡丹说：“我用我自己（品牌）的香皂洗澡。我擦我自己的香水。我睡在我自己的床单上。我有我自己的食品。我可以坐在我自己的扶手椅上。我靠我自己维生。”

二、皮草品牌理念风格

理念是指概念或形象、风格，较为抽象，通常以设计师和商品企划师的主观审美意识为基础。品牌的理念风格的创立与稳定是形成顾客对品牌忠诚度的前提，是品牌高附加价值形成的基

图8-1-2 NEDIAN · TIGER品牌

石。品牌理念风格的是服装品牌企划的核心。

（一）品牌风格形象分类

服装在漫长的历史发展过程中，形成了很多约定成俗的或相对稳定的风格形象类型，这些风格类型的形成既是服装品牌追求的目标，也是服装消费者选购商品的依据。综合考虑中国皮草市场现状和各个国际设计师品牌的发布秀，皮草服装品牌风格可归纳为经典风格、奢华风格、绚色图案、线条风格、拼接风格与浪漫花恋等。

1.经典风格　无论流行如何变化，经典将会永存。经典款式的皮草多是选用质地独特的皮草面料，即使没有多余的修饰，日常感的服饰也会光彩夺目，给人强烈的存在感。在传统款式中融入时尚的印花，配以分割，使得经典款焕发出生机。采用黑白撞色设计的皮草外套是另一个抢眼奢华的趋势，延续复古的趋势，黑白双色的几何图案增添了趣味性。天鹅绒般的光泽感呈现出20世纪黑白电影的复古奢华感。简洁的廓型体现了复古风潮，但皮草的奢华感又给复古增添了时尚，见图8-1-3。

图8-1-3 经典款皮草服装

2. 奢华风格　长绒毛皮草光泽感的处理，浮夸的羽毛皮草，夸张的皮草外轮廓线，彩色长绒皮草等元素打造的单品是最具趣味性且最具奢华感的趋势。该风格的单品能够让穿戴者在茫茫人海中脱颖而出。此外，鲜亮的色彩让华丽的外套更加抢眼，见图8-1-4。

3. 绚色图案　绚色抢眼的图案改变了往昔皮草奢华沉稳的风格，充满妙趣的图案使得皮草服饰摆脱了原来的厚重感。绚色图案不再是纺织品服装的专利，单色的皮草经过染色处理，或淡雅的渐变，或高纯度的对比处理。在应用上，装饰手法多样，皮草镶嵌、长短毛混搭、印花、拼接等手段，将皮草的矜贵隆重与色彩的灵活跳脱相融合，强烈的色彩对比带来俏皮时尚的视觉冲击。图案题材多样，动物纹、几何图案与波普图案将会是皮草服饰流行图案的经典。定位花、卡通字母、校运动队风格数字和抽象的拼贴图案等成为新宠，见图8-1-5。

图8-1-4 奢华风格的皮草服装

图8-1-5 绚色图案风格的皮草服装

4. 线条风格　带有条纹图案或拼接工艺的皮草外套，依然持续其流行态势。窄幅细条纹不仅使皮草外套塑造出修身的效果，还打造出绗缝的工艺效果。直条、曲条、横条、竖条、斜条、宽条、窄条的组合，不同材质、不同色彩的搭配，引领着皮草的流行趋势。其中，编织皮草则是把皮草切割成线性细条，灵活多变的编织技法，可以创造块料皮草不能达到的视觉美感。更将其设计成修身的毛衫款式，实现美感与保暖的共存，见图8-1-6。

5. 拼接风格　完全拼接式皮草外套由不同皮草面料在装整体或局部做拼接设计，采用两种甚至更多种类的皮草进行拼接，在色彩上形成即微妙又强烈的对比，展示出服装另类的奢华。另外，将皮草与硬质薄纱、蕾丝等材料混合为全新面料，大大减轻皮草服饰的厚重感，使其摆脱季节的束缚。该风格给人以全新的视觉冲击，诠释着“薄”与“厚”的概念，让裘皮服饰无季节化，见图8-1-7。

图8-1-6 条纹风格的皮草服装

图8-1-7 拼接风格的皮草服装

6. 浪漫花恋 大自然的花朵是自然之美的集中体现，通过色彩的对比，大胆采用印花、镂空贴纱、贴花、绣花等工艺，塑造出多材料立体花朵，层次丰富，彰显华贵。如落英般随意地散落于温暖的皮草上，展示出说不尽的温柔唯美。轻松愉悦的氛围取代皮草的厚重，赚尽人潮的目光，见图8-1-8。

图图8-1-8 浪漫花恋风格的皮草服装

三、国内皮草品牌的现状

目前，国内皮草产品的需求十分旺盛，但因为市场发展时间短，各大皮草厂商长期从事国外皮草品牌的贴牌加工与定牌加工，对国内市场没有很好的重视与开发。导致现阶段皮草市场中尚未产生非常知名的品牌，更没有产生领军品牌。国内皮草品牌的不足之处如下：

（一）款式研发力低，同质化严重

经过批发市场、皮草工厂等的多地深入调研，发现当前皮草生产商的新款研发能力偏低，在研发能力比较强的海宁，也只有少数不超过30家的皮草企业聘用专门的设计师进行款式的设计研发，大多数都是老板兼设计师。

市场上款式抄袭严重，有的小工厂甚至不做主动研发，等大厂家新款上新之后利用自己的快速反应能力进行翻版或者小改动。有的爆款甚至每家都会生产，同质化严重的市场背景下，充斥着价格战的硝烟，市场陷入了恶性循环。不过，开始有不少厂家利用专利对自己的设计进行知识产权保护，市场款式抄袭正在慢慢好转。

（二）知名品牌较少，品牌观念缺失

在接受调研的100人当中，只有4个人填出了她所知道的一到两个皮草品牌，在所有购买过皮草的消费者中仅占不到5%。可见当下各皮草商户仍还停留在卖货的阶段，对品牌的宣传力度较小。

在因特网上有各类版本的“国内十大皮草品牌排行榜”，各不相同，可以看出，这都是品牌商们的SEO广告。细心对比后发现，KC皮草、第一夫人、凯兰谛亚，这三个品牌基本上都会出现在这些“排行榜”中。

（三）品牌连锁尚未成形

虽然当下没有非常知名的皮草品牌，但在深入研究后，可以发现几家正走在行业前列的皮草品牌。香港KC皮草、第一夫人，以及中国内地的东北虎皮草品牌。这三个品牌都以高级皮草时装为自身定位，价位都在一万元以上。这些品牌已经开始利用连锁经营的方式进行品牌的扩张，但都还基本上采取着自营连锁的经营方式。招商方式也比较单一，主要采取线下招商的方式。

1. 以自营连锁为主要经营方式 当下国内的皮草品牌基本上都采用自营连锁的经营方式，上述三者也同样进行着自营连锁，然而在其高价高成本的产品背景下，自营需要相当大的资本支持。据粗略估计，开一间100平米左右的皮草专卖店，仅铺货成本要达到500万左右，这比一般消费行业铺货成本门槛要高很多。同时在规模扩大之后，还需面临库存、换季等情况的出现，风险极大。

2. 加盟的招商方式单一 当下皮草品牌的招商方式与初创品牌招商模式基本相同。因为皮草产品生产的特殊性，皮草品牌的招商主要集中在海宁皮革城。皮草广告也经常以海宁皮草城为主题出现，单个的品牌的宣传广告很少。这与皮草从业者品牌意识不强有着直接的联系。不过现在越来越多的从业者开始有品牌观，利用门店进行招商，以低价为核心竞争力。

四、皮草品牌战略定位

（一）品牌发展战略概述

品牌发展战略是指企业旨在提高企业及产品的市场竞争力、增加企业和产品的竞争优势而进行的、围绕企业及其产品的品牌而开展的形象塑造活动的谋划。企业实施品牌战略时，首先应根据市场状况、自身实力以及竞争者的情况制定品牌发展战略目标；然后结合总体战略和品牌成长所处的阶段，确定具体实施措施。在执行过程中要根据经营环境的变化，不断进行调整。

品牌发展战略分为形成、成长和成熟三个阶段。品牌形成阶段要首先进行品牌的准确定位，明确品牌的个性和发展方向；其次要设计个性化的品牌名称；最后通过品牌形象的塑造与传播使顾客知晓品牌的定位与内涵。品牌成长阶段是不断发展壮大的时期。可以通过各种方式实现品牌的扩张。成熟阶段要认真进行品牌的维护，严格履行质量标准和服务规范。

（二）皮草品牌战略定位原则

品牌定位是品牌经营的首要任务，是品牌建设的基础，是品牌经营成功的前提。品牌定位是品牌与这一品牌所对应的目标消费者群建立了一种内在的联系。一旦选定了目标市场，需要设计并塑造相应的产品，品牌及企业形象，以争取目标消费者的认同。

总体而言，应当从以下几方面进行定位：

1. 品牌的风格 指皮草产品在消费者心目中的形象以及被认同的特点，根据原料皮的性质，可以分为高档经典、高档时尚、中档经典、中档时尚等。每个类型又可以通过不同的皮草特点分为粗犷的，传统的，前卫的等。

2. 品牌的服务对象 企业要从经营战略的高度，选出特定的消费者群，并从该消费者群体中筛选出对皮草时尚感性有同一性的类型。除了广泛吸纳服务对象意见外，还应邀请服务对象参与到服务品牌打造的全过程中来，比如在合适的机会带顾客参观皮草成衣流水线，了解制作流程，提出意见建议，努力打造出一种真正让市场认可、客户信赖、消费者满意的社会知名度高的服务品牌。

3. 品牌的设计特点 主要是从皮草的商标、款式外型、毛皮原料、色彩等方面来体现个性化。根据品牌的目标客户的喜好，借助于广告公司或咨询公司的指导，确定出整套可识别系统，并且确保这一切与皮草品牌战略高度一致。品牌是要关注顾客的心理。顾客喜欢的是什么，品牌就应该朝哪个方向努力。但是在这个过程中要避免随波逐流。

4. 品牌的服务 提供销售中以及售后的系列服务。品牌的服务主要是售后服务，这需要对员工进行培训，加强员工各方面能力的培养。尤其是服务礼仪、素养的培训，再者就是营销知识的培训。独特的广告表现形式吸引着消费者，如果促销人员不能对品牌信息有效传递，甚至连广告中的内容都不能讲解，则不能够在终端对品牌价值进行有效地宣传。

（三）皮草品牌战略定位

品牌战略定位是指需要在市场定位和产品定位的基础上，对特定的品牌在文化取向及个性差异上的商业性决策，是建立一个与目标市场有关的品牌形象的过程和结果。品牌定位是市场细分过程的结果，要根据不同消费者的需求偏好、购买习惯、价值观念和生活方式等不同特征把市场分割成若干个消费群体的过程。

只有将总体市场细分出适合自己产品特色、自己能提供有效服务的目标市场，并依据目标消费群体的特征进行合理的定位，才能使自己的营销力做到有的放矢。按照市场细分的原则，对目标市场进行如下划分：

1. 按年龄划分目标市场 确定品牌销售的目标年龄阶段和年龄阶层。比如，日升的产品以水貂皮全串刀、半串刀衣服见长，款式以经典款、标准色或美国黑为主，这基本决定了日升产品的目标顾客群是35-50岁的成熟有品位的女性顾客。

2. 根据文化水平划分 能够消费皮草服装的并不都是限定于哪一种文化水平的消费者群。在20世纪90年代，曾有大妈穿着水貂皮卖炒货；也有穿着水貂皮衣骑着自行车上下班的。尽管消费者愿意怎么穿是消费者自己的意愿和自由，但是作为企业，不能对于品牌的目标市场如此模糊，必须根据自身品牌的特点来进行具体定位，确定服务于某个文化层次的消费者。至少要有一定的着装文化，有着一定的消费文化理念，同时对品牌理念有所认同并具有忠诚度的消费者。

3. 根据收入水平的市场细分 皮草的价格位于高端，又是身份和地位的象征。比如，日升的特长及主打品牌是皮草中的水貂、紫貂、狐狸等高档细皮，面向的是要有一定经济实力的消费者，以及有消费能力的成功人士。因此，可以将目标消费群锁定在城市中产阶层，家庭年收入10–20万元的范围。从整个市场情况分析，定位应更准确锁定真正有意向并认可品牌的消费者，这样才能使皮草品牌的美誉度借助口碑得到宣传，以及通过增强消费者忠诚度来提升品牌形象。

4. 根据时间进行市场细分 皮草产品的销售时间受到季节限制较大：即使在北方，冬季的时间也只是三个月，而皮草服装尤其水貂皮衣多是在天气较冷的时候才能穿，这样便决定了有些皮草产品内销计划多是从每年的十一月才开始展开。而由于国内消费者的消费习惯，基本上春节过后即成为销售淡季。如何在这么短的时间取得有效的推广效果，自然成为要重点考虑的问题。尽早计划、准确定位，然后采取有效措施，根据定位时间段实行推广。

5. 按照南北方进行市场细分 南方的皮草服装多是小面积、有控制地使用一些非珍稀保护动物的皮毛，例如兔毛、狐狸毛、麂皮、羔羊皮甚至貂皮，力求将它化作点缀的要素，在小面积内光彩夺目。它可以广泛地运用在各种披肩、夹克、背心上，点缀于领口、衣袖、翻领或者靴筒上，通过与各种不同衣料质地的搭配，呈现出或狂野或娇俏的面目。从颜色上说，豹纹是永远的流行，从它衍化出来的虎纹、斑点或彩色豹纹也很受欧美女星的追捧，纯白色和黑色更是好选择，比豹纹内敛却更有气质。

北方皮草的风格样式越来越多元化，诸如西装裘皮大衣、青果领裘皮茄克、四扣短大衣、背心等等，穿着后都给人一种轻松自如、潇洒随意的感觉。在买裘衣的同时，不要忽略了与之相搭配的装饰品，新潮款式的裘衣配大首饰、宽皮带，最有气派。如配皮裤、皮裙、皮靴，则最具豪华感，也更适合寒冷的冬季御寒。

总之，一个新品牌如何导入市场并在市场上站稳脚跟，就必然牵涉到品牌的定位问题。经验表明，一个新品牌之所以失败，70%以上的原因同其定位不适当有关。适当的定位不但能使品牌存活下来，而且也为品牌的进一步发展奠定了良好的基础。

（四）皮草品牌发展战略的启示

对于中国皮草业而言，品牌战略并不是一个新课题，但直到目前为止，除了香港的几个知名皮草品牌能在国际皮草界占有一席之地，NETIGER和少数几个国内知名皮草品牌，中国的大多数皮草企业都在品牌意识方面比较淡漠，还没有一套完善的、行之有效的品牌发展战略管理办法，各地的企业均还在不断地进行实践和探索之中。

国外皮草业已有近一个世纪的发展历史，目前从供应链最初的原皮供应到最后成衣，都已形成标准化、品牌化、规模化。原皮收购以丹麦的哥本哈根拍卖行和芬兰的赫尔辛基拍卖行为主，现在全世界都在沿用拍卖行的验皮标准。其中的SAGAFURS（北欧世家皮草）世家皇冠级皮张堪称世界顶级的皮张，而SAGA在品牌发展战略方面更是在皮草业界倍受瞩目。SAGA FURS北欧世家皮草，不仅是拥有50多年历史的欧洲第一大皮草原料品牌，而且是国际知名的皮草品牌和优质皮草标志。SAGA FURS北欧世家皮草致力于推广高品质原料品牌形象，用超群的皮草服饰装点女人的风姿和男士的品位，让皮草服饰成为不可或缺的时尚元素，而且世家皮草成立了自己的设计中心，非常注重教育和培养设计新秀，从设计中心出来的很多年轻人现已成为中国皮草设计界的中流砥柱。

综观国际品牌发展战略的成功，有如下几个共性：一是多是家族企业开始，设计与制作并行，发展过程中不断颠覆传统工艺；二是多品牌战略，根据不同消费者喜好推出针对不同阶层的品牌，使每个品牌都有自己固定的客户群；三是非常注重维护品牌形象，有专业的品牌后续服务系统。

第二节 皮草市场营销

FUR MARKET MARKRTING

一、服装市场营销的概念及特征

（一）服装市场营销的概念

服装市场营销原意是指服装市场上的一切买卖活动。而作为一门学科，它被理解为企业按照市场需求引导商品或劳务从生产者到消费者（或使用者）所实现的一切活动。美国市场协会（AMA）认为“Marketing（市场营销）是指：为实现满足个体或组织体目的的交换活动，对提案（想法）或商品或服务进行企划；标注价格；以及促销与流通方面的计划立案和为此而实施的所有活动。狭义的市场营销可以看成是将“4P”(Product、Place、Promotion、Price)要素，即：商品、销售场所（或渠道）、促销手段、价格加以组合而实施。其本质有两点：一是分析市场机会并决定目标消费者；二是针对目标消费者将“4P”进行组合。

（二）服装市场营销的特征

“市场营销”的涵义是动态的，通常具有以下几个方面的特点：

（1）市场营销的核心是交换。

（2）市场营销以消费者需求为中心。

（3）市场营销以实现最大利润为目标。

（三）皮草市场发展前景

全球毛皮产量已经进入了相对稳定的时期，而我国毛皮消费却呈现出快速上升的趋势，已成为全球毛皮消费大国。在中国的皮草消费文化历史中，皮草向来是东北的专属。但国际皮草品牌在中国的业务绝不仅限于东北，而是在中国呈遍地开花之势。

哥本哈根皮草在中国各地与领先的皮草精品店合作，包括哈尔滨KC皮草、长春巴黎春天皮草、沈阳应大皮草旗舰店、大连圣邦皮草、太原丽盛貂皮、北京柏迪皮草和上海MATTIA FURS，以期在中国取得更加广阔的市场。

除一线城市外，二三线城市的皮草市场也不容小觑。中国毛皮“重地”浙江省余姚市，其裘皮服装服饰交易量已占到全球的1/7，并成为全球最大的水貂皮服饰交易集散地。由于全国市场的带动，河北省近10年来也已在阳原、肃宁、辛集等地形成了一个个特色产业集群。目前，皮草行业已成为不少地方的支柱性产业。

二、皮草服装市场营销策略

（一）销售渠道策略

1.零售策略　零售是指中间商直接向最后消费者销售商品和提供服务的活动，从事市场零售业务的中间商就是零售商。

（1）店铺常见零售策略：①百货商店：是零售业中的重要组成部分，是规模较大的零售实体。②专卖店：是专门经营某一类产品或相关联的几类产品的零售形式，见图8-2-1。③连锁店：是有多家出售同类商品的零售商组成的一种规模较大的联合经营组织。

图8-2-1 皮草专卖店

图8-2-2 皮草网络销售

从营销学的角度来看，现行的商品销售一般是商场或代理品牌店模式。前者是将众多商品集中在一起，由商场或者入驻商场的品牌代理商提供服务。这类营销模式最大的优势就是方便顾客集中式挑选，但其中产生的商场扣点、人工费、服务费、水电费等，都变成了商场商品的附加值，最终变成商场或品牌代理商的营销成本由消费者买单。而代理品牌店则由于皮草产品的特殊性和季节性，不利于大量的皮草商品供消费者选择。

由生产厂家直接开辟销售点，立足其生产基地的优势，直面消费者进行销售是新兴的营销方式。该方式最大限度地减少了商品营销的中间环节，由厂家提供生产成本之外很少的附加值直接销售给消费者，从而产生了一种全新的“厂价直销”。这种厂价直销的方式，去掉中间环节，以最低的出厂价格直接销售给消费者。

（2）非店铺零售策略：①目录零售：它是指服装零售商定期向顾客提供所出售服装产品的目录及照片，并按款式、色彩、质量进行编号，提供产品销售（也可以为参考价），消费者可根据需要，按要求通过电话、传真或寄信等方式定购产品，按消费者提供的信息将商品邮购给购买者的一种零售方式。②电视、网络购物：利用电视或电脑网络将不同款式的服装及服饰品向观众展示，然后利用邮购的方式将商品邮寄给消费者的零售方式，见图8-2-2。

皮草服装消费是百姓生活中的重要组成部份，在以往的大众观念中，皮草服装是贵重、奢侈的代名词，许多消费者虽然十分向往，却碍于价格等因素不能拥有，而这些价格因素大多是源于传统市场营销方式里中间环节的繁多才催生出来的。只要把过多的中介环节除去，就可以满足大家的心理价位，皮草电商就是最大程度地剔除中间商的层层利润盘剥，把最优质、最具性价比的产品通过电子商场的方法，直观、方便、快捷地展示给消费者。事实证明，在网络信息飞速发展的今天，电商模式的市场份额正在以每年数以亿计的销售数量占领传统市场营销的地盘。

2、批发策略：批发是指中间商不改变商品性质，实现商品在空间上和时间上的转移，达到再销售目的业务活动，从事产品批发业务的中间商就是批发商。它包括专业批发商店、批零兼营店、专业批发市场等，南京禄口皮草小镇是国内首家以皮草为主题的集皮草设计、展览、批发、定制及相关休闲、购物、旅游为一体的综合性商业小镇，如图8-2-3所示。

图8-2-3 南京禄口皮草小镇鸟瞰 黄朝华摄

南京禄口皮草小镇由一期物业及156亩待开发土地组成，其中一期物业建筑面积14万平米，共计1290个商铺和78套商务别墅。自明代朱元璋集天下皮匠于江宁，南京禄口便一直是行业内知名的皮草之乡。南京禄口皮草小镇以禄口皮草产业为核心，率先打造国内皮草产业一体化模式，将成为皮草小微商户的孵化器。

2014年，金陵科技学院与南京禄口皮草小镇共同成立了“国际皮草产业研究院”。共同进行皮草服饰设计研发、皮草技术推广、皮草文化传承、皮草技艺培训、皮草品牌营销服务等多项研究。2015年，拍摄以南京禄口皮草工艺资料为主要内容的影片，成功申报了江苏省非物质文化遗产。同时，国际皮草产业研究院获得了中国畜产品流通协会颁发的 “中国皮草工艺培训基地”称号。在团队成员努力下，中国首家皮草主题博物馆正式开馆。

（二）皮草促销策略

促销是指销售者运用各种法律许可且有效的手段或方法，将企业的产品和劳务等有关信息传递给消费者，帮助和引导消费者认识了解产品的性能和特点，促进和影响他们的购物欲望，从而达到扩大企业产品销售。在现代市场经营中促销活动主要是指广告宣传、营业推广、公共关系和人员推销四大类。皮草服装促销策略一般有以下几种方式：

1. 皮草服装展销 皮草服装展销是一种促进和扩大皮草销售，提高营销效率，方便顾客选择购买的服装营销组织常用的促销方式。

2. 产品发布会 皮草服装产品发布会目前已发展成以时装电视发布会为主的方式。在世界时装界，服装发布会通过发布服装商品信息，提供产品相关知识，介绍或预测流行趋势，在一定程度引导潮流或形成潮流。

3. 服装表演 时装表演是服装企业常用的促进销售方式之一，特别是在每个新季节来临前夕是举办时装表演的最佳时机。时装表演不仅是通过时装模特在T型台上的漫步展示来传递最新时装资讯，以达到促销的目的，而且是作为一种夸张形式用于制造轰动影响，以传播和推广企业品牌形象，见图8-2-4。

4. 专题推广（展示）会 这种方法一般以展览会的形式出现。展览会是一种直观、形象和生动的复合性的传播方式。它主要是面向经销商、代理商，使这些中间商有更多的选择机会并且节省大量的时间和费用。

图8-2-4 皮草服装表演

（三）皮草服装的价格策略

皮草品牌价格策略是目前众多商业企业采用最多、效果最直接、费用最低的一种策略，一般说价格策略包括三个方面的内容：

1. 降低价格销售 有全面降低与局部降低之分，有长期降低与阶段性降低之别；

2. 批量作价 根据销售量（一次性购买量的大小）灵活作价；

3. 底价策略 在导入期商品替换成熟期或衰退期商品，采取低价位，可使该品牌较快推广。

价格是直接影响消费者购买决策的因素，制定适合的价格策略是至关重要的。所谓合适的价格是确定一个消费者和厂商都能感到满意的价格。近年来，时尚流行趋势对皮草市场的作用越来越明显。皮草以前定位在奢侈品的范畴，消费群体也集中在中年年龄段。随着其制作工艺及产品定位与时尚紧密挂钩，价格逐步向亲民靠近，因此不断得到年轻人的喜爱，也成为年轻人消费得起的东西，消费受众面逐步扩大。

随着金融危机的加剧，皮草产品的价格和品牌之间已经出现了一些不平衡。不能效仿有些品牌，以为把价格降下来就可以了。如果降价，应以同类产品中价格相同的那些产品作参照，且需谨记：降价不是维持品牌的万全之策。其实，大幅降价会损害品牌的信誉，品牌的忠实消费者会对品牌失去信心。应该综合平衡品牌形象和品牌意识等因素，设置合理的、实际的定价。

三、皮草销售技巧

皮草作为女装中价值以及价格最高的单品，一直是衣中极品、华贵典范。因其光彩四溢的美感、光滑入境的触感、无时无刻不流露出时尚的韵致和奢华的风范，受到时尚界的青睐与追捧。那么，究竟该如何销售皮草呢?

首先，要有一个良好的销售高端皮草的心态。做到对品牌的价值，对品牌的认可，因为品牌就是无形资产。另外要注意调节心态，一般而言，销售皮草的过程比销售一般的女装过程要长，或更复杂。因为价格相对较高，顾客就会与其他品牌进行对比，需要反复几次的销售过程。因此，一定要调整好心态，不要心急，不要让顾客觉得你是在推销商品，而是让顾客觉得你是在为她考虑，处在她的位置去接受商品。

其次，做到“寻找皮草的主人”。对每件产品的优点分析，包括颜色、款式、板型、工艺等方面，找到它所适合的顾客。以狐狸毛的适合人群来讲，狐狸毛本身的针毛较长，穿着起来非常的飘逸，动感十足，高贵的同时又不失年轻的时尚气质，狐狸毛马甲更加适合时尚度较高的顾客，或者是年轻的，追逐潮流的都市女性。狐狸毛作为大衣毛领，更加适合追求品质感、生活讲究的年轻女性。相反，购买皮草的顾客，也在寻找适合她的皮草之物。这类顾客目的性较强，需要对顾客的目的、行为多观察，多分析。

然后，皮草的销售步骤。介绍皮草的价值，包括原料的产地以及级别品种；建议顾客触摸感受，感受皮毛的柔、丰厚、滑、密等特征；演示皮草鉴别步骤，提高顾客对皮草的兴趣；吸引顾客试穿，强调皮草的舒适性、稀有性、珍贵性；赞美高贵华丽、高档次、身份的象征；再强调原产地、价值感，并且是拍卖而来能保值；引导顾客看细节，如扣子等辅料或者工艺。

最后，服务细节。轻拿轻放皮草产品，体现尊贵感；任何情况下，不要把皮草夹在掖下，或者随意扔放。一定要挂在移动货杠上，或者是在顾客挑选其他服装时，拿住衣架，不要抓住衣服本身，不准随意乱放；顾客在试穿皮草时，帮助顾客系扣子，打造细节服务；专业的售后服务，提示顾客专业护理机构进行护理保养，并且告知保养的注意事项，以提升服务的专业性。

第三节 皮草展示设计

FUR EXHIBITION DESIGN

一、服装展示设计的目的

随着近代商业的繁荣，服装展示设计技术已经成为一门视觉科学和商品陈列空间技术的结合体。并且顺应时代潮流，为商业活动中的商品营销与品牌推广提供了重要的美学基础和科技平台。同时，也成为体现商业文化、人文素质、经济水平的一种象征，更是商家们的一种高超的市场竞争手段和途径。

通常，展示设计的目的有：优化品牌形象，实施有效传播，加强客户沟通，美化商品形象等，为了达到上述各项目的所进行的展示设计及其指导思想和具体方法，称之为展示设计的目标化。

目标化原则具体体现为：

(一)以优化品牌形象为目标

以优化营销环境，维护品牌形象为目标，着力增强品牌形象塑造能力，着力推进商品结构优化和效益增长方式的转变，着力提高质量和服务水平，从而促进良好的客户沟通和品牌传达，实现品牌影响力的增长。

（二）沟通为目标

商品展示一般会围绕确立品牌形象和短期刺激消费两个方面来做陈列工作。商品陈列是一个店铺形象的直观写照，是一种无声的语言，好的陈列布置可以吸引更多的顾客光临店铺，使顾客能够得到美好的体验，增加顾客在店铺内的停留时间使顾客更深入全面地了解商品并接受服务，从而增加销售成交的机会。

（三）以优化商品整体形象为目标

商品整体形象要素包括色彩、材质、款式等。商品整体形象的存在不是孤立的，是需要在一定的条件下，以某种方式来发挥效应。商品整体形象的优化，可以通过商品的组合模式、包装形式、展示手段等具体地体现出来。

二、皮草服装展示的分类及其特点

通过各种形式展现服装的活动统称服装展示，服装展示通常以静态和动态并借助饰品、音乐、表演等道具和手段来演绎服装的商品的功能和艺术形象，引领服装潮流的发展方向。服装展示从总体上来看，主要分为三大类：卖场展示、博览会、服装发布会。

（一）卖场展示

卖场展示设计是人们按照一定的功能、目的而进行的服装商品陈列及其整体布局的规划，包括对空间、道具、照明、音乐等的整体设计，即通过创造展示空间环境，有计划、有目的、合乎逻辑地将商品展现给消费者，并力求对顾客的消费心理产生积极的影响。

卖场展示设计是视觉识别中的一个重要组成部分，是产品形象的直接展示。越来越多的品牌开始通过卖场终端来树立品牌形象，这一便捷的宣传推广形式，不仅被经营者广泛采用，同样也被消费者所喜爱。今天的卖场展示设计已经不仅仅是销售的场所，更是一个展示品牌个性与商品特色，使消费者在浏览与购物的同时得到美好享受和愉快体验的场所。也因此提高了服装商品的附加值，增加了企业的利润和品牌的无形资产，见图8-3-1。

图8-3-1皮草卖场

（二）博览会

博览会是生产厂家以销售本企业产品为目的而组织的时装表演活动。它是设计师、服装公司、厂家或贸易部门将自己的设计样品、产品或已经成为商品的服装，介绍给买方的一种展示形式，它的规模可大可小，场地不限，灵活机动。观众大都是其固定客户或准客户。观众在观看时装表演时，手持厂家设计的定单，一边欣赏台上的作品，一边选购。这种展示会的规模可大可小，如国际皮草博览会、意大利米兰国际皮草展览会、大型商场内外组织的展示活动等。这类表演，可以在T型台上进行，也可在订货商组织的茶座间进行，可以在企业内部专为客户展示。也可以公开发布，兼有社会宣传的作用，见图8-3-2。

图8-3-2 皮草博览会

（三）服装发布会

服装发布会是展示时装的一种组织活动，是把服装作品发布于公众的一种表现形式，即由模特儿按照服装设计师的创作意图穿戴其设计作品，并在特定的场所向特定的观众展示、表演的一种活动。根据举办时装表演目的的不同，可将服装发布会分为五大类型。

1. 高级服装发布会 这种发布会大都由著名

设计师和权威发布机构联合举行，它的目的是促销产品。届时，来自世界各地的皮草制造商、销售商、服饰记者、服饰评论家、高级顾客、大型面料制造商都会云集前往，目睹服装设计大师们对下一轮流行的新见解和新主张。

湖蓝色、灰色，以及不染色皮草，成为设计师们共同关注的潮流色彩。湖蓝色与2015时装流行色想匹配，而不染色皮草，则体现了皮草原料独特的色彩，更加具有天然和原始的韵味，用在Rock风格的设计里，更添狂野。利用了皮草长短毛特点，进行间隔拼接，制造出来的拼色与肌理效果在设计师的作品中都有体现，这是SAGA FURS世家皮草最新的工艺，将是2015最为流行的皮草设计手法。另外，方格的拼接方式将成为2015皮草设计的另一亮点，借助颜色的搭配，方格拼接让皮草根据潮流感，见图8-3-3。

图8-3-3 皮草发布会场

2. 流行趋势发布会 国内外一些纺织服装流行情报的研究机构，为了促进和指导皮草的生产和销售，在进行广泛社会调查的基础上，定期向社会举办流行趋势发布会。研究机构通过这种发布活动，把收集来的一些流行主题、元素，以时装表演的形式形象化地加以表达。

3. 个人时装发布会 服装设计师为表现设计才华、提高自己的声誉或为展示某个时期的新作品举办的时装表演称为个人时装发布会。这种发布会的特点是围绕着设计师既定的主题，诠释设计师在特定时期对皮草的理解和看法，其创意性作品占有相当的比重。设计师着力借此昭示自己的个性和设计风格，强调作品的艺术效果和纯视觉欣赏性，发布会的舞美、灯光及音响设计也强调别出心裁。形式感较强，为普通观众难以理解，是特供行业内的专业人士鉴赏的，见图8-3-4。

（四）宣传手册

宣传手册是皮草服装展示设计的一个重要组成部分，它包括商品手册（画册）、企业介绍、企业内刊、CIS设计等，效果明显方便可行，是企业形象树立的重要手段，也是企业通常采用的方法之一。

宣传手册是一项十分讲究目的性、计划性、技巧性和艺术性的工作。有效地宣传与公共关系活动，对于扩大展示的影响、树立展示良好的公众形象，对于推进展示的组织进程和促进展示的销售活动等，均有明显的作用。而CIS的导入是现代企业经营发展的方向，也是现代展示设计所涵括的重要门类之一。各类展示会、专卖店等商业环境的统一形象设计，是CIS应用的系统化体现，见图8-3-5。

宣传手册的任务是为了扩大商品的知名度，良化和强化展示的形象给参观者以吸引，展示的不同类型与特点，确立明白无误的宣传目标，加深了购买者对商品的认知度，最终实现企业的既得利益。

图8-3-4 武学伟时装发布会

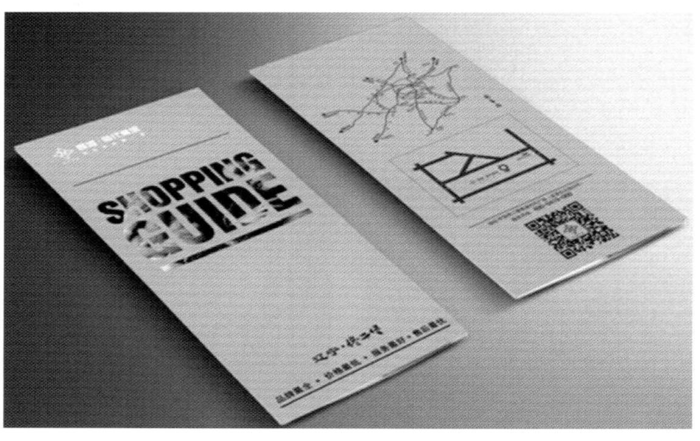

图8-3-5 皮草宣传手册

（五）展示的数字化与虚拟化

电子商务与网络展示是对传统营销的划时代延伸，是一种在信息产业进一步分工，传统产业相互融合基础上的新型营销模式。在网络展示条件下，传统市场营销管理受到前所未有的冲击，出现了网络展示营销管理的新概念。

网络展示营销是数字经济时代的一种崭新的展示营销理念和展示营销模式；它促使企业开辟更加广阔的市场，是用信息化技术改造传统展示营销的一种可取形式和有效方法。由于这种展示营销方法可以和直接展示销售结合起来，并且费用低廉，操作简单，受到很多企业的欢迎，并且大部分企业获得了满意的效果。

网络展示营销中的展示设计是企业视觉识别中的一个重要组成部分，是产品形象的直接展示。越来越多的品牌开始通过卖场终端来树立品牌形象，这一便捷的展示宣传推广形式，不仅被经营者广泛采用，同样也被消费者所喜爱。网络展示营销不仅拥有品牌、承认品牌而且对于重塑品牌形象，提升品牌的核心竞争力，打造品牌资产，具有其他媒体不可替代的效果和作用，见图8-3-6。

图8-3-6皮草网络展示

三、皮草服装卖场陈列设计

陈列设计是一门综合性的学科，它是终端卖场最有效的营销手段之一，通过对产品、橱窗、货架、模特、灯光、音乐、POP 海报、通道的科学规划，在具体陈列中将产品的风格特点用极具创意性的艺术手段完美地进行展示，赋予商品生命力与感染力，达到吸引消费者的眼球，促进产品销售，提升品牌形象的目的，是一种有效的视觉表现手法和日趋重要的产品销售手段。

（一）皮草服装卖场环境氛围设计

1. 广告设计 皮草服装卖场广告包括平面广告、VCD 广告和POP广告。平面广告主要通过海报宣传商品，非常醒目并且有很强的视觉冲击力；VCD 广告主要是借助电视不断重复播放产品的宣传片和电视广告；POP 广告通常有大量作为商品标签、品牌标志之用的广告，在三种广告中使用最多。POP 广告表现出良好的亲和力，凭借其设计上简洁醒目，富于视觉传达的功效，实现与顾客进行充分和全面的沟通。由于POP 广告的大量使用，可以在整个卖场形成声势浩大的宣传冲击波，同时形成卖场气势，见图8-3-7。

2. 灯光设计 灯光设计可以提升皮草服装卖场的审美价值，并能起到改变空间感，提高商品陈列效果，营造卖场气氛的作用。因此，灯光是卖场氛围设计的重要工具之一。光的作用不仅仅是把某个空间照亮，更重要的是要突出皮草服装产品本身及制造氛围。因此，皮草服装的种类和预期效果是卖场设计师首先要考虑的要素，见图8-3-8。

图8-3-7 皮草POP广告

图8-3-8 皮草卖场灯光

3. 听觉设计 皮草服装卖场是皮草服装品牌理念的展现，为了突现品牌文化及内涵，多媒体已经逐渐成长为展现卖场特色的利器。听觉设计或应用中，应根据店内空调及皮革服装的类型进行选择性播放。听觉设计或应用时，应根据店内色调及服装特点进行选择，并且要合理地搭配音乐的种类和时间。同时，店内还可以通过视频设备播放企业形象短片及产品广告片，以使顾客能够对服装品牌进行深度了解。

（二）皮草服装卖场橱窗设计

1. 开门见山式设计 开门见山式橱窗设计指运用陈列技巧，通过对皮草服装商品的折、拉、叠、挂、堆，或利用模特充分展现皮草服装的皮料、质感、结构、色彩、款式、功能等，这种手法由于直接将商品推向消费者面前，所以要十分注意画面上商品的组合和展示角度，应着力突出皮草服装商品的品牌和商品本身最容易打动人心的部位。道具一般由模特、专用道具、背景物、装饰物、地台等部分组成；皮草服装组合一般由服装、眼镜、皮包、皮鞋等组成；灯光由定向射灯、背景灯、照明灯等组成。在道具与皮草服装的选择上尽量选择一些造型独特，色彩明亮的物品。使产品置身于一个具有感染力的空间，对其产生注意和发生视觉兴趣，达到刺激购买欲望的目的。有的橱窗设计重点在强调销售信息，除了陈列服装外，有时也配以促销信息的海报，追求立竿见影的效应，使顾客看得明白并激发进店欲望，见图8-3-9所示。

2. 画面式 画面式以某一特定环境、情节、物件、人物的形态与情态，以及某一生活画面唤起消费者的种种联想，产生心灵上的某种沟通与共鸣，以表现皮草服装产品的各种特性。通过联想，人们在审美对象上看到自己或与自己有关的经验，在联想过程中引发美感共鸣。有时橱窗内的抽象形态同样可以加强人们对商品个性内涵的感受，不仅能创造出一种崭新的视觉空间，而且具有强烈的时代气息。

3. 夸张式 夸张式借助想象，通过合理的夸张将皮草服装商品的特点和个性中美的因素明显扩大，强调新颖奇特的心理感受。夸张、奇异的设计也是橱窗设计中另一种常用的手法，这样可以在平凡的创意中脱颖而出，赢得消费者的关注。这种表现手法往往会采用一些非常规的设计手段，来追求视觉上的冲击力。最常用的是将模特的摄影海报放成特大的尺寸，或将一些物体重复排列，制造一种数量上的视觉冲击力。有的橱窗则既不为表达定位，也不为体现当季服饰精神，而是纯粹追求一种趣味，来引人眼球，并产生入内一探究竟的欲望，以别具一格的方式，发挥艺术感染力的作用，见图8-3-10。

（三）皮草服装卖场的色彩设计

1. 相似色彩陈列设计 相似色彩是选择色相环中临近的色彩，由于彼此含有共同色素易于形成统一感。在卖场中将含有共同色素的不同款式的皮草服装排列为一组色彩，在卖场中某个方位形成色彩区域可以增强卖场的色彩秩序感。通常情况下，女装品牌皮革服装商品色彩的陈列多采用此类设计形式，尤其是少女皮草品牌，例如现在女装在开发产品时，一开始可能开发上百个款式，在不断地打样、试样、定货过程中，淘汰一些款式，而真正投放到市场的品种可能只会有30多个，但为了保持产品的丰满度会同时多开发几个色彩，如果产品开发四个色彩时，在卖场内应该设置有四个色彩区域，如图8-3-11所示。

2. 对比色彩陈列设计 对比色彩陈列设计选用色相环中直径180度的色彩或偏左偏右的色彩进行组合设计。此类商品陈列色彩形式一方面可强调皮草服装卖场秩序性，另一方面在秩序性的基础上，可以突出色彩的跳跃感，增强服装商品色彩的视觉冲击力。例如，选择咖啡、米黄色对比色陈列设计，在实际现场操作时，此类色彩陈列设计形式可以灵活一些，可以把本来属于一个色彩区域的咖啡色，分成两个色彩区域，中间穿插米色区域，强调色彩对比效果，增强产品的视觉冲击力，见图8-3-12。

图8-3-9 皮草展示

图8-3-10 皮草夸张式展示

图8-3-11 相似色彩皮草陈列

本章小结

本章节较为系统了阐述了皮草服装的品牌、营销以及展示等知识体系。本章阐述了服装品牌概念、服装品牌理念风格、品牌发展战略以及皮草品牌战略定位；叙述了服装市场营销的概念及特征、皮草服装市场营销策略、皮草销售技巧等皮草服装营销知识；讲述了服装展示设计的目的、服装展示的分类及其特点以及皮革服装卖场陈列设计等知识。

图8-3-12 对比色彩皮草陈列

案例与讨论

案例一 芬迪皮草

一、品牌构成

皮草品牌：芬迪

创建年代：1925年

注册地：意大利罗马

创建人：爱德华多·芬迪（Edoardo Fendi）和阿黛勒·芬迪（Adele·Fendi）夫妇。

设计师：卡尔·拉格菲尔德——皮草、女装；芬迪家族继承人Maria Silvia Venturini Fendi 女士——男装、男女配饰。

品类：皮草与时装、皮革与皮件、成衣、针织休闲服装、沙滩装、泳装、珠宝、手表、香水。

二、品牌识别

早在20世纪20年代，品牌创办人Fendi先生为了表达对太太的感情，曾经将一幅绘有小松鼠形象的木画送给太太，触发了Fendi女士在品牌购物袋上印上小松鼠形象的灵感。从此以后，小松鼠成为该品牌成立初期的第一个标志。

FENDI最广为人知的“双F”标志出自“老佛爷”卡尔·拉格菲尔德（Karl Largerfeld）笔下，常不经意地出现在FENDI服装、配件的扣子等细节上，后来甚至成为布料上的图案。定义了“FUN FUR”的概念，这成为FENDI双F Logo 的灵感来源，而双F Logo 也在日后成为享誉世界的商标，见图8-4-1。

2013年，正值品牌诞生88年，FENDI的Logo又经过重新的设计与改进，加入了“ROMA”的字样，以作为代表罗马瑰宝的象征，诠释着品牌真正的灵魂。

图8-4-1 芬迪品牌标识

三、芬迪品牌定位及发展

芬迪（FENDI）是以毛皮起家，手袋发迹，从而跻身国际时装界的著名高级品牌。其创立于1925年，历经三代，家族式经营为主。芬迪公司起初主要是向社会的富裕阶层出售毛皮及手制皮具，而后进行了一定改革，在保留传统手工艺制作毛皮、皮草的基础上，注入新的设计元素，并将驰名的毛皮逐渐转化为流行时装，推出毛皮手袋及皮草成衣系列，使芬迪逐步成为国际著名时装品牌。

芬迪早期，以轻盈柔软的毛皮为主。而之后，他们不仅局限于用布料一样处理皮草，更是打破常规，给所有品种的毛皮带来新的生机，包括那些以前只能用于服装内部的毛皮品种，也均被以全新的方式加以诠释，创造了真正的皮草时尚。

芬迪公司在毛皮、皮草方面拥有着高超的先进技术，能生产并提供薄如纸张的俄国羔羊皮，表面饰有亮片的剪毛貂皮，饰有金属亮片、珍珠或施华洛世奇水晶的马皮以及边缘饰有精美纱罗织物的貂皮等。1962年，芬迪公司聘请设计师Karl Lagerfeld为品牌设计师，在他的创作下，一向华贵庄重的皮草，也可以演绎成或是年轻嬉皮、或是浪漫主义、或是运动休闲、或是离奇古怪的未来主义。

对于创意如天马行空的Lagerfeld来说，没有什么框框不可以打破，皮草也不再是高贵华丽的同义词。看如今的FENDI，才知一向贵气庄重的皮草也可以做到很嬉皮，很年轻，很未来主义。

Karl Lagerfeld鼓励革新毛皮产品的制作技巧，把毛皮漂染，再配合剪裁、编织、镶嵌等工序，制造出具有创意的毛皮制品。手袋方面，更印压上图案，以及用上传统的黑色及泥土色纤维质料作材料，让手袋增添时尚感。这个蜚声国际的意大利老字号品牌，已将皮草服装的流行时尚逐步带入了一个全新的时尚领域，成为皮草风尚的标杆。

四、芬迪皮草的主要流行及未来发展趋势

（一）皮草拼接，编织手法的流行

降低成本的驱使下人们开始在皮草的加工工艺上做大文章，来降低皮草的用料，使得皮草加工工艺得以迅猛发展，皮草也瞬间以前所未有的各式形态展现在世人面前。在芬迪的秋冬季成衣发布会中，有的皮草运用到拼接中的加宽工艺，在柔软、灵活的动物毛皮上做出网状效果，创造出一个崭新的不同的外观。还有的皮草设计运用了镂空工艺。常运用于貂皮表面，在皮板上按照设计线进行雕刻后，再按一定规律重新缝合，形成不同的镂空效果。其中，不得不提到的是，芬迪品牌在皮草上运用到的一种手法——加革法。这种手法不仅减少了皮草的用量，还减轻了皮草服装的质量，变得轻盈柔软，皮草的背面还会形成规则的图案。编织手法也是目前芬迪品牌在其皮草设计制作中常用的手法，用裁剪成细毛条的网布上穿叉交织而成，形成轻巧、柔软，可两面穿着的特性，见图8-4-2所示。

图8-4-2 拼接，编织手法

（二）皮草色彩的改变

在人们的传统观念中，真正好的皮草是极少染色的。但是现代的人们不断求新求变、追求个性时尚，皮草作为建立在“吸引力”而非“实用性”基础之上的服装类别，改变其颜色已成为皮草的必修课程。

芬迪品牌以前皮草的色彩运用多以自然色为主，灰色、咖啡色、驼色、黑色、白色等。而如今，在新科技、新工艺的辅助之下，芬迪皮草率先开始突破传统色彩理念，在大体总色调为成熟、性感的深灰色系基础之上，不同程度地在皮草表面加以品红、樱红、中黄、紫罗兰、草绿、橘黄等明亮动人的色彩，以点、线、面、块的不同色块构色组合。在色彩组合的色调呼应下，更是加入目前比较流行的花色纹样，其中以单色、草上霜、一毛双色、一毛多色、渐变色、扎染、染花、幻影效果的为主，皮板以喷染、扎染、印花、磨花等方式加以染色，见图8-4-3。

图8-4-3 色彩的转变

（三）流行风格的逐步转变

流行风格的变化，是目前芬迪皮草设计中的又一个流行发展转变。与最初的基本皮草经典款式相比，当下的皮草风格发展趋势随时尚的流行与人们思想的开化、对流行的追逐，正在逐步转变。

芬迪皮草在转变中，以“骑士风”“中性风”“复古风”为主打。皮草多以小短装，或是肩头装饰的形式出现。而受全球经济危机的影响，失业率的不断攀升，女性在危机面前也开始掩盖柔弱的形象，开始欣赏一种大气的气质。而在这种“大气”之下，皮草的蓬松质感，俨然形成最天然的立体空间美，被常用于裙身、衣袖、肩头上的设计。除此之外，芬迪的皮草马甲，小、中、长款的干练型皮草款式也都刮起了一阵中性风。复古风的流行，则是人们渴望回归、呼唤平静、和平的一种向往。不仅仅是芬迪在做复古风的流行时尚，众多服装品牌也均推出复古系列。皮草的披肩，款式简单的复古皮草外套，中长款的修身复古皮草，皮草斗篷等复古系列都相继出炉，见图8-4-4。

图8-4-4 芬迪的印第安风格

（四）皮草新工艺的出现

单一的东西总是不受人长久喜爱的，人们喜新厌旧的情绪，要求服装的时尚需要工艺手法的不断创新。芬迪品牌，率先在皮草设计中采用皮草镶花、皮草立体效果、皮草两面穿及皮草的分割重组等新工艺。例如，皮草镶花，则是将不同颜色的皮草裁出同样大小的图案，再将两者结合，对皮草进行综合利用，同时做出两件风格、图案相同、但底色和图案颜色正好相反的服装。而分割重组，则是将两块明度差异较大的动物毛皮结合起来，形成多层次的肌理和色彩变化。

皮草新工艺技术的不断出现，也正是芬迪品牌的皮草能够不断创新，不断符合市场各类需求的重要因素。

案例二 KC皮草

皮草，从原始社会人类的保暖必需品，到品质生活象征的奢侈品典范，一直影响着我们的生活。作为目前市场上最为知名的皮草品牌，1982年，KC皮草品牌正式创立。1997年，KC品牌在北京、上海、成都、南京、哈尔滨、大庆、大连、沈阳、长春等地成立直销店，确立“KC.中国”战略思想，产销一体标准化经营体系正式确立。多年来，KC皮草始终坚持以工艺为基础，以品质为核心，以设计为灵魂的品牌理念，得到了全球超过500万消费者的信赖。先后荣获“中国百强成长企业”、“国际知名品牌大奖”等殊荣。先后由著名影视明星黄圣依、李嘉欣作为品牌形象代言人，KC皮草在产品设计思路上不断创新，凭借庞大的世界顶级新锐皮草设计师队伍，依托一流的水貂养殖基地和四大拍卖行源源不断提供的最优质的皮草原料，将印染、拼接、镶嵌等复杂工艺与流行趋势运用到了皮草设计之中，使品牌于随性中将贵族气质表露无疑，每一季的新品都让消费者惊喜连连，见图8-4-5。

图8-4-5 KC皮草代言人

KC皮草，始终引领皮草风尚，款式与国际顶级前沿皮草风尚同步。顶级的工艺团队，还可为顾客提供量身定制的专属服务，让您足不出户，专享独一无二的顶级皮草单品。

一、公司情况

KC皮草是其仕集团旗下的服装品牌，是一家以时尚皮草为经营主体的国际化公司。在创立之初的目标就是做中国最好、世界一流的国际化皮草品牌。每一件KC皮草都根据原皮的自身特性精心设计，历经选皮、设计、确定用料、制板、制作布样、试样、修板、算料、配色、钉皮、裁皮、车缝、再钉皮等147道工序。从皮草原皮选择到设计，从制作工艺到皮草成衣的出厂检测，从国际四大权威皮草检测机构的检测认证到每一道环节的一丝不苟，无不彰显着KC皮草的诚信经营之道。KC皮草率先在行业中实行推广产销一体的直销经营模式，力求将更高的品质、更周到的服务、更低的价格带给广大消费者。一直践行用皮草传递温情，让更多的人感受幸福的理念。

目前KC皮草在纽约、米兰、巴黎、圣彼得堡、香港、东莞等地设立了六大设计工作室。作为全球最大的皮草生产加工销售商之一，KC皮草远销美国、意大利、法国、俄罗斯、韩国等各地。在稳步发展的同时，一直与SAGA世家、美国传奇、哥本哈根等世界著名皮草拍卖行保持着亲密的战略合作伙伴关系。2011年，KC皮草被评为“中国百强成长企业”，是皮草行业唯一上榜企业。

KC皮草作为中国时尚皮草先行者，充分践

行“大其仕.大中国”立足东北、辐射全国的中国区战略布局思想，先后在北京、上海、天津、大连、唐山、长春、青岛、长沙、贵阳、昆明、成都、重庆、苏州、安徽、招远、桐乡、海宁、杭州、广州、武汉、西安等地设立了百余家直营店，是中国唯一拥有百家直营店的皮草品牌。伴随其仕集团多元化进程的推进，KC皮草逐渐从成衣制造的单一领域发展成集皮衣、手包、鞋子、配饰于一体的精品皮草王国，并致力于研发更适合普通消费者的皮草服饰，版图也拓展至全世界。在KC皮草的品牌逻辑中，不断超越自我，不断呈现出完美的国际化作品是永恒的追求。

二、文化理念

（一）KC皮草经营理念

（1）KC皮草远景：做令人尊敬的现代企业公司

（2）KC皮草服务宗旨：以贴心服务为基础，以品质服务某发展，让顾客满意为己任

（3）KC皮草品牌使命：成为行业主导，消费者追求幸福与美丽之首选的缔造者

（4）KC皮草经营理念：责任为重，诚信为本，稳健经营，科学管理

（5）KC皮草发展理念：企业发展的根本→诚信，企业发展的基础→品质

（二）KC皮草精神内涵

（1）KC皮草广告语：女人就该拥有最好的，我选择KC皮草

（2）KC皮草员工口号：团结，奉献，分享

（3）KC皮草企业精神：诚信立足，品质为先，创新实践，高效发展

三、发展理念

目前皮草业内竞争非常激烈，KC皮草从来不打价格战，不诋毁竞争品牌。不断完善自己，硬件和软件双重提升，从而做到品牌升值、货品保值。以实力赢得对手的尊重，通过尊贵的购物体验，满足消费者精神层面的需求。

KC皮草在店铺的选址、进店服务的体验上都深下功夫。如今，KC皮草的旗舰店面积都在1000平米以上，在哈尔滨的全球营销中心更达到6000平米，超大的营业规模，为消费者提供视觉盛宴的同时，也不断提升KC皮草的品牌形象。

目前KC皮草正与更多品牌跨界合作，打造会员俱乐部，邀请会员参与体验各种活动，同时与全国强势媒体合作电视栏目，搭建KC皮草美丽平台。未来KC将一直致力于通过各种营销手段，如赞助活动、邀请代言人、与高端时尚媒体合作等树立品牌形象，为品牌增值，见图8-4-6。

案例三　寒雪娇

在现代化工艺的改进下，国际皮草服装业早已步入了产业化、规模化的时代，整个产业链由上至下趋于完善，并形成了各具特色的皮草产业基地。而我国虽然目前已经成为全球毛皮制品的生产和消费大国，中国逐渐成为裘皮生产强国。

主要原因是我国毛皮服装自主品牌少，加工到自主研发及设计力量都十分薄弱，缺乏议价空间，话语权一直掌握在外商手中。国内的许多企业都是在替国外大牌进行贴牌生产，赚取低廉的加工费，行业利润低。国外的品牌以其强大的市场营销能力杀入内地市场，已经给国内商家以威胁，如果国内的皮草业界不能快速反应，将会失去大片的市场份额，从而使我国的皮草业得不到健康发展，最终会沦为材料的世界提供厂。

皮草在中国品牌的打造固然不能一蹴而就，但如果能将“货”做到极致，相信皮草的品牌之路也不会太远。

一、策划目的

随着皮草走下“神坛”步入寻常百姓家，皮草行业却未能“出产”让世人耳熟能详的皮草品牌。世界上能叫得响的品牌其实没有几个，更别说中国市场了。现在的皮草行业还谈不上品牌，有的只是货。虽然皮草的品牌之路囿于各种因素的制约而身陷发展瓶颈，但这对众多皮草企业来讲也是一次暗藏机遇的挑战。缺乏强势品牌的行业环境为品牌新生创造了良好的成长空间，众多皮草企业也致力于突围求生。

对此，皮草品牌寒雪骄想在未来皮草的品牌世界里立于不败之地，就得从设计来把控，力求贴近市场，紧随潮流，建立属于自己的品牌地位。

二、内部分析

（一）公司情况

四川翔风科技有限公司是一家集养殖、生物工程、服装制造加工的综合型企业。主要产

图8-4-6 KC皮草展示

品：尼克服、编织服装皮草饰品等。翔风科技拥有世界水平的裘皮服装设计队伍，其自创品牌“寒雪骄”皮草服饰以精巧、柔美、高雅、时尚著称。皮草原料均选自上等水貂、狐狸、獭兔，只有符合特级标准的原皮才能被选作皮草原料，从而保证了“寒雪骄”皮草的品质，搭配韩国进口的面料，全手工制作，创造出来的“寒雪骄”皮草产品为您带来黄金品质、贵族风范！见图8-4-7。

图8-4-7 “寒雪骄”皮草

在款式设计上，“寒雪骄”始终本着产品以迎合市场需要为原则，利用本身的资源和技术优势，及时把握市场信息，学习欧美、日韩产品成熟的组合技巧，使服饰在色彩、款式上既有时尚潮流，又不失高雅华贵，气质非凡。在众多的私营企业公司中，翔风公司使用了电脑条码管理系统，对服装的进、销、存进行了数字化管理。进一步规范了市场运做和信息反馈。以严格的质量管理、先进的生产技术、高素质的人才队伍和强大的销售网络，为消费者和联销商提供优质的服务。“做消费者满意的皮草”是“寒雪骄”人不懈努力的目标！

（二）产品情况

先前的产品针对的人群主要在35岁以上人群，为了更好的占领皮草市场，扩大市场范围和人群，需要改良之前产品的定位。这两年最好销售的款就是中性风格的服装，针对这种趋势调查了一系列中性风的皮草服装，市场反响很不错。

款式差异化应该作为公司核心战略，专业的厂家定制，需要从设计熟练的把握皮草市场的最新动向，使寒雪骄的设计既紧随潮流的步伐，又不失寒雪骄独特的时尚品位。经过公司的不断努力，在当地及周边已经形成了良好的口碑，除实体店外，初步建立了电子商务，见图8-4-8。

图8-4-8 “寒雪骄”皮草电子商务

三、外部分析

（一）社会环境分析

由于欧美等国受到经济危机和债务危机冲击的影响，消费能力有所下降，皮草需求逐渐向经济发展相对稳定的中国扩展，中国已成为全世界裘皮需求最大的市场。中商情报网预计，到2015年，国内裘皮服装消费市场容量将达到164.2亿元，到2017年，中国裘皮服装国内销售规模将突破200亿元。

（二）消费者需求分析

绵阳皮草销售市场较为混乱，处于群龙无首的状态。

“寒雪骄皮草城”的建立属新生事物，容易激起人们的好奇心理。

皮草城的维修和保养服务承诺是影响消费者购买决策的有利保证。

皮草城的企业文化和经营理念可以给受众以深刻的印象。

（三）竞争者分析

调查报告显示，成都海宁皮革已经发展到绵阳市场的大部分人群，越来越多的绵阳人将会知道要买皮草服装就到成都海宁，而绵阳在短短的几年之内建成的10余个大型商场，其中万达百货、新世界、缤纷百货、百盛、嘉信茂广场、茂业、梅西、城商等都涉足的有皮草消费人群，也系先导品牌，自有其稳定地位。而桃园酒店二楼更是专业皮草城已经有自己的固定消费群。

因此，在绵阳这样一个商厦林立、超级市场繁多，市场混乱的城市，寒雪骄尚处于前期导入，品牌宣传阶段，如何才能使寒雪骄皮草从诸多的商场中脱颖而出独占鳌头呢?

四、目标市场与营销目标

（一）市场性分析

（1）皮草服装、服饰为高档消费品。随着人们生活水平的不断提高，并不只是富豪才能购买，一些高级白领和新婚女性对皮草服装的需求在增长。

（2）裘皮服装已向时尚化发展，这样更加吸引了一大批年轻女性的向往和追求。

（3）由于皮草服装消费的季节性很强，许多大型商场不太愿意引进单一的皮草品牌，所以我们只能在绵阳的大型商场只能看到极少数卖皮草的品牌。

（4）批发市场上鱼目混珠和无法提供保养服务等现象使许多消费者望而却步。

（5）售后的维修和保养服务在整个行业尚未成型，这是消费者更为关注的内容。

（6）在桃园二楼的皮草专卖商场也很难提

供保养服务和良好的购物环境。

因此，可以判断寒雪骄的优势购物环境好，价格便宜，规模大，款式多；劣势是交通不方便，离市区远。

（二）商业机会分析

（1）在绵阳江油两地市高档的商场中皮草价位较高，只能满足贵族人群的消费，对年轻一代和高级白领人士却很难抉择。

（2）“寒雪骄皮草城”的形象非常鲜明，只要是想买皮草服装的顾客，知道这个地方了一定会到这里逛一逛，只要比较一下，顾客就会明白。

（3）由于皮草城建立了3年，有了一定的口碑，但宣传还不够，借销售旺季，发动强大的宣传攻势一定能树立起较为清晰的品牌形象。

（4）寒雪骄皮草凭借良好的竞争优势和完善的服务系统，在各种媒体广告的宣传中，应着重宣传皮草城的与众不同之处，打造皮草城文化的内涵。

（三）目标市场

寒雪骄品牌服装的目标市场：25岁-45岁的中青年女性，见图8-4-9。

（1）具有奢侈品消费能力的成熟贵族女性。

图8-4-9 “寒雪骄”皮草目标消费者

（2）具有皮草时尚欣赏和消费能力的高级白领。

（3）刚刚步入新婚殿堂的贵族小姐。

（四）营销目标

争取用三到五年的时间，把“寒雪骄皮草城”打造成绵阳市乃至四川省皮草销售市场的顶级商业品牌；引入连锁经营模式，把“寒雪骄皮草城”逐步发展到遂宁、射洪、南充、三台、平武、安县、盐亭等城市。

（1）让更多的人树立“今年买皮草、请到寒雪骄”的消费观念；

（2）寒雪骄皮草的经营要突出价格优势，服务周到的特色；

（3）规模经营，成本较低；

（4）导入品牌化经营；

（5）与厂家建立战略合作关系，质量可靠，渠道顺畅；

（6）免费维修和保养服务；

（7）扩大寒雪骄皮草的影响力，树立寒雪骄皮草的品牌形象。

（五）发展策略

（1）采用现代化的商业管理模式，吸收部分中高级管理人才。

（2）学习行业内成功企业的经验，如海宁皮革城。

（3）打造四川省最为专业的皮草零售商场和“皮草护理专家”。

（4）全方位的营销和广告策略。

（5）整合社会各种资源，与著名企划公司、文化公司等合作。

（6）规范的厂商合作系统，提供完美的货品保障。

（7）注重皮草文化和商城经营理念的宣传是公司吸引顾客的有利法宝。

五、营销上的不利点和有利点

（一）不利点

（1）消费者习惯到百货商场及综合性商场购物。

解决办法：引导消费者树立新的消费观念，让其明白片面追求方便会付出价格高和质量次的双重代价，以瓦解竞争市场现有实力。

（2）初期目标顾客较大，不易达成。

解决办法：运用攻击性的宣传主题，培养忠实顾客，争取客户。

（3）由于不是大型百货商场，顾客讨价还价现象严重。

解决办法：培育较为稳定的价格体系，合理定价，提高服务质量和服务水平。

（二）有利点

（1）规模经营，易产生知名度。

（2）品牌定制，无质量问题，提高皮草城的档次。

（3）其他商场皮草销售的有缺陷。

（4）良好的售后服务，以取得受众信任。

5、皮草城的独特性和唯一性。

（三）营销途径

以下是8种营销策略，可全面同步进行，亦可有选择地配合广告推进来进行。

（1）以“今年买皮草、请到寒雪骄”为倾诉主题，以绵阳主流报纸广告为辅助，在商场门口和展开促销活动，以吸引客户。

（2）赠雨伞：设计制作出具有“今年买皮草、请到寒雪骄”字样的时尚雨伞，赠送给客户，以传播皮草城的文化理念和经营模式。

（3）赠时尚提包：设计制作带有“今年买皮草、请到寒雪骄”的精美时尚提包，赠送给顾客。

（4）“寒雪骄皮草城”宣传月：在绵阳市某大广场举办“时尚皮草服装”模特走秀活动，宣传皮草文化及“寒雪骄”品牌模式。

（5）赞助绵阳市主题时尚赛事或晚会，扩大品牌的影响力。

（6）编制本商城服务手册，给顾客免费发放。

（7）建立皮草城会员服务项目，用于维系顾客群。

（8）建立“寒雪骄皮草城”网站，开展网络宣传和服务。

各项活动可以根据不同情况安排在中秋节后就开始，结合圣诞节、元旦节和春节前期等时间段，与节日大气候相结合，扩大宣传攻势。

（四）广告策略

（1）电视广告

推广媒体：绵阳电视台；江油电视台

选择理由：新闻话题，热点追踪，即时播报

推广方式：制作TV广告短片

（2）广播电台广告

推广媒体：绵阳交通音乐广播FM 103.3或优乐91.2

选择理由：快速崛起的本地电台，覆盖整个绵阳地区，稳定的收听群体，本地区达70%收听率；

推广方式：时播、录播、插播；锁定有车一族和出租车乘客的吸引力

（3）绵阳晚报广告

推广媒体：绵阳晚报

选择理由：作为本地主流媒体，绵阳晚报以即时、准确、全面的信息覆盖两市七区；

推广版面：从开始每周1/4版面并配合软文和新闻，共计3个版面；

（4）POP广告

根据不同时期的促销活动，制作不同的海报、宣传单、抽奖卷等。

思考题：

1.通过对目前市场上某一皮草品牌的调查，分析其品牌构成、品牌的理念、品牌的营销以及展示的特色。

2.模拟创建一个皮草品牌，为品牌命名、做出品牌理念风格描述及目标市场定位。

3.请说出皮草服装营销策略及其特点。

4.简略制定一份皮草服装营销计划书。

参考文献

[1]程凤侠. 现代毛皮工艺学 [M] .北京：中国纺织出版社，2013 .

[2]郑超斌. 现代毛皮加工技术 [M] .北京：中国轻工业出版社，2012.

[3]金浩，熊丹柳. 皮革工艺与应用 [M]. 上海：东华大学出版社 ，2009.

[4]但卫华.皮革商品学 [M] .北京：中国轻工业出版社，2011.

[5]刘君君，卢亚楠，金礼吉，徐永平.中国毛皮动物养殖现状及发展趋势[J].中国皮革，2007.

[6]赵占强.水貂产业的国际竞争力分析[J].中国牧业通讯，2005.

[7]郭天芬，常玉兰，席斌.我国毛皮动物养殖业现状及发展的对策[J].畜牧兽医科技信息，2006.

[8]朴厚坤，高祝兰.动物福利与裘皮贸易的新形势[J].经济动物学报，2006.

[9]张同功.中国裘皮产业国际竞争力的评价[J].中国皮革，2006.

[10]刘召乾，张超.人工养殖水貂的繁殖技术[J].中国农村科技，2006.

[11]赵占强.谈谈影响特养业价格走势的几个因素[J].畜牧市场，2004.

[12]张振兴.我国毛皮动物养殖概况及存在的问题[J].经济动物学报，2005.

[13]蔡凌霄，于晓坤.毛皮服装设计[M].上海：东华大学出版社，2009.

[14]程风侠，王学川等.现代毛皮工艺学[M].北京：中国轻工业出版社，2013.

[15]郑燕.皮革与皮草[M].浙江：浙江科学技术出版社，2008.

[16]刁梅.毛皮与毛皮服装创新设计[M].北京：中国纺织出版社，2005.

[17]王悦.毛皮女装设计[M].北京：高等教育出版社，2012.

[18]李俊.服装商品企划学[M].上海：中国纺织大学出版社，2001.

[19]杨以雄.服装市场营销[M].上海：中国纺织大学出版社，2004.

[20]冯焕超.莱阳日升皮草有限公司的品牌发展战略[D].北京：北京交通大学，2009.

[21]徐军.服装展示设计研究[D].天津：天津工业大学，2007.

[22]黄灿艺.基于视觉营销要素的皮革服装卖场陈列设计[J].西部皮革，2011.

致谢单位

国际毛皮协会

南京中铁二局置业发展有限公司

金陵科技学院

中华全国供销合作总社职业技能鉴定指导中心

亚洲皮草有限公司

中国皮草在线

北京卓拉国际时装有限公司

哥本哈根风华雅咨询有限公司

丹麦哥本哈根毛皮中心北京代表处

北京皮革杂志

河北枣强县华裘皮草有限公司